www.hzbook.com

数 据 科 学 与 工 程 技 术 丛 书

数据科学工程实践

用户行为分析与建模、A/B 实验、SQLFlow

谢梁 缪莹莹 高梓尧 王子玲 等著

DATA
SCIENCE
ENGINEERING
PRACTICE

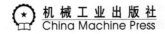

机械工业出版社
China Machine Press

图书在版编目（CIP）数据

数据科学工程实践：用户行为分析与建模、A/B 实验、SQLFlow / 谢梁等著 . -- 北京：机械工业出版社，2021.6（2021.11 重印）
（数据科学与工程技术丛书）
ISBN 978-7-111-68254-7

I. ① 数…　II. ① 谢…　III. ① 数据管理　IV. ① TP274

中国版本图书馆 CIP 数据核字（2021）第 093988 号

数据科学工程实践

用户行为分析与建模、A/B 实验、SQLFlow

出版发行：机械工业出版社（北京市西城区百万庄大街 22 号　邮政编码：100037）

责任编辑：韩 蕊		责任校对：马荣敏	
印　　刷：北京文昌阁彩色印刷有限责任公司		版　　次：2021 年 11 月第 1 版第 3 次印刷	
开　　本：186mm×240mm　1/16		印　　张：17.5	
书　　号：ISBN 978-7-111-68254-7		定　　价：89.00 元	

客服电话：（010）88361066　88379833　68326294　　　投稿热线：（010）88379604
华章网站：www.hzbook.com　　　　　　　　　　　　　读者信箱：hzjsj@hzbook.com

作者简介

谢 梁 经济学博士，腾讯 QQ 浏览器副总经理、QQ 浏览器数据负责人。CCF 数据科学专委会创始委员，入选第一财经数据科学 50 人，清华大学商学院及香港大学商学院商业分析硕士项目指导嘉宾。曾任滴滴杰出数据科学家、美国微软云存储核心工程部首席数据科学家。

缪莹莹 浙江大学硕士，曾任滴滴首席数据科学家，CCF 数据科学专委会委员。拥有十余项国家发明专利及国际发明专利，具有丰富的数据仓库建设、数据挖掘建模、实验科学与战略分析的经验。带领团队用数据的方式驱动从 0 到 1 的初创形态的业务和成熟形态业务的增长，善于发现业务机会和风险，给业务带来巨大价值。

高梓尧 快手数据分析总监，长期在美国硅谷和中国多家互联网科技公司从事用户分析、实验设计等相关工作。曾带领滴滴数据科学团队与蚂蚁金服联合开源共建一站式机器学习工具 SQLFlow。拥有多项国家发明专利。清华大学商学院及哥伦比亚大学商学院商业分析硕士项目指导嘉宾、泛华统计协会演讲嘉宾。

王子玲 上海交通大学计算数学硕士，曾任滴滴高级数据科学家、高级模型专家、高级风控专家。先后任职于日企 MTI、人人网、滴滴出行、爱奇艺等知名互联网企业，在网约车出行、互联网金融、在线音乐、短视频、网游等领域积累了丰富的大数据分析、策略、挖掘、建模、研究、应用经验。负责过两段公司级重点项目从 0 到 1 增长的整体数据驱动体系设计及落地。拥有平台智能定价及优化算法系统等十余项国家发明专利及国际发明专利。

周银河 现任腾讯数据科学家，曾任滴滴数据科学家，清华大学商学院及哥伦比亚大学商学院商业分析硕士项目指导嘉宾。拥有丰富的数据分析、统计建模及实验设计经验。

丁 芬 曾任滴滴数据科学家，曾就职于美团、滴滴等国内知名互联网公司，工作经历涉及市场咨询、信贷风控、网约车交易及信息流等领域。

苏 涛 物理学博士，美国生物物理学会会员。曾任中国科学院研究助理，研究量子计算和主动流体。后任乔治华盛顿大学计算物理研究员，从事细胞模拟、生物领域机器学习、高性能计算等方向的研究。2017 年进入互联网行业，先后在 Elex 和滴滴进行数学模型、算法和数据科学方向的研究，熟悉复杂网络、流形几何嵌入、时频分析以及相关的机器学习和优化方法。

王 禹 曾任滴滴高级数据分析师，主要负责滴滴分单引擎和调度引擎的实验设计、评估、数据分析以及成交率等核心指标的预测、异常诊断归因等工作。现任某短视频科技企业算法工程师，主要负责 LBS 定位、POI 挖掘等相关场景的策略算法开发。

吴君涵 曾任滴滴资深数据分析师，擅长用户增长分析和体验量化建模。具有丰富的大数据挖掘建模、产出数据驱动洞察并通过洞察影响决策的实战经验。

杨骁捷 曾任滴滴高级数据分析师，擅长双边平台的供需匹配效率分析，在出行、电商等不同业务领域中灵活运用因果推断相关知识，科学评估复杂场景下的策略收益。

刘 冲 曾任滴滴高级数据分析师，主要负责流量运营的实验设计、评估、数据分析以及优化司机行为和提高司机收入等相关分析，现任快手数据分析师。

王玉玺 中国人民大学商学院博士，美国密歇根大学访问学者，曾任滴滴数据科学部研究员，主要研究方向为定价策略优化、消费者行为分析等。参与多项国家自然科学基金及社会科学基金研究项目，在 *Expert System*、*Information Systems Research*、《管理评论》等期刊发表多篇论文。

刘未名 曾任滴滴数据科学家，拥有金融、互联网等领域的数据分析经验，擅长利用实验、量化模型解决业务问题，多次参与公司级重点项目的数据分析，帮助公司搭建数据驱动工业化体系，拥有国内、国际多项发明专利。

杨凯迪 现任快手数据分析部数据科学家。长期就职于国内头部互联网企业，对于出行定价补贴以及短视频行业用户画像挖掘、策略分析等有丰富经验。工作期间累计发表三篇国家发明专利论文。

李依诺 腾讯数据科学家，本硕先后毕业于美国印第安纳大学数学专业和美国乔治华盛顿大学生物统计学专业。在在线视频、网约车、网络游戏领域积累了丰富的数据科学实战经验，从 0 到 1 参与过腾讯、滴滴的实验工业化进程。

陈 祥 资深算法工程师，硕士毕业于爱丁堡大学计算机科学专业。先后从事异常检测、强化学习、自然语言处理、领域知识图谱建设及应用等相关工作。曾就职于爱奇艺、滴滴。SQLFlow 贡献者之一。现从事用户画像、广告系统和推荐相关工作。

朱文静 曾任滴滴高级数据分析师，主要从事基于业务数据进行的分析、建模、挖掘等工作。SQLFlow 项目重要成员之一，SQLFlow 开源社区贡献者，参与贡献了多个 SQLFlow 模型，其中包括可解释黑盒模型、深度学习聚类模型、时间序列模型等。

序　一

近些年，数据科学十分热门。有不少公司的中高级管理者向我询问过怎么培养数据驱动的文化和打造数据科学团队，但是在与他们进一步讨论后，我发现大家对数据科学是什么并没有形成明确的认知。因此，我想在这里先谈谈什么是数据科学、这个概念产生的背景以及发展的难点。

数据科学（或者更加广义地称其为数据分析）可以看成以下三个领域的交叉学科：商业理解、量化模型和数据技术。

商业理解是数据发挥作用的场景基础。比如：当前面临的哪些问题是数据能发挥作用的？哪些问题重要？不同问题之间的关系是什么？对这些问题有明确的认知，数据分析师才能集中精力分析数据。除此之外，商业场景往往也定义了数据应用的大框架，比如交易类的业务场景和社区类的业务场景对数据的要求是不同的，需要数据分析师对商业内核和商业模型有深入的理解。

量化模型是数据发挥作用的理论基础。数据分析是一个专业性很强的领域，对从业者的科学素养有相当高的要求。只有拥有坚实的量化模型能力，才能在实际工作中把握公正性和科学性。数据分析工作涉及的量化模型精深且广泛，涵盖统计学、经济学、金融学、社会学、心理学、运筹学、生物学等众多领域。这些学科的前辈给我们留下了宝贵的理论资产。

数据技术是数据发挥作用的基础。在具体的工作中，只有理论和方向是不够的，还需要不断前进，这就需要从业者具备数据操作能力，比如了解常见数据环境、会操作数据库、会编写相关程序等。

如果把数据科学看作一条路径，那么量化模型是起点，商业理解是方向，而数据技术就是路本身。缺乏量化模型的数据科学没有起点，也就没有了根基。缺乏商业理解，就确定不了方向。但是有量化模型和商业理解，知道我在哪，也知道要去哪，只有这些还不够，还要真的有这样一条路。如果把数据科学比作开车，那么商业理解是大方向，量化模型是燃料，数据技术就是发动机。这三者都具备了，才能把燃料转化成向正确方向的位移。

过去 20 年，数据科学实现了突飞猛进的发展，市场也对这个领域有很高的肯定，这得益于数据爆炸这个大的时代背景。数据分析应用比较多的领域曾经是金融、保险、医药卫生等。在这些领域，获取数据曾经是比较困难的，成本也非常高，所以分析工作对于当时的数据获取而言是相对充分的。但是近些年来，随着科技的发展和行业的变迁，数据的生产和获取速度得到了指数级的提升。我们收集到的数据体量和数据细节的丰富程度远远超过了我们的分析思维和能力的迭代速度，商业形势也以前所未有的速度演化，这就是大数据这个概念产生的背景。在这个背景下，更好地定义和选择问题，使用更好的方法和工具就变得尤其重要。

从学习数据科学的角度看，当下的难点在于上述三个要素是脱节的，很少有机构能够同时提供这三个要素。学校和公司是两类主要的机构：一方面，学校里教授的量化模型是类似前面提及的统计学、经济学、社会学等学科的模型框架，但是由于商业机密等原因，学校很难拿到一手的数据和实际商业场景，教材的迭代速度无法跟上商业领域的变化。而商业理解是需要有实际挑战场景才能锻炼的，所以很多时候，从业者只能在公司里慢慢摸索，甚至有时需要跨公司、跨行业的经历才能提升能力。另外，学校只能提供一些很小的模拟数据集，很难提供逼真的数据环境让学生实际操作。在过去的十几年里，一些高校陆续创立了与数据科学相关的专业，但也很难摆脱闭门造车。另一方面，公司里有大量的数据和实际业务场景，但是需要从业者有扎实的量化学习基础。大型企业可能会有一些相对完善的数据环境，初创公司或者传统企业的境况就更加堪忧，可能连学习数据技术的环境都不具备。

我很高兴看到谢梁和几位前同事一起合著了这样一本数据科学实践教程。这本书结合了丰富的商业场景、多种常见的量化模型和配有实操代码的数据技术主题，很好地把数据科学三个要素融合在一起，给众多对这个领域感兴趣的读者和同行提供了参考。这本书很好地弥补了这个领域的空白，相信会对数据科学在当今商业环境下的发展产生非常积极的推动作用。

宋世君　快手科技副总裁 / 数据分析部负责人

2021 年 3 月 7 日于北京

序　二

人类对知识的探寻过程大致是实验、观察、归纳、验证，数据科学就是这样一个格物致知的过程。

20 年前互联网初起时，系统为记录 Debug 而留下日志信息，后来人们发现其中蕴含着业务的细节，体现了互联网经济模式的规律。这个经济模式塑造了人类历史上一批伟大的公司，成就了新商业模式的奇迹。数据科学脱胎于互联网行业，得以通过分析大量的微观经济行为来理解宏观经济规律。

可是数据科学距离这个伟大的愿景差距还不小，我在互联网行业工作了 14 年，身边很多朋友觉得数据科学只是科学家用于进行数据预处理的工具，也有人说数据科学就是给领导做报表用的。其实我一度也有这样的偏见，直到 2018 年加入蚂蚁金服，见到很多具备丰富行业经验的分析师被 AI 背后复杂的数学性质牵绊，难以实现更高的业务价值。为此我和团队成员努力尝试在 Python 之上建立一个抽象层 SQL 来提供 AI 的能力，于是有了探索性开源项目 SQLFlow。

"AI 平民化"这个想法是 Andrew Ng 告诉我的，当时我在百度硅谷研究院跟他做 Deep Speech 2 模型的开发。离开百度后的休假期间，我受 Paddle 作者徐伟老师的启发，想到从 SQL 入手实现"AI 平民化"的计划。SQLFlow 作为一个开源项目，得到了蚂蚁金服 CTO 胡喜的诸多支持。2019 年云栖大会上，老友贾扬清为与会朋友们介绍了 SQLFlow。SQLFlow 在滴滴的部署和业务探索期间承蒙滴滴 CTO 张博和 SVP 章文嵩大哥的支持。

所有这些鼓励背后给予我最大动力的是滴滴首席科学家谢梁老师。SQLFlow 产品的很多想法都来自谢老师和团队在使用和实践过程中给出的宝贵建议。可以说是这本书中介绍的很多场景，塑造了 SQLFlow。

给行业专家带来 AI 助力是一个改变人们想法的过程。SQLFlow 只是漫漫盘山道上的一段石阶。我 2021 年初离开蚂蚁金服任 Facebook 首席工程师时，有几个硅谷创业公司的朋友告诉我，他们的系统受到了 SQLFlow 的诸多启发。大家奋力开山修路的动力是数据科学的宏大愿景，是"AI 平民化"的理想。最终实现这个理想的，一定是行业专家中最具开拓精神，不惧深入理解 AI 思路的跨界者。期待谢老师和团队对我们这一合作探索的总结能启发后生继续努力！

王益 Facebook 首席工程师 / SQLFlow 发明者

2021 年 5 月

前　　言

为什么要写这本书

2011 年,《哈佛商业评论》将数据科学称作 "21 世纪最吸引人的行业",随后,数据科学这个概念开始从互联网漫延到各行各业。但是人们对这个概念的内涵和外延并无统一的认知,同时,数据科学也不像软件工程、市场营销等方向有较为明确的教育体系作为支撑,开设 "数据科学" 学科和课程的学校都是 2011 年之后才开始探索的,并且大多没有一个适用于工业应用的课程体系。从业人员普遍反映需要一个系统的框架来搭建自己的技术栈和知识体系,从而提升专业化的能力。因此,市场上迫切需要一本覆盖面广、应用性强、深入浅出的数据科学手册。

本书的作者是国内数据科学一线的从业者,创作目的主要有以下三个。

1)提供一个以商业场景为导向的实用量化方法论。数据科学是为商业服务的,最重要的能力是收敛开放的商业问题,并有针对性地选择适当的量化框架进行后验数据分析。这是一个相辅相成的过程,收敛的过程既依赖对业务的深刻理解,又需要充分理解各种分析框架的假设和抽象原理。

2)提供一个入门的台阶,供读者按图索骥、深入研究。数据科学领域知识面广,又有一定的深度,需要长期的学习和经验的积累。一本书很难涵盖数据科学的所有知识点,但是本书可以点明关键节点,起到引导作用,帮助读者进行后续的进阶学习。

3)展示数据科学所需的专业能力和门槛,为读者在求职过程中找准定位、为人事部门进行职能设计提供范例。现在数据科学领域的就业和招聘十分热门,但是能说清数据科学专家到底需要什么样的技能、需要达到什么样的程度,以及这个行业有什么典型成功案例的人却非常少。

读者对象

本书适合以下读者：

- 初入职场的数据分析师，用于升级个人专业分析技能；
- 从业多年的数据科学管理者，用于梳理、整合知识体系，提升团队能力；
- 数据科学、商业分析等专业的师生，用于延展阅读；
- 数据科学行业的人力专家和猎头，用于标定潜在候选人能力。

本书特色

相比于市面上其他数据科学相关图书，本书有以下特色。

1）将技术与商业场景紧密结合，强调开放性商业问题在量化分析上的收敛。市场上不乏纯技术类的数据科学图书和各种机器学习建模、统计计算的图书，但是这些书都跳过了对开放式商业问题的思考，直接针对已经非常明确的建模本身进行介绍。本书则将重心放在案例分析的全流程上，既讲解量化模型的理论，又解释商业到数理模型的映射过程，还强调了对模型结果的解读和应用，实用性非常强。

2）这是国内第一本系统介绍统计实验在多种复杂商业场景下具体应用的书。统计实验相关的图书通常分为三类：第一类侧重理论研究，对于已经工作的读者来说实践意义不大，且学习难度高；第二类是将生物医学领域的理论和案例相结合，这类书的应用场景和背景与互联网行业相差较大，不容易做到举一反三；第三类是少部分互联网领域统计实验的书，这类书多是外文，知识较新，阅读门槛较高，通常针对互联网广告和搜索领域，在不理解理论背景的情况下也难以迁移到其他场景。

3）本书应用场景覆盖面广，强调实用，可操作性强，将方法论与配套案例的背景、代码、解读等模块结合在一起，让读者学习后即可运用在实践中。

如何阅读本书

这是一本将数据科学三要素——商业理解、量化模型、数据技术全面打通的实战性著作，是来自腾讯、滴滴、快手等一线互联网企业的数据科学家、数据分析师和算法工程师的经验总结，得到了SQLFlow创始人以及腾讯、网易、快手、贝壳找房、谷歌等企业的专家一致好评和推荐。

全书三个部分,内容相对独立,既能帮助初学者建立知识体系,又能帮助从业者解决商业中的实际问题,还能帮助有经验的专家快速掌握数据科学的最新技术和发展动向。内容围绕非实验环境下的观测数据的分析、实验的设计和分析、自助式数据科学平台 3 大主题展开,涉及统计学、经济学、机器学习、实验科学等多个领域,包含大量常用的数据科学方法、简洁的代码实现和经典的实战案例。

第一部分(第 1 ~ 6 章)观测数据的分析技术

讲解了非实验环境下不同观测数据分析场景所对应的分析框架、原理及实际操作,包括消费者选择偏好分析、消费者在时间维度上的行为分析、基于机器学习的用户生命周期价值预测、基于可解释模型技术的商业场景挖掘、基于矩阵分解技术的用户行为规律发现与挖掘,以及在不能进行实验分析时如何更科学地进行全量评估等内容。

第二部分(第 7 ~ 9 章)实验设计和分析技术

从 A/B 实验的基本原理出发,深入浅出地介绍了各种商业场景下进行实验设计需要参考的原则和运用的方法,尤其是在有样本量约束条件下提升实验效能的方法及商业场景限制导致的非传统实验设计。

第三部分(第 10 ~ 12 章)自助式数据科学平台 SQLFlow

针对性地讲解了开源的工程化的自助式数据科学平台 SQLFlow,并通过系统配置、黑盒模型的解读器应用、聚类分析场景等案例帮助读者快速了解这一面向未来的数据科学技术。

勘误和支持

除封面署名外,参与本书编写工作的还有:周银河、丁芬、苏涛、王禹、吴君涵、杨骁捷、刘冲、王玉玺、刘未名、杨凯迪、李依诺、陈祥、朱文静。由于作者的水平有限,编写时间仓促,书中难免会出现一些错误或者不准确的地方,恳请读者批评指正。为此,我们特意创建了一个 GitHub 仓库(https://github.com/xieliaing/Data_Science_Industrial_Practice)。读者可以将发现的代码 Bug、文字问题以及疑惑,在 Issue 中提出,我们会将修改后的内容及解答通过 Pull Request 合并进主干。书中的全部源文件除可以从华章网站下载外,还可以从这个 GitHub 仓库下载,期待能够得到你们的真挚反馈。

致谢

首先要感谢 C. F. Jeff Wu、Williaw S. Cleveland、LinkedIn 的 DJ Patil 及 Facebook 的

Jeff Hammerbacher 等先驱，他们成功地开创了数据科学这一个行业，影响和激励了无数人投身其中。

感谢快手科技副总裁、数据分析部负责人宋世君把数据科学的理念引入国内，实现了从 0 到 1 的跨越。感谢我原来统计科学团队的同事们，他们是国内数据科学的开拓者，通过实践让数据科学的理念在国内萌芽发展、完善进步并得到认可。

感谢发起并维护 SQLFlow 开源社区的王益博士、刘勇峰老师及其开发团队。

感谢机械工业出版社华章公司的杨福川老师和韩蕊老师，在这一年多的时间里始终支持我们写作，保障了本书顺利完成。

谨以此书献给我最亲爱的家人以及众多热爱并投身数据科学的朋友们！

谢梁

2021 年 2 月 8 日

目　　录

第一部分

观测数据的分析技术

观测数据的分析方法又称为非实验性分析或对比分析，确切地说是非随机化对比分析，是在自然状态下对研究对象的特征进行观察、记录，并对结果进行描述和对比。观测数据分析多用于现实生活中，影响某个变量的潜在可能因素过多或不确定而不能逐一进行实验分析或者因为一些特殊原因不能进行实验分析的场景，目的是找出可能造成结果指标例如业务单量增长或者下降的相关因素。

设计分析框架是观测数据分析的核心步骤，与实验分析不同，在很多观测数据分析中，结果可能存在于分析设计之前，设计分析框架包括如下步骤。

- 了解分析的背景。
- 明确分析目标。
- 确定分析方法。
- 确定收集哪些数据以及如何收集和处理数据。
- 识别和控制可能混杂和偏倚的方法。
- 限制因未测量的协变量而导致结果不确定性的方法。

本书第一部分将阐述不同观测数据分析场景所对应的分析框架、原理及实际操作。

第 1 章
如何分析用户的选择

周银河

生活中的选择行为无处不在，数据分析师面对的商业场景也存在大量的用户选择问题。系统、科学地研究用户选择问题，得到选择行为背后的客观规律，并基于这些规律提出业务优化策略，这些能力对于数据分析师来说非常重要且极具价值。本章将结合案例，讲解用户选择行为的经济学理论和计量分析模型，详细介绍用户选择行为的分析方法。

1.1 深入理解选择行为

本节将从我们生活中常见的出行选择问题出发，透过表象探究本质，再映射到选择行为的经济学理论，包括理性人选择理论、效用理论及揭示性偏好理论，最后引出选择行为的计量分析框架——离散选择模型。

1.1.1 选择无处不在

人们日常生活中绝大多数的决定和行为，都涉及选择：早上去上班，我们需要决定通勤方式；去食堂吃饭，我们需要选择菜品；购买一台冰箱，我们需要选择品牌和型号。随着经济的快速发展，人们的物质和精神生活日益丰富，面临的选择也越来越多。作为数据分析师，在面对常见的选择行为分析问题时，应该在数据之外深入思考这些选择行为的本质。下面以选择出行方式为例，剖析选择行为的具体逻辑，为后面的学习做好铺垫。

1. 出行选择的场景还原

出行就是"在某时从 A 点到达 B 点"，这一行为主要面临的选择是"以什么方式前往"，回想一下我们平时做出行选择时是否有如下参考信息浮现在脑海。

- 可以选择的交通方式有哪些？

- 同程的人多不多？
- 需要在什么时间到达目的地？
- 出行的预算是多少？
- 公共交通的便捷程度如何？
- 出行方式是否受天气影响？

通常，我们会带着这些疑问打开出行类 App 看看各类交通方式的花费、耗时及路线，可能还会打开天气 App 看看未来一段时间是否下雨、是否有严重的雾霾，如图 1-1 所示。

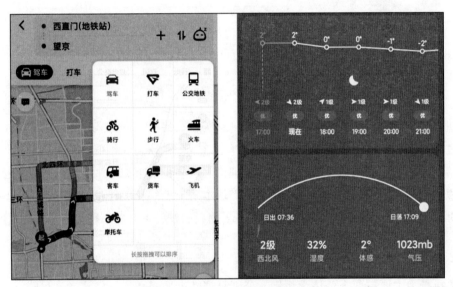

图 1-1　打开 App 查看出行路线和天气

2. 出行选择的决策逻辑

接下来，我们通过一个更加具体的案例说明出行选择的决策逻辑：有 200 个家庭要进行家庭旅行，每个家庭的情况不同（包括出行人数、目的地、家庭年收入等），每个家庭都会在飞机、火车、长途汽车及自驾车中选择一种作为出行方式。

不同的家庭会有不同的选择，在选择的表象下有着相似的决策逻辑。我们尝试置身于这个场景中，在大脑里构建一张类似图 1-2 的打分表。出行方式的属性可以主要归结为行程外（等车）耗时、行程中耗时、行程花费、舒适性等。确定这些出行方式的属性后，再结合自身属性（家庭收入、出行人数等），对每个选项进行定性 / 定量的排序，得到最适合自己的选择结果。

在选择的过程中，如果某个因素发生变化，就有可能对选择结果产生影响。例如：

其他因素保持不变，由于航空公司促销，机票价格比火车票还便宜，你的选择是不是会从火车改为飞机呢？再假设，临行前你收获一笔超过预期的奖金，可支配的现金增多，是不是也会从火车改为飞机呢？

	行程外耗时	行程中耗时	行程花费	舒适性	倾向排名
✈	5小时	1.5小时	8000元	4星	2
🚆	3小时	6小时	1600元	2星	3
🚌	2小时	10小时	1800元	2星	3
🚗	0小时	8小时	2500元	3星	1

图 1-2　旅行出行方式打分表

回忆一下我们生活中其他方面的选择，其实也秉持类似的方式。经济学家、心理学家经过长期研究，发现人类个体间的"选择之道"存在较高的相似性，对这些相似性加以总结就形成了一系列选择行为的经济学理论。这些长期沉淀下来的理论对于数据分析师来说是非常有价值的，它不仅能帮助我们从本质上理解相关计量选择模型的原理，还能在对业务方进行分析阐述时有理论背书。下面我们开始学习选择行为的经济学理论。

1.1.2　选择行为的经济学理论

选择行为主要有两个经济学派别，分别是理性人选择和行为经济学。尽管行为经济学在某些方面对理性人选择提出了挑战，但理性人选择仍然是群体选择行为分析的主流理论框架。本章后续内容均基于理性人选择理论。

1. 理性人选择理论

理性人选择是指经济决策的主体是充满理智的，他们对于所处环境具有完备的知识，能够找到实现目标的所有备选方案，有稳定且清晰的偏好，拥有很强的计算能力，能预测每种方案的选择后果，并依据某种衡量标准从这些方案中做出最优选择，选择的唯一目标是自身经济利益最大化。

结合上文的出行案例，我们先来解释什么是理性人选择。当我们选择出行方式时，首先确认每种交通方式的重要属性（行程外耗时、行程中耗时、行程花费、舒适性）、自身属性（家庭收入、出行人数）和客观因素（天气），然后基于这些信息为每个方案计算一个偏好值并排序，最终选择偏好值最大的选项。如果选择了自驾车，那么说明综合多种因素，自驾是最能获得满足感的出行方式。

2. 效用理论

消费者内心的满足感其实可以用一个经济学的词汇来表示，即"效用"。依照每种选择方案的"效用"排序进行选择的过程叫作"效用最大化"，这就是理性人选择理论最常用的准则。学术上的描述是当消费者面对一系列备选商品的时候，他们会清楚地计算出每个商品的效用，并严格将所有商品按照效用排序，选择效用最大化的商品。

读到这里你也许会有疑问，尽管我们认同选择时基于理性人选择理论，但如此抽象的理论怎样才能在实际的数据分析中发挥作用呢？哪怕知道了影响选择行为的因素，也无法得出效用的计算公式。此时，我们需要继续学习揭示性偏好理论。

3. 揭示性偏好理论

揭示性偏好理论由美国经济学家保罗·安东尼·萨缪尔森提出。该理论表明：可以结合消费者历史消费行为，分析消费者偏好，通过统计分析的方式得到相关因素的量化影响。该理论有以下两个重要假设。

1）消费者在进行实际消费行为时，若从备选方案中选择了一个选项，即为首选选项，则该选项效用是最大的。

2）在给定的消费者预算、商品价格等因素不变的情况下，如果消费者购买了某种产品，那么他将始终做出相同的选择。

在该理论提出之初，包含的影响因素有消费者预算、商品价格以及其他商品或消费者属性。对这些因素进行归纳和拓展，再结合上述假设，就形成了离散选择模型的模型框架。

1.1.3　离散选择模型

了解了必要的理论知识后，我们开始学习离散选择模型（Discrete Choice Model，DCM）。DCM 不是单一模型，而是一个模型簇，它包含了一系列应对不同选择场景的模型，例如逻辑回归（Logistics Regression，LR）模型、多项 Logit（MultiNomial Logit，MNL）模型及嵌套 Logit（Nested Logit Model，NL）模型等，在 1.2 节、1.3 节中会深入介绍这些模型的使用方法。

如图 1-3 所示，DCM 主要包括 5 个部分，分别是决策者（决策者属性）、备选项集合、备选项属性、决策准则和选择结果，数学表达形式如下。

$$选择结果 = F（决策者，备选项集合，备选项属性）$$

其中，F 是决策准则，即效用最大化准则。模型最终实现的功能是在给定决策者、备选项集合、备选项属性后，基于效用最大化准则，得到选择结果。

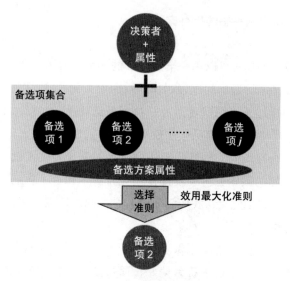

图 1-3   离散选择模型的元素及结构

回到旅行出行方式选择的案例中，我们对例子中的元素进行映射。

- 决策者：一次选择行为的主体（决策者属性包括家庭收入、出行人数、天气）。
- 备选项集合：飞机、火车、长途汽车、自驾车（不同决策者的备选项集合可以不同）。
- 备选项属性：行程外耗时、行程中耗时、行程花费、舒适性（不同备选项的属性也可以不同）。
- 选择准则：效用的最大化准则。
- 选择结果：备选项中的一个选项（每个选择过程均存在选择结果）。

1.2   DCM 详述

1.1 节引出了离散选择模型的基本形式：选择结果 = F（决策者，备选项集合，备选项属性）。本节将详细介绍 DCM 的设计原理、常见的应用场景以及重要的数据知识。

1.2.1   从经济模型到计量模型

DCM 是用来分析"从有限互斥选项集中进行单项选择"的计量模型。与大多数计量经济学建模一样，DCM 主要有以下 3 项任务。

- 预测一组决策者的决策行为。
- 确定决策者在做出选择决策时，不同选项属性的影响。
- 了解不同群体如何评价一个备选项的不同属性，以便通过精心设计的策略，修改对个体决策者有重要影响的选项的属性，以主动的方式改变行为。

我们定义如下数学公式表示效用最大化理论。

$$U(X_i, S_t) \geqslant U(X_j, S_t) \forall j \Rightarrow i \succ j \cdots \forall j \in C$$

其中 U 为效用函数，X_i、X_j 为备选项属性矢量，S_t 为决策者属性矢量；$i \succ j$ 表示相对备选项 j，决策者更偏好于备选项 i；$\forall j \in C$ 表示备选项集合 C 中的任意备选项 j。

一般情况下，每个选项的属性是不同的，而决策者属性是相同的，我们选择了飞机，就意味着飞机的效用 U_{air} 是 4 个选项中效用最大的。而模型需要做的就是依靠已知的 X、S，得到效用函数 U。有建模经验的读者都知道，模型本身是一种包括未知参数的计算框架，需要依靠训练数据，经过参数估计过程得到最终模型结果。

1. Probit 模型

假设数据分析师已经了解决策过程的所有因素，可以对各因素做出准确的测量，且了解每个决策者对备选项的评价形式，那么数据分析师便可以使用确定效用模型准确地描述决策过程。然而现实中，分析师并不具备这种能力，我们的模型也不可能 100% 的准确，在模型中需要考虑客观存在的偏差，因此，DCM 的效用表达式为

$$U_{it} = V_{it} + \varepsilon_{it}$$

其中，V_{it} 表示数据分析师观察到的效用部分，通常称为确定性部分；ε_{it} 是全部真实效用与效用确定性部分的差异，我们称之为残差部分。残差主要来自以下几个方面。

- 未观察到的备选项属性：数据分析师了解到的备选项属性不完整，模型忽略了一些影响效用计算的备选项属性。
- 未观察到的决策者属性：数据分析师了解到的决策者属性不完整，而且现实中人与人之间总会存在诸多差异，这些因素也会导致效用计算产生误差。
- 属性的测量误差：备选项的属性不可准确观测。
- 工具变量引入的误差：当数据分析师通过引入工具变量处理未知变量时，估计值与实际值之间存在不完全表示关系，同样会产生效用计算的误差。

通过理解残差项以及对人类行为进行客观观察，我们知道人类行为是具有概率性质的，而 DCM 就是基于概率选择理论设计出来的。

我们使用模型描述的是选择的概率，而不是预测一个人肯定会选择某个备选项。这些概率反映了具有给定属性且面对同一组备选项的决策者选择每个备选项的概率。

$$P(i)_t = \text{Prob}(U_{it} > U_{jt}, \forall j \neq i)$$

$$P(i)_t = \text{Prob}(V_{it} + \varepsilon_{it} > V_{jt} + \varepsilon_{jt}, \forall j \neq i)$$

$$P(i)_t = \text{Prob}(V_{it} - V_{jt} > \varepsilon_{jt} - \varepsilon_{it}, \forall j \neq i)$$

$$P(i)_t = \int I(V_{it} - V_{jt} > \varepsilon_{jt} - \varepsilon_{it}, \forall j \neq i) f(\varepsilon_t) \mathrm{d}\varepsilon_t$$

其中，$f(\varepsilon_t)$ 为残差的联合密度函数，I 是判断函数，如果括号之间的语句为真，则函数结果为 1，如果为假，则函数结果为 0。不同的 DCM 有不同形式的 $f(\varepsilon_t)$，常用 DCM 有 Logit 模型和 Probit 模型，二者的区别在于 $f(\varepsilon_t)$ 不同，分别为 Logit 分布和正态分布。由于 Logit 模型更具计算优势，因此应用广泛，本章后续内容将围绕 Logit 模型展开。

2. 效用函数的设计

效用函数的确定部分 V_{it} 是备选项属性和决策者属性的数学函数。理论上讲，V_{it} 可以有任何数学形式，但为了便于模型参数的估计及模型解释，通常采用加法形式，具体形式如下。

$$V_{it} = V(X_i) + V(S_t) + V(X_i, S_t)$$

其中，$V(X_i)$ 是备选项 i 属性贡献的确定效用；$V(S_t)$ 是决策者 t 属性贡献的确定效用；$V(X_i, S_t)$ 是备选项 i 属性与决策者 t 属性的相互作用贡献的确定效用。

对公式进一步拆分，则 $V(X_i)$ 的数学形式可以表达如下，其中 β_{xk} 是待估计的模型参数。

$$V(X_i) = \beta_{i,1}X_{i,1} + \beta_{i,2}X_{i,1} + \cdots + \beta_{i,k}X_{i,k}$$

如上式所示，每个备选项 i 的确定效用是其属性的加权和（系数需要我们基于训练数据估计得到）。DCM 允许不同备选项具备相同或不同的属性系数。例如，在选择不同的出行方式时，各出行方式的费用 Fee 和时间 Time 是在决策过程中需要考虑的两个重要属性。设 β_{fee} 和 β_{time} 分别作为费用和时间对决策的影响系数，假定不同出行方式的花费对效用的影响是一致的，即共用属性系数 β_{fee}；而对于时长系数，飞机、火车、长途汽车 3 种公共交通需要与他人共乘，可能与自驾的感受不同，因此飞机、火车、长途汽车的时长系数使用 $\beta_{time,public}$ 表示，自驾的时长系数用 $\beta_{time,car}$ 表示。

$$V_{air} = \beta_{fee}Fee_{air} + \beta_{time,public}Time_{air}$$
$$V_{train} = \beta_{fee}Fee_{train} + \beta_{time,public}Time_{train}$$
$$V_{bus} = \beta_{fee}Fee_{bus} + \beta_{time,public}Time_{bus}$$
$$V_{car} = \beta_{fee}Fee_{car} + \beta_{time,car}Time_{car}$$

在实际场景中，决策者对备选项会表现出特定偏好（ASC），且这些偏好不能被属性解释。在这种情况下，效用函数变为如下形式。

$$V(X_i) = ASC_i + \beta_{i,1}X_{i,1} + \beta_{i,2}X_{i,1} + \cdots + \beta_{i,k}X_{i,k}$$

对应上面的例子，各交通方式的效用形式变为如下形式，其中自驾为"参考"备选项，ASC_{air} 表示相对于自驾，决策者对飞机的特定选择偏好。

$$V_{\text{air}} = \text{ASC}_{\text{air}} + \beta_{\text{fee}}\text{Fee}_{\text{air}} + \beta_{\text{time,public}}\text{Time}_{\text{air}}$$

$$V_{\text{train}} = \text{ASC}_{\text{train}} + \beta_{\text{fee}}\text{Fee}_{\text{train}} + \beta_{\text{time,public}}\text{Time}_{\text{train}}$$

$$V_{\text{bus}} = \text{ASC}_{\text{bus}} + \beta_{\text{fee}}\text{Fee}_{\text{bus}} + \beta_{\text{time,public}}\text{Time}_{\text{bus}}$$

$$V_{\text{car}} = \beta_{\text{fee}}\text{Fee}_{\text{car}} + \beta_{\text{time,car}}\text{Time}_{\text{car}}$$

此外，不同属性的决策者对于各备选项会有不同的偏好。例如，收入高的家庭可能更偏向选择飞机，出行成员较多的家庭可能更偏向选择自驾，因此引入收入 Income 属性是必要的。效用函数确定部分变为如下形式。

$$V_{\text{air}} = \text{ASC}_{\text{air}} + \beta_{\text{fee}}\text{Fee}_{\text{air}} + \beta_{\text{time,public}}\text{Time}_{\text{air}} + \beta_{\text{income,air}}\text{Income}$$

$$V_{\text{train}} = \text{ASC}_{\text{train}} + \beta_{\text{fee}}\text{Fee}_{\text{train}} + \beta_{\text{time,public}}\text{Time}_{\text{train}} + \beta_{\text{income,train}}\text{Income}$$

$$V_{\text{bus}} = \text{ASC}_{\text{bus}} + \beta_{\text{fee}}\text{Fee}_{\text{bus}} + \beta_{\text{time,public}}\text{Time}_{\text{bus}} + \beta_{\text{income,bus}}\text{Income}$$

$$V_{\text{car}} = \beta_{\text{fee}}\text{Fee}_{\text{car}} + \beta_{\text{time,car}}\text{Time}_{\text{car}} + \beta_{\text{income,car}}\text{Income}$$

以上就是 DCM 的基本设计原理。与传统的线性回归模型相似，在实际操作中，我们需要做的就是依据对业务的理解及实际数据表现，确定效用函数形式，最后对模型进行解读，得到商业洞见。

1.2.2　DCM 的应用场景

因为选择过程是多样的，所以对于不同的选择过程，需要应用不同的 DCM。常用的 DCM 如表 1-1 所示，常用场景示例如图 1-4 所示。使用错误的选择模型会造成分析结果偏差，我们需要结合业务逻辑和数据反馈谨慎选择模型，尽可能得到准确的结果。

表 1-1　常用的 DCM 模型

选项个数	选项间是否独立	模型名称
2 个	独立	逻辑回归模型
3 个及以上	独立（满足 IIA 假设）	多项 Logit 模型
	非独立	嵌套 Logit 模型

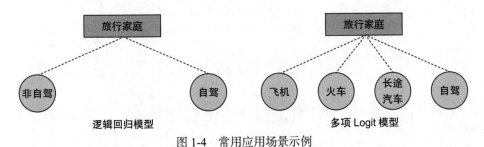

图 1-4　常用应用场景示例

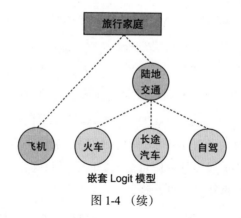

嵌套 Logit 模型

图 1-4　（续）

1.2.3　DCM 的重要数学知识

1. Logit 模型的残差分布假设

在众多统计建模文献中，最常见的残差分布假设是正态分布。然而，在离散选择模型的框架下，基于正态分布假设的 Probit 模型，其数学性质并不易于模型的估计。因此，Logit 分布假设的应用更广泛。之所以选择 Logit 分布，是因为它在最大化的情况下具有计算优势，不用数值积分或模拟方法就能计算概率，且密度函数的形态接近正态分布。

2. 备选项的选择概率

不同的 Logit 模型备选项的选择概率形式不同。1.2.2 节提到了 3 种 Logit 模型，其中 LR 模型和 MNL 模型的概率计算形式一致，只是备选项的数量有差别。选择第 i 个备选方案（LR 模型中选择 i，即 $y=1$；未选择 i，即 $y=0$）的概率如下。

$$\text{LR：} P(1) = \frac{1}{1 + \exp(-Z)}; Z = \beta_0 + \beta_1 x_1 + \cdots + \beta_k x_k$$

$$\text{MNL：} P(i) = \frac{\exp(V_i)}{\sum_{\forall j \in C} \exp(V_i)}$$

NL 模型相对复杂，其备选项概率存在层次形式。举例来说，假设把飞行模式 AIR、陆地模式 GRD 作为第 1 层级，火车、长途汽车、自驾作为第 2 层级，则选择概率如下。

$$P(\text{GRD}) = \frac{\exp(V_{\text{GRD}} + \theta_{\text{GRD}} \Gamma_{\text{GRD}})}{\exp(V_{\text{AIR}}) + \exp(V_{\text{GRD}} + \theta_{\text{GRD}} \Gamma_{\text{GRD}})}$$

$$P(\text{AIR}) = \frac{\exp(V_{\text{AIR}})}{\exp(V_{\text{AIR}}) + \exp(V_{\text{GRD}} + \theta_{\text{GRD}} \Gamma_{\text{GRD}})}$$

$$\Gamma_{\text{GRD}} = \log\left[\exp\left(\frac{V_{\text{car}}}{\theta_{\text{GRD}}}\right) + \exp\left(\frac{V_{\text{train}}}{\theta_{\text{GRD}}}\right) + \exp\left(\frac{V_{\text{bus}}}{\theta_{\text{GRD}}}\right) \right]$$

其中，V_{GRD} 表示公共交通备选项的共同属性效用，Γ_{GRD} 表示除去 V_{GRD} 后，飞机、火

车、长途汽车效用的最大期望值。θ_{GRD} 是对数和参数，范围是 $0 \sim 1$。

$$P(\mathrm{car}) = P(\mathrm{car} \mid \mathrm{GRD}) \times P(\mathrm{GRD})$$

$$P(\mathrm{train}) = P(\mathrm{train} \mid \mathrm{GRD}) \times P(\mathrm{GRD})$$

$$P(\mathrm{bus}) = P(\mathrm{bus} \mid \mathrm{GRD}) \times P(\mathrm{GRD})$$

3. 极大似然估计

Logit 模型基于训练数据为效用函数中每个属性估计对应参数。参数估计方法通常为极大似然估计，该过程包括如下两个重要步骤。

- 定义观测样本的联合概率密度函数，称为似然函数。
- 估计似然函数最大化的参数值，其中似然函数定义为

$$L(\beta) = \prod_{\forall t \in T} \prod_{\forall j \in J} [P_{it}(\beta)]^{\delta_{jt}}$$

其中，δ_{jt} 是选择结果，如果决策者 t 选择了选项 j，则 $\delta_{jt} = 1$，反之 $\delta_{jt} = 0$。P_{jt} 表示决策者 t 选择备选项 j 的概率。通过求似然函数的一阶导数并将其等价于 0，得到似然函数最大的参数值。因为似然函数的对数变换与原函数具有等价的最大值，并且更便于分析，所以我们进行对数似然函数的最大化，以代替似然函数本身。对数似然函数及其一阶导数的表达式分别为

$$LL(\beta) = \log[L(\beta)] = \sum_{\forall t \in T} \sum_{\forall j \in J} \delta_{jt} \times \ln[P_{it}(\beta)]$$

$$\frac{\partial LL}{\partial \beta_k} = \sum_{\forall t \in T} \sum_{\forall j \in J} \delta_{jt} \times \frac{1}{P_{jk}} \times \frac{\partial P_{it}(\beta)}{\partial \beta} \quad \forall k$$

进一步计算一阶导数需要引入概率函数 P_{jt}。这里为了便于理解，使用了 MNL 模型的 P_{jt} 形式，基于前文可以知道，NL 模型有自己的 P_{jt} 形式：

$$P_{jt} = \frac{\exp(X'_{jt})}{\sum_j \exp(X'_{jt}\beta)}$$

对 β 求一阶导数：

$$\frac{\partial P_{jt}}{\partial \beta_k} = P_{jt} \left(X'_{jkt} - \sum_{j'} P_{j't} X'_{j'kt} \right) \quad \forall k$$

把上述两个公式带入对数似然函数的一阶导数可得：

$$\frac{\partial LL}{\partial \beta_k} = \sum_{\forall t \in T} \sum_{\forall j \in J} \delta_{jt} \left(X'_{jt} - \sum_{j't} P_{j't} X'_{jt} \right) \quad \forall k$$

$$\frac{\partial LL}{\partial \beta_k} = \sum_{\forall t \in T} \sum_{\forall j \in J} \left(\delta_{jt} - \sum_{j't} P_{j't} \right) X'_{jt} \quad \forall k$$

为保证在对数似然函数的一阶导数为 0 时，似然率是最大值且二阶导数是负定的，

我们求解对数似然函数的二阶导数:

$$\frac{\partial^2 LL}{\partial \beta \partial \beta'} = \sum_{\forall t \in T} \sum_{\forall j \in J} -P_{j't}(X'_{jt} - \bar{X}_t)(X'_{jt} - \bar{X}_t)'$$

可以看到,对 β 的所有值对数似然函数的二阶导数是负定的,因此数学上存在使得似然率最大的 β。在大多数实际问题中, β 的估计需要大量的计算和专门的计算机程序来完成,这不是本文讨论的重点,感兴趣的读者可以在软件包源码层面一探究竟。

4. IIA 假设

MNL 模型应用的重要前提是满足无关选择独立性假设(Independence of Irrelevant Alternatives,IIA)。具体来说,对于任何决策者,选择两个备选项的概率之比与其他备选项的存在无关。从数学上可以得到以下推导,因为前面已经给出 MNL 模型每个备选项的选择概率计算公式,所以可以得到两个备选项的选择概率之比:

$$\frac{Pr_{i,t}}{Pr_{j,t}} = \frac{\exp(V_{i,t})}{\exp(V_{j,t})} = \exp(V_{i,t} - V_{j,t})$$

然而,实际问题可能不满足 IIA 假设,例如经典的红蓝巴士悖论。该悖论假设有一群通勤者,他们可以选择开车上班,也可以选择坐蓝色巴士。假设选择开车的概率是 2/3,选择坐蓝色巴士是 1/3,则二者的选择概率之比为 2:1。现在假设巴士运营商的竞争对手在同一条路线上引入了红色巴士服务,使用相同的车型、相同的时间表,站点也与蓝色巴士相同,唯一的区别就是巴士的颜色。

假设人们不关心巴士的颜色,在这种情况下,合理的预期应该是选择开车和巴士的概率不变,且选择巴士的乘客将在红色巴士和蓝色巴士中平均分配。此时,我们预计红色巴士服务启动后的选择概率分别为开车(2/3)、蓝色巴士(1/6)、红色巴士(1/6)。然而,若维持 IIA 假设,MNL 模型将保持开车和蓝色巴士的选择概率之比为 2:1,并且红蓝两种巴士具有相同的效用,即选择概率之比为 1:1,则 3 个备选方案的共享概率将为:开车(1/2)、蓝色巴士(1/4)、红色巴士(1/4)。也就是说,由于引入了一种与现有的备选项相同的备选项,人们选择开车的概率将从 2/3 下降到 1/2。

红蓝巴士悖论为 IIA 的可能后果提供了一个重要的例证。虽然这是一种极端情况,但在其他不极端的情况下,IIA 属性仍是一个问题。因此在进行 MNL 建模时需要进行 IIA 假设的检验,一般情况下可以使用 Hausman 卡方检验。如果 IIA 不满足,需要使用其他 Logit 模型,例如上面提到的 NL 模型。

5. 模型解读:边际效用

在解读模型的时候,我们习惯使用边际效用进行说明,即保持被研究属性以外的属性不变,对被研究属性的数值进行一定的变化,得到一组新的选择概率 $(P_1^*, P_2^*, \cdots, P_k^*)$,

再基于实际的选择概率 $(P_1, P_2, \cdots, P_k)$，就可以得到 $(\Delta P_1, \Delta P_2, \cdots, \Delta P_k)$，这组概率变化就是被研究属性对选择的边际效用。后面我们会结合案例再进行详解。

1.3　DCM 模型的 Python 实践

我们在 1.1 节、1.2 节系统地学习了选择行为的经济学理论、DCM 的设计原理以及相关数学知识，本节将基于 Python 对旅行出行方式选择案例进行模型搭建及解读，希望读者能快速行动起来，将理论结合实际，尽快学以致用。

1.3.1　软件包和数据格式

DCM 在 Python 中有可以直接调用的软件包，其中 LR 模型可以使用 statsmodels 软件包，MNL 模型、NL 模型可以使用 pylogit 软件包。这里推荐读者先安装好 Anaconda（一款非常流行的数据分析平台），安装完毕后，再手动安装 statsmodels、pylogit 软件包，直接在终端输入代码清单 1-1 所示的命令即可。

代码清单 1-1　安装相关软件包

```
pip install statsmodels
pip install pylogit
```

有过建模经验的读者都知道，提供模型训练 / 预测的数据要严格符合模型要求，否则模型会运行失败。这一点对 DCM 尤为重要，这里先用一定的篇幅着重介绍 DCM 常用的两种数据格式：宽格式和长格式。

本节的案例数据来自 William Greene《微观经济学建模及离散选择分析》课程中的旅行模式选择数据（Travel Mode Choice Data）。为了方便使用，我们先对数据进行一定的处理，处理后的数据形式如表 1-2 所示。

表 1-2　旅行模式选择数据的字典

字段名称	类型	描述
OBS_ID	离散	选择行为 ID
ALT_ID	离散	备选项 ID，0 代表飞机、1 代表火车、2 代表长途汽车、3 代表自驾
MODE	离散	最终选择的备选项 ID
HINC	连续	家庭收入
PSIZE	连续 / 离散	出行人数
TTME	连续	站点等待时间，自驾恒为 0
INVC	连续	金钱成本
INVT	连续	行程中的时间成本
GC	连续	广义成本

　　大多数读者应该对宽格式比较熟悉,因为常用的机器学习模型的输入数据大多是宽格式。如表 1-3 所示,一行数据代表一次选择过程,字段表示选择结果,其他与选择有关的信息被平行放置在一行中的各字段。LR 模型的输入数据格式就是宽格式。

表 1-3　宽格式示例

OBS_ID	HINC	PSIZE	TTME_AIR	TTME_TRAIN	TTME_BUS	TTME_CAR	CHOICE
1	35	1	69	34	35	0	3
2	30	2	64	44	53	0	3

　　对于长格式,读者可能就比较陌生了,不过它是多数 Logit 模型使用的数据格式。如表 1-4 所示,一次选择行为包含多行数据,一行数据代表一次选择过程中的一个选项,其中会有一个字段表示该选项是否被选中(选中为 1、未选中为 0,一次选择只有一个选项被选中),对于备选项属性数据可以不同,决策者属性数据则相同。

表 1-4　长格式示例

OBS_ID	ALT_ID	HINC	PSIZE	TTME	CHOICE
1	0	35	1	69	0
1	1	35	1	34	0
1	2	35	1	35	0
1	3	35	1	0	1

　　pylogit 提供了长 / 宽数据格式相互转换的函数,操作实例如代码清单 1-2 所示。

代码清单 1-2　使用 pylogit 进行长 / 宽数据格式相互转换

```
from collections import OrderedDict  # OrderedDict 用于记录模型的 specification (声明)
import pylogit as pl                 # 引入 Logit 模型软件包 pylogit
# 数据读入
long_data_path = u'long_data.csv'
long_df.to_csv(long_data_path, sep=',',index = False)
#---------------------#
# "长格式" 转换为 "宽格式" #
#---------------------#
# 指定决策者属性的列表
individual_specific_variables = ["HINC","PSIZE"]
# 指定备选项属性的列表
alternative_specific_variables = ['TTME', 'INVC', 'INVT', 'GC']
# 指定备选项属性的特殊说明列表
subset_specific_variables = {}
# "观测 ID",标识每次选择
observation_id_column = "OBS_ID"
# "备选项 ID",标识备选方案
alternative_id_column = "ALT_ID"
# "选择结果",标识选择结果
choice_column = "MODE"
# 可选变量,记录与每个备选方案对应的名称,并允许在宽格式数据中创建有意义的列名
```

```
alternative_name_dict = {0: "AIR",
                         1: "TRAIN",
                         2: "BUS",
                         3: "CAR"}
wide_df = pl.convert_long_to_wide(long_df,
                                  individual_specific_variables,
                                  alternative_specific_variables,
                                  subset_specific_variables,
                                  observation_id_column,
                                  alternative_id_column,
                                  choice_column,
                                  alternative_name_dict)
#---------------------#
# "宽格式" 转换为 "长格式" #
#---------------------#
# 创建决策者变量的列表
ind_variables =["HINC","PSIZE"]
# 指定每个备选项的属性所对应的字段，0/1/2/3 代表备选项，后面的字段名为其属性在 "宽格式数据"
  中的列名
alt_varying_variables = {"TTME": dict([(0, 'TTME_AIR'),
                                       (1, 'TTME_TRAIN'),
                                       (2, 'TTME_BUS'),
                                       (3, 'TTME_CAR')]),
                         "INVC": dict([(0, 'INVC_AIR'),
                                       (1, 'INVC_TRAIN'),
                                       (2, 'INVC_BUS'),
                                       (3, 'INVC_CAR')]),
                         "INVT": dict([(0, 'INVT_AIR'),
                                       (1, 'INVT_TRAIN'),
                                       (2, 'INVT_BUS'),
                                       (3, 'INVT_CAR')]),
                         "GC":   dict([(0, 'GC_AIR'),
                                       (1, 'GC_TRAIN'),
                                       (2, 'GC_BUS'),
                                       (3, 'GC_CAR')])}
# 指定可用性变量，字典的键为可选项的 ID，值为数据集中标记可用性的列
# 由于篇幅所限，前面的宽格式数据中省略了这 3 列，实际在做数据转化时需要标识每个选项的可用性
availability_variables = {0: 'availability_AIR',
                         1: 'availability_TRAIN',
                         2: 'availability_BUS',
                         3: 'availability_CAR'}
# "备选项 ID" 标识与每一行相关联的备选方案
custom_alt_id = "ALT_ID"
# "观测 ID" 标识每次选择，观测 ID 需要从 1 开始
obs_id_column = "OBS_ID"
wide_df[obs_id_column] = np.arange(wide_df.shape[0], dtype=int) + 1
# "选择结果" 标识选择结果
choice_column = 'MODE'
# 执行长格式转换
long_df = pl.convert_wide_to_long(wide_df,
```

```
         ind_variables,
            alt_varying_variables,
            availability_variables,
            obs_id_column,
            choice_column,
            new_alt_id_name=custom_alt_id)
```

1.3.2　使用逻辑回归分析自驾选择问题

基于前文的介绍，相信读者已经迫不及待想使用 MNL 模型或 NL 模型进行建模分析了，这里先从 LR 模型的实操讲起。LR 模型是目前应用最广泛的可解释二分类模型之一，深入了解 LR 模型对我们的日常工作有很大帮助。

通过对案例数据进行一定的处理，可以得到一份满足 LR 模型要求的宽格式数据。具体数据描述如表 1-5 所示，场景逻辑如图 1-5 所示。

表 1-5　LR 模型训练数据的字典

字段名称	类型	描述
OBS_ID	离散	选择行为 ID
HINC	连续	家庭收入
PSIZE	连续 or 离散	出行人数
TTME_AIR	连续	站点等待时间（飞机）
TTME_TRAIN	连续	站点等待时间（火车）
TTME_BUS	连续	站点等待时间（长途汽车）
INVC_AIR	连续	金钱成本（飞机）
INVC_TRAIN	连续	金钱成本（火车）
INVC_BUS	连续	金钱成本（长途汽车）
INVC_CAR	连续	金钱成本（自驾）
INVT_AIR	连续	行程中的时间成本（飞机）
INVT_TRAIN	连续	行程中的时间成本（火车）
INVT_BUS	连续	行程中的时间成本（长途汽车）
INVT_CAR	连续	行程中的时间成本（自驾）
y	离散	是否选择自驾

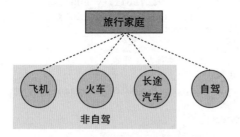

图 1-5　LR 模型的场景逻辑示意图

了解数据形式后，开始进行具体的模型搭建工作。

第 1 步：引入软件包，读取数据。重要的软件包在代码的备注中，如代码清单 1-3 所示。

代码清单 1-3　引入软件包及读取数据

```
import numpy as np                          # 引入基础软件包 numpy
import pandas as pd                         # 引入基础软件包 pandas
import statsmodels.api as sm        # 引入 Logistic regression 软件包 statsmodels
from sklearn.model_selection import train_test_split # 引入训练集/测试集构造工具包
from sklearn import metrics                 # 引入模型评价指标 AUC 计算工具包
import matplotlib.pyplot as plt             # 引入绘图软件包
import scipy                                # 引入 scipy 软件包完成卡方检验
# 数据读入
data_path = 'wide_data.csv'
raw_data = pd.read_table(data_path, sep=',', header=0)
```

第 2 步：数据预处理。数据预处理工作对于任何模型搭建都是必要的，这里结合 LR 模型及后续将介绍的 MNL 模型、NL 模型的特点着重讲 3 个数据预处理的要点：①不要存在缺失值；②每一列数据均为数值型；③多枚举值离散变量输入模型前要进行哑变量处理，如代码清单 1-4 所示。

代码清单 1-4　数据预处理

```
# 1. 缺失值探查 & 简单处理
model_data.info()                          # 查看每一列的数据类型和数值缺失情况
# | RangeIndex: 210 entries, 0 to 209
# | Data columns (total 9 columns):
# | ...
# | HINC              210 non-null int64
# | ...
model_data = model_data.dropna()           # 缺失值处理——删除
model_data = model_data.fillna(0)          # 缺失值处理——填充（零、均值、中位数、预测值等）

# 2. 数值型核查（连续变量应为 int64 或 float 数据类型）
# 若上一步中存在应为连续数值变量的字段为 object，则执行下列代码，这里假设 'HINC' 存在为字符
#   串 'null' 的值
import re                                   # 正则表达式工具包
float_patten = '^(-?\\d+)(\\.\\d+)?$'       # 定义浮点数正则 patten
float_re = re.compile(float_patten)         # 编译
model_data['HINC'][model_data['HINC'].apply(lambda x : 'not_float' if float_
    re.match(str(x)) == None else 'float') == 'not_float'] # 查看非浮点型数据
# | 2    null
# | Name: distance, dtype: object
model_data = model_data[model_data['HINC'] != 'null']
model_data['HINC'] = model_data['HINC'].astype(float)
```

第 3 步：单变量分析。在建模之前需要对每个自变量进行单变量分析，确定是否纳入模型。变量分为离散变量和连续变量两种，分析方式也有所不同。对于离散变量，我们使用 $k-1$ 自由度的卡方检验，其中 k 为离散变量的值个数；对于连续变量，比较简单的分析方法是直接对单变量进行逻辑回归，查看回归系数的显著性，根据 AUC 分析自变量对 y 的解释能力。保留显著的自变量进入后续的操作，如代码清单 1-5 所示。

代码清单 1-5　单变量分析

```
# 离散变量分析
crosstab = pd.crosstab( model_data['y'],model_data['PSIZE'])
p=scipy.stats.chi2_contingency(crosstab)[1]
print("PSIZE:",p)
# PSIZE: 0.0024577358937625327

# 连续变量分析
logistic = sm.Logit(model_data['y'],model_data['INVT_CAR']).fit()
p = logistic.pvalues['INVT_CAR']
y_predict = logistic.predict(model_data['INVT_CAR'])
AUC = metrics.roc_auc_score(model_data['y'],y_predict)
result = 'INVT_CAR:'+str(p)+'  AUC:'+str(AUC)
print(result)
# INVT_CAR:2.971604856310474e-09  AUC:0.6242563699629587
```

第 4 步：共线性检验。由于 LR 模型是一种广义线性模型，变量间严重的共线性会对参数估计的准确性及泛化能力产生影响，因此需要对自变量间的共线性进行分析。若 *vif* 值大于 10，可认为变量间具有很强的共线性，需要进行相应的处理，最简单的处理方式就是剔除自变量，保留单变量分析中 AUC 最大的变量。共线性检验示例如代码清单 1-6 所示。

代码清单 1-6　共线性检验

```
from statsmodels.stats.outliers_influence import variance_inflation_factor
# 共线性诊断包
X = raw_data[[ 'INVT_AIR', 'INVT_TRAIN','INVT_BUS', 'INVT_CAR']]
vif = pd.DataFrame()
vif['VIF Factor'] = [variance_inflation_factor(X.values, i) for i in range(X.
    shape[1])]
vif['features'] = X.columns
print('=============== 多重共线性 ===============')
print(vif)
# | 0   14.229424    INVT_AIR
# | 1   72.782420    INVT_TRAIN
# | 2   80.279742    INVT_BUS
# | 3   35.003438    INVT_CAR
```

第 5 步：模型搭建。这里需要注意的是，对于 3 值及以上的离散变量要进行哑变量

处理（需要记住去掉的枚举值），并且增加截距项 Intercept，同时进行训练集和测试集的
拆分（目的是防止模型过拟合，确定分析结论可以泛化），代码如清单 1-7 所示。

代码清单 1-7 搭建 LR 模型

```
# 建模数据构造
X = model_data[[ 'HINC','PSIZE','TTME_TRAIN' , 'INVC_CAR']]
y = raw_data['y']
# 哑变量处理
dummies = pd.get_dummies(X['PSIZE'], drop_first=False)
dummies.columns = [ 'PSIZE'+'_'+str(x) for x in dummies.columns.values]
X = pd.concat([X, dummies], axis=1)
X = X.drop('PSIZE',axis=1)      # 删去原离散变量
X = X.drop('PSIZE_4',axis=1) # 删去过于稀疏的字段
X = X.drop('PSIZE_5',axis=1) # 删去过于稀疏的字段
X = X.drop('PSIZE_6',axis=1) # 删去过于稀疏的字段
X['Intercept'] = 1              # 增加截距项
# 训练集与测试集的比例分别为80%和20%
X_train, X_test, y_train, y_test = train_test_split(X, y, train_size = 0.8,
    random_state=1234)
# 建模
logistic = sm.Logit(y_train,X_train).fit()
print(logistic.summary2())
# 重要返回信息
# | -------------------------------------------------------------
# |               Coef.    Std.Err.      z      P>|z|    [0.025    0.975]
# | -------------------------------------------------------------
# | HINC          0.0264    0.0100   2.6477   0.0081    0.0068    0.0459
# | TTME_TRAIN    0.0389    0.0195   1.9916   0.0464    0.0006    0.0772
# | INVC_CAR     -0.0512    0.0204  -2.5103   0.0121   -0.0913   -0.0112
# | PSIZE_1      -0.3077    0.7317  -0.4206   0.6741   -1.7419    1.1264
# | PSIZE_2      -1.0800    0.6417  -1.6829   0.0924   -2.3378    0.1778
# | PSIZE_3      -0.7585    0.7582  -1.0004   0.3171   -2.2444    0.7275
# | Intercept    -1.8879    1.1138  -1.6951   0.0901   -4.0708    0.2950
# | =============================================================
# 模型评价
print("======== 训练集 AUC========")
y_train_predict = logistic.predict(X_train)
print(metrics.roc_auc_score(y_train,y_train_predict))
print("======== 测试集 AUC========")
y_test_predict = logistic.predict(X_test)
print(metrics.roc_auc_score(y_test,y_test_predict))
# | ======== 训练集 AUC========
# | 0.7533854166666667
# | ======== 测试集 AUC========
# | 0.6510263929618768
```

第 6 步：模型修正。可以看到，由于不显著变量的影响，模型的测试集 AUC 与训
练集 AUC 存在较大差异，我们需要对不显著变量进行剔除。可以看到，新建模型的拟

合优度尚可（AUC 接近 0.75），且自变量显著（$p < 0.05$），可以进行后续解读，如代码清单 1-8 所示。

代码清单 1-8　修正 LR 模型

```
X = X.drop('PSIZE_1',axis=1)
X = X.drop('PSIZE_2',axis=1)
X = X.drop('PSIZE_3',axis=1)
# 训练集与测试集的比例分别为 80% 和 20%
X_train, X_test, y_train, y_test = train_test_split(X, y, train_size = 0.8,
    random_state=1234)
# 建模
logistic = sm.Logit(y_train,X_train).fit()
print(logistic.summary2())
# 重要返回信息
# | --------------------------------------------------------------
# |                 Coef.    Std.Err.      z     P>|z|    [0.025    0.975]
# | --------------------------------------------------------------
# | HINC          0.0266    0.0096    2.7731   0.0056   0.0078    0.0454
# | TTME_TRAIN    0.0335    0.0161    2.0838   0.0372   0.0020    0.0650
# | INVC_CAR     -0.0450    0.0168   -2.6805   0.0074  -0.0778   -0.0121
# | Intercept    -2.3486    0.8275   -2.8384   0.0045  -3.9704   -0.7269
# | ==============================================================
print("======== 训练集 AUC========")
y_train_predict = logistic.predict(X_train)
print(metrics.roc_auc_score(y_train,y_train_predict))
print("======== 测试集 AUC========")
y_test_predict = logistic.predict(X_test)
print(metrics.roc_auc_score(y_test,y_test_predict))
# | ======== 训练集 AUC========
# | 0.7344618055555555
# | ======== 测试集 AUC========
# | 0.7419354838709677
```

第 7 步：模型解读。DCM 模型解读的对象可以分为概率（probability）和几率（odds）。在本例中，概率为"选择自驾的概率"，几率为"选择自驾的概率 / 不选择自驾的概率"。限于模型的数学性质，我们无法直接从模型参数中快速得到概率，而是需要经过一定的计算，这部分会在介绍复杂 MNL 模型及 NL 模型时展示。

得益于 LR 模型的数学性质，数据分析师可以基于模型参数直接对几率进行解读（这一点类似于线性回归）。模型解读的话术为"在其他条件保持不变的情况下，某因素增长一个单位（或属性 a 相对属性 b），几率会变化（增长或降低）多少"，计算公式如下。

连续变量：$odd(x_i+1)\,/\,odd(x_i)-1 = \exp(\beta_i)-1$

离散变量：$odd(x_j=1)\,/\,odd(x_j=0)-1 = \exp(\beta_j)-1$

例如，根据模型可知：

在其他条件保持不变的情况下，家庭收入增长 1 个单位，选择自驾的 odds 会变化，$\exp(\beta_{\text{HINC}}) - 1 = \exp(0.0266) - 1 = 0.027$，即增加 0.027 倍。

在其他条件保持不变的情况下，自驾成本上升 1 个单位，选择自驾的 odds 会变化，$\exp(\beta_{\text{INVC\_CAR}}) - 1 = \exp(-0.0450) - 1 = -0.044$，即下降 0.044 倍。

1.3.3　使用多项 Logit 模型分析多种交通方式选择问题

1.3.2 节我们使用逻辑回归模型分析了是否选择自驾的二项选择问题，如果要同时分析 4 种交通方式的选择问题，则需要使用 MNL 模型或 NL 模型。本节将介绍基于 IIA 假定的 MNL 模型，模型的问题场景映射如图 1-6 所示。

需要注意的是，MNL 模型的输入数据为长格式。不同于 LR 模型，MNL 模型需要更加详细、复杂的初始化声明，以指定每种选项的效用函数形式。为了保证信息的完整性，尽量先保留自变量，定义如下模型。

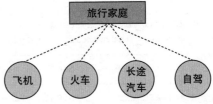

图 1-6　MNL 模型的场景逻辑示意图

$$V_{\text{air}} = \text{ASC}_{\text{air}} + \beta_{\text{ttme}}\text{TTME} + \beta_{\text{invc}}\text{INVC} + \beta_{\text{invt}}\text{INVT} + \beta_{\text{hinc,air}}\text{HINC} + \beta_{\text{psize,air}}\text{PSIZE}$$
$$V_{\text{train}} = \text{ASC}_{\text{train}} + \beta_{\text{ttme}}\text{TTME} + \beta_{\text{invc}}\text{INVC} + \beta_{\text{invt}}\text{INVT} + \beta_{\text{hinc,train}}\text{HINC} + \beta_{\text{psize,train}}\text{PSIZE}$$
$$V_{\text{bus}} = \text{ASC}_{\text{bus}} + \beta_{\text{ttme}}\text{TTME} + \beta_{\text{invc}}\text{INVC} + \beta_{\text{invt}}\text{INVT} + \beta_{\text{hinc,bus}}\text{HINC} + \beta_{\text{psize,bus}}\text{PSIZE}$$
$$V_{\text{car}} = \beta_{\text{invc}}\text{INVC} + \beta_{\text{invt}}\text{INVT}$$

根据设计好的模型结构搭建模型。1.3.2 节已经介绍了数据清洗，这里不再赘述，直接进入模型搭建的代码学习，如代码清单 1-9 所示。

代码清单 1-9　搭建 MNL 模型

```
# 第一步：模型初始化声明
basic_specification = OrderedDict()
basic_names = OrderedDict()
# 注意截距项包含选项个数减1
basic_specification["intercept"] = [0, 1, 2]
basic_names["intercept"] = ['ASC_air', 'ASC_train', 'ASC_bus']
# 可以灵活指定备选项属性的影响方式
basic_specification["TTME"] = [[0, 1, 2]]
basic_names["TTME"] = ['TTME']
basic_specification["INVC"] = [[0, 1, 2, 3]]
basic_names["INVC"] = ['INVC']
basic_specification["INVT"] = [[0, 1, 2, 3]]
basic_names["INVT"] = ['INVT']
# 也可以灵活指定决策者的影响方式，但需要注意的是，由于每个选项的决策者属性都一样，因此保证可
```

```
        估计性只对部分选项生效
basic_specification["HINC"] = [0, 1, 2]
basic_names["HINC"] = ['HINC_air', 'HINC_train', 'HINC_bus']
basic_specification["PSIZE"] = [0, 1, 2]
basic_names["PSIZE"] = ['PSIZE_air', 'PSIZE_train', 'PSIZE_bus']
# 第二步：创建模型
mnl = pl.create_choice_model(data = model_data,
                alt_id_col="ALT_ID",
                obs_id_col="OBS_ID",
                choice_col="MODE",
                specification=basic_specification,
                model_type = "MNL",
                names=basic_names)
# 第三步：模型估计和模型结果
mnl.fit_mle(np.zeros(12)) # 需要输入模型参数数量，根据之前的模型表达式即可得到
mnl.get_statsmodels_summary()
# | --------------------------------------------------------------
# |                  coef     std.err  z        P>|z|   [0.025  0.975]
# | --------------------------------------------------------------
# | ASC_air         6.0352    1.138    5.302    0.000   3.804   8.266
# | ASC_train       5.5735    0.711    7.836    0.000   4.179   6.968
# | ASC_bus         4.5047    0.796    5.661    0.000   2.945   6.064
# | TTME           -0.1012    0.011   -9.081    0.000  -0.123  -0.079
# | INVC          -0.0087    0.008   -1.101    0.271  -0.024   0.007
# | INVT          -0.0041    0.001   -4.627    0.000  -0.006  -0.002
# | HINC_air        0.0075    0.013    0.567    0.571  -0.018   0.033
# | HINC_train    -0.0592    0.015   -3.977    0.000  -0.088  -0.03
# | HINC_bus      -0.0209    0.016   -1.278    0.201  -0.053   0.011
# | PSIZE_air     -0.9224    0.259   -3.568    0.000  -1.429  -0.416
# | PSIZE_train     0.2163    0.234    0.926    0.355  -0.242   0.674
# | PSIZE_bus     -0.1479    0.343   -0.432    0.666  -0.820   0.524
# |==============================================================
```

模型的搭建完成后，我们会发现有些变量不显著，此时需要进行模型的修正，如代码清单 1-10 所示。这里受篇幅限制，主要使用属性剔除及属性影响合并的方式进行修正，修正后的模型声明及模型效果如下。

$$V_{air} = ASC_{air} + \beta_{ttme}TTME + \beta_{invt}INVT + \beta_{psize,air}PSIZE$$

$$V_{train} = ASC_{train} + \beta_{ttme}TTME + \beta_{invt}INVT + \beta_{hinc,train}HINC$$

$$V_{bus} = ASC_{bus} + \beta_{ttme}TTME + \beta_{invt}INVT + \beta_{hinc,bus}HINC$$

$$V_{car} = \beta_{invt}INVT$$

代码清单 1-10　修正 MNL 模型

```
basic_specification = OrderedDict()
basic_names = OrderedDict()
basic_specification["intercept"] = [0, 1, 2]
```

```
basic_names["intercept"] = ['ASC_air', 'ASC_train', 'ASC_bus']
basic_specification["TTME"] = [[0, 1, 2]]
basic_names["TTME"] = ['TTME']
basic_specification["INVT"] = [[0, 1, 2, 3]]
basic_names["INVT"] = ['INVT']
basic_specification["HINC"] = [[1, 2]]
basic_names["HINC"] = [ 'HINC_train_bus']
basic_specification["PSIZE"] = [0]
basic_names["PSIZE"] = ['PSIZE_air']
mnl = pl.create_choice_model(data = model_data,
                alt_id_col="ALT_ID",
                obs_id_col="OBS_ID",
                choice_col="MODE",
                specification=basic_specification,
                model_type = "MNL",
                names=basic_names)
mnl.fit_mle(np.zeros(7))
mnl.get_statsmodels_summary()
# | -------------------------------------------------------------
# |                   coef    std.err  z      P>|z|   [0.025  0.975]
# | -------------------------------------------------------------
# | ASC_air          5.6860   0.937   6.068  0.000   3.849   7.523
# | ASC_train        5.4034   0.603   8.959  0.000   4.221   6.585
# | ASC_bus          5.0128   0.623   8.051  0.000   3.792   6.233
# | TTME            -0.0992   0.011  -9.428  0.000  -0.12   -0.079
# | INVT            -0.0039   0.001  -4.489  0.000  -0.006  -0.002
# | HINC_train_bus  -0.0500   0.011  -4.484  0.000  -0.072  -0.028
# | PSIZE_air       -0.8997   0.245  -3.680  0.000  -1.379  -0.420
# | =============================================================
```

　　根据模型系数可以初步判定模型的合理性，例如：TTME 的系数为负，可以解释为当某个备选项站点等待时间延长，其被选择的概率会降低；HINC_train_bus 的系数为负，可以解释为随着家庭收入增加，选择火车或长途汽车的概率会降低。这种定性的合理性判断有利于我们判断模型搭建是否合理。当然，如果想发挥模型真正的价值，还需要对模型进行量化解读。

　　对 MNL 模型的解读需要基于其预测功能，原理已经在 1.2.3 节进行了阐述，这里主要进行代码实现，如代码清单 1-11 所示。假设其他条件保持不变，因为火车提速，使得行程耗时降低 20%，通过计算可知：

- 飞机的选择概率会由 27.6% 变为 25.6%，降低了 2.0%。
- 火车的选择概率会由 30.0% 变为 36.2%，提升了 6.2%。
- 长途汽车的选择概率会由 14.3% 变为 12.7%，降低 1.6%。
- 自驾的选择概率会由 28.1% 变为 25.5%，降低 2.6%。

代码清单 1-11 解读 MNL 模型

```
# 创建用于预测的 df
prediction_df = model_data[['OBS_ID', 'ALT_ID', 'MODE','TTME',
    'INVT','HINC','PSIZE']]
choice_column = "MODE"
# 对火车耗时进行变化
def INVT(x,y):
    if x == 1:
        return y*0.8
    else:
        return y
prediction_df['INVT'] = prediction_df.apply(lambda x: INVT(x.ALT_ID, x.INVT), axis
= 1)
    # 默认情况下，predict() 方法返回的结果是每个备选方案的选择概率
prediction_array = mnl.predict(prediction_df)
# 存储预测概率
prediction_df["MNL_Predictions"] = prediction_array
# 对比变化前后的概率
raw_probability = prediction_df.groupby(['ALT_ID'])['MODE'].mean()
new_probability = prediction_df.groupby(['ALT_ID'])['MNL_Predictions'].mean()
print("-------- 原概率 --------")
print(raw_probability)
print("-------- 新概率 --------")
print(new_probability)
# | -------- 原概率 --------
# | ALT_ID
# | 0    0.276190
# | 1    0.300000
# | 2    0.142857
# | 3    0.280952
# | Name: MODE, dtype: float64
# | -------- 新概率 --------
# | ALT_ID
# | 0    0.255643
# | 1    0.362788
# | 2    0.126937
# | 3    0.254632
```

1.3.4 使用嵌套 Logit 模型分析多种交通方式选择问题

本节我们要学习的是嵌套 Logit 模型，顾名思义，嵌套 Logit 模型就是人为设置选择的层次。我们假定选择的过程存在层次性，如图 1-7 所示，旅行家庭先进行飞机或陆地交通的选择，如果选择陆地交通，再决定到底是选火车、长途汽车还是自驾。该模型主要应用于不满足 IIA 假定的分析场景。

我们延续 MNL 模型的代码进行阐述，如代码清单 1-12 所示，NL 模型与 MNL 模型

的不同之处在于 NL 模型需要在声明每个备选项的效用表达式之前，单独声明 NL 模型的层次。

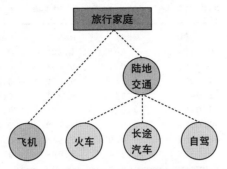

图 1-7　NL 模型的场景逻辑示意图

代码清单 1-12　NL 模型代码

```
# 声明嵌套形式
nest_membership = OrderedDict()
nest_membership["air_Modes"] = [0]
nest_membership["ground_Modes"] = [1, 2, 3]

# 声明备选项的效用函数
basic_specification = OrderedDict()
basic_names = OrderedDict()
basic_specification["intercept"] = [0, 1, 2]
basic_names["intercept"] = ['ASC_air', 'ASC_train', 'ASC_bus']
# 可以灵活指定备选项属性的影响方式
basic_specification["TTME"] = [[0, 1, 2]]
basic_names["TTME"] = ['TTME']
basic_specification["INVT"] = [[0, 1, 2, 3]]
basic_names["INVT"] = ['INVT']
# 也可以灵活指定决策者的影响方式，但需要注意的是，由于每个选项的决策者属性都一样，因此保证可
    估计性，只对部分选项生效
basic_specification["HINC"] = [[1, 2]]
basic_names["HINC"] = [ 'HINC_train_bus']
basic_specification["PSIZE"] = [0]
basic_names["PSIZE"] = ['PSIZE_air']

# 模型创建
nested_logit = pl.create_choice_model(data = model_data,
                alt_id_col="ALT_ID",
                obs_id_col="OBS_ID",
                choice_col="MODE",
                specification=basic_specification,
                model_type = "Nested Logit",
                names=basic_names,
                nest_spec=nest_membership)
```

```
nested_logit.fit_mle(np.zeros(9))
nested_logit.summary
# | ----------------------------------------------------------------
# |                    parameters    std_err    t_stats    p_values
# | ----------------------------------------------------------------
# | air_Modes           0.0000        NaN        NaN        NaN
# | ground_Modes        0.8187        0.668      1.225      0.220
# | ASC_air             4.0002        1.022      3.914      0.000
# | ASC_train           4.2224        0.744      5.672      0.000
# | ASC_bus             3.9471        0.747      5.285      0.000
# | TTME               -0.0787        0.013     -6.180      0.000
# | INVT               -0.0038        0.001     -4.718      0.000
# | HINC_train_bus     -0.0364        0.010     -3.513      0.000
# | PSIZE_air          -0.7535        0.244     -3.088      0.002
# | ================================================================
```

从模型结果来看，ground_Modes 的系数并不显著，并且尝试用其他层次条件进行建模亦会发现，层次的系数也不显著，这从侧面表明了 MNL 模型在该问题上的应用是合理的。当然，多数情况下 IIA 假定并不一定被满足，NL 模型会比 MNL 模型更科学和严谨。NL 模型的解读与 MNL 模型一致，这里不再赘述。

1.4 本章小结

本章通过 1.1 节的案例引出用户选择行为的经济学理论，主要知识点包括：理性人假设、效用最大化理论以及选择过程的要素（决策者、备选项、备选项属性及决策准则）等。在 1.2 节详细介绍了离散选择模型（DCM）的基本设计原理、不同 DCM 的应用场景以及重要的数学知识。在 1.3 节介绍了基于 Python 的实操案例，分别使用 LR 模型、MNL 模型以及 NL 模型对旅行出行方式选择案例进行分析。希望读者可以在本章的基础上进一步学习更深层的相关知识，并将 DCM 应用到实际业务问题中。

第 2 章
与时间相关的行为分析

丁芬

在用户行为选择分析方法中，大多数方法聚焦在用户行为结果及其影响因素的分析上。但有些时候，用户的行为是随时间推移陆续发生的（与时间相关），发生时间的快慢也能为分析决策提供信息（比如发现用户刚活跃一段时间的流失速度最快，那么流失干预就可以更早启动），本章将向读者介绍一种能够同时分析"行为结果与发生时间"的分析方法——生存分析（Survival Analysis）。生存分析能够充分利用数据提供的信息对用户行为展开探索，从而更加有效地指导商业决策。

2.1 生存分析与二手车定价案例

本节我们以二手车定价为例，重点说明使用生存分析方法的原因。

2.1.1 二手车定价背景

假设有一个自营二手车在线销售平台，采用"自采自销"的运营模式，其业务流程可以简化为以下几个步骤。

- 向市场收购二手车并采集相关信息。
- 租赁仓储服务，运输、存放及维护已购入的二手车。
- 人工定价并在自营平台发布车辆出售信息。
- 运营人员基于销售情况对出售价格做相应的调整。
- 用户订购，车辆售出。

业务流程及相关信息如图 2-1 所示。

目前，由于人工定价的效率过低且准确度不足，经常出现定价偏高或偏低的情况，需要对价格进行二次调整。因此，平台希望以"毛利最大化"为原则，通过建模分析找到最优定价策略并实现自动化定价。其中，毛利（Profit）等于主营业务收入（Revenue）

减去主营业务成本（Cost），公式如下。

$$\text{Profit} = \text{Revenue} - \text{Cost}$$

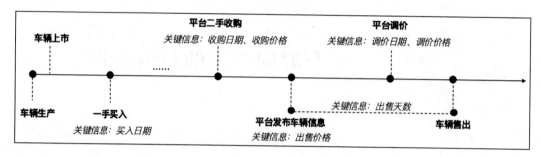

图 2-1 二手车业务流程及相关信息

该平台的主营业务收入及主营业务成本构成如下。

- 主营业务成本：包括收购、仓储及维护成本，其中仓储及维护成本与车辆库存存放的时长呈线性正相关。
- 主营业务收入：二手车销售收入。

假设二手车的定价为 p ，每辆车的收购成本为 C_p ，每日每辆二手车的仓储及维护成本为 C_s ，用 d_t 表示平均存放时长，一般情况下，价格越高存放时间越长，则每辆二手车销售收入可以表示为

$$\text{Revenue}(p) = p$$

每辆二手车主营业务成本可以表示为

$$\text{Cost}(p) = C_p + C_s d_t = C_p + C_s \int_0^\infty P(t,p)\mathrm{d}t$$

其中，$P(t,p)$ 代表在价格等于 p 的条件下，车辆存放到第 t 日仍然没有卖出去的概率。因此，每辆二手车利润可以表示为价格的函数：

$$\text{Profit}(p) = p - C_p - C_s \int_0^\infty P(t,p)\mathrm{d}t$$

可见，在最优价格求解的过程中有两个核心点：第一，求解在不同价格水平下，具备不同信息参数的二手车随时间连续变化的留存（未被出售）概率曲线，进而得出随时间推移，车辆消耗的成本；第二，基于毛利最大化原则寻找最优价格。

2.1.2 为什么不选择一般回归模型

已知问题核心在于求解二手车随时间连续变化的留存概率曲线，而一般的回归模型，如逻辑斯蒂回归（Logistics Regression）模型、线性回归（Linear Regression）模型或分类

模型，如决策树（Decision Tree）等处理的均是截面数据，模型输出结果是特定时间截面下的事件发生概率，为了有效产出分析结果，一种操作方式是给定观察时间窗（如一周、一个月等），在观察时间窗结束时，用户的行为可以划分为已购买和未购买两类，通过模型分析用户在不同价格及车辆信息下购买的概率，进而求解最优价格，但是这样做存在如下两个不足。

- 由于无法有效处理连续时间信息，导致分析效率低，且无法精细反映车辆留存概率与时间的关系，定价精准度受限。
- 如果在观察时间窗途中调价，将影响车辆出售概率，难以分析调价对于出售概率的影响（只选择调价前或调价后的样本作为分析对象均可能丢失价格信息）。

2.1.3　为什么选择生存分析

与只关注事件结果的模型不同，生存分析既关注事件结果又关注结果发生时间。既研究结果影响因素，又研究影响因素与结果出现时间长短之间的关系，是研究生存现象（事件结果）和发生时间关系及统计规律的一门学科。

与一般回归模型相比，生存分析具备以下两点优势。

- 将结果发生的时间因素纳入分析框架，能够有效刻画事件结果随时间变化的规律。
- 通过对这类观测数据进行特殊处理，可以充分利用数据提供的不完全信息，应对数据丢失及变化。

生存分析可应用于任何与时间有关的行为（事件）分析中，包括病人的治愈情况、辖区婚姻持续情况、某产品出现故障的情况等。在二手车定价案例中，套用生存分析框架，我们可以有效解决中途调价的问题，并能刻画车辆留存随时间变化的情况，实现最优自动化定价。

接下来将结合案例向大家介绍生存分析的理论框架及 Python 代码实践。

2.2　生存分析的理论框架

生存分析包括 4 个主要过程，如图 2-2 所示，本节将逐一进行介绍。

图 2-2　生存分析的 4 个主要过程

2.2.1　生存分析基本概念界定

1. 事件

事件分为起始事件和终点事件。起始事件即生存分析的起点事件，所有研究对象的起始事件均相同；终点事件指研究关注的具体事件，生存分析中部分研究对象可以观察到关注事件发生，能够获取准确的发生时间，为分析提供完全信息，本章后续讨论中提到的"事件"均指"终点事件"。

在二手车定价案例中，起始事件是平台发布车辆出售信息，终点事件是用户下单购买二手车。

2. 生存时间

生存时间不关注事件发生的客观时间，只关注从起始事件开始到终点事件发生之间的时间间隔。例如，病人治愈所花费的时间；首婚人群的婚姻持续时间；某个系统在故障前良好运转的时间等。生存时间不呈正态分布，因此不能用生态分布假设对生存时间分布参数进行估计。

在二手车定价案例中，车辆生存时间是从平台发布信息到车辆被售出的时间间隔，也代表了车辆在库存存放的时长。

3. 删失

某些研究对象在观察时间窗内无法获取事件发生时间，我们将这种情况称为删失，其中以右删失最为常见，右删失是指已知研究对象的观察起始时间，但无法获取终点事件发生的具体时间，这一现象是由以下几个原因导致的。

- 研究对象在观察时间窗内还未发生有效事件。
- 研究对象在观察时间窗内由于某些原因被丢失。
- 研究对象在事件发生前由于非事件原因脱离有效观测。

在二手车定价案例中，因调价导致原始价格下车辆后续销售状况不明就是一种右删失，其原因可以归纳为第三类。二手车案例数据删失举例如图 2-3 所示。

针对车辆 3，有效的处理方式是将数据拆分为调价前与调价后两段，调价前时间段由于受调价影响，无法追踪车辆最终是否出售，因此定义为删失，调价后在新价格阶段能够有效追踪销售情况，具体说明如图 2-4 所示。

除右删失外，还有左删失与区间删失。左删失是指确定研究对象在某一时刻之前发生了有效事件，但发生具体时间不详；区间删失是指已知某一研究对象在某一时间段内发生了有效事件，但发生具体时间不详。

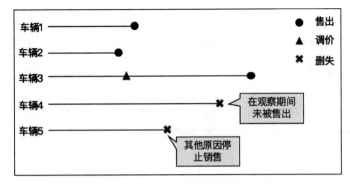

图 2-3　二手车案例中数据删失举例

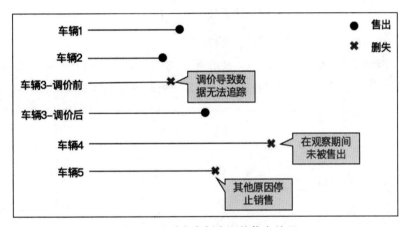

图 2-4　二手车案例中调价信息处理

4. 风险中数量

风险中数量指在观察时间窗内可追踪其状态且未发生事件的对象数量，但不包括如下两项。

- 截止到当前时间已经发生了事件 / 流失的对象。
- 截止到当前时间已经右删失的对象（由于非事件原因脱离观测的对象）。

在二手车定价案例中，假设在初始价格下，100 辆车在信息发布后的 20 天内，有 40 辆车被售出，有 4 辆车在售出前进行了调价，那么在第 20 天末，风险中数量是 100−40−4=56 个。

5. 生存函数

对于观察时间窗内的任意时刻 t（$t>0$），生存函数反映的是研究对象到该时刻仍未发生事件的概率。生存函数是每个时刻生存概率的乘积，故也称为累积生存概率函数。

生存函数的公式表示为

$$S(t) = P(T > t) = 1 - F(t)$$

其 $F(t)$ 代表生存时间的累积分布函数，表示事件发生时间未超过时刻 t 的概率。生存函数具备以下 3 个特性。

- $S(t) \in [0,1]$ ，且 $S(t)$ 单调递减。
- 在起始时刻 $t = 0$ 时，所有对象均处于存活状态，此时 $S(t) = 1$ 。
- 当 t 趋于无穷大时 $(t = \infty)$ ，生存概率趋近于 0 ， $S(t) = S(\infty) = 0$ 。

当生存时间 t 为连续型随机变量时，生存函数表示为

$$S(t) = P(T > t) = 1 - F(t) = \int_t^\infty f(u) \mathrm{d}u$$

$$f(t) = -S'(t) = -\frac{\mathrm{d}S(t)}{\mathrm{d}t}$$

其中，$f(t)$ 为概率密度函数，是 $F(t)$ 的导数。

基于生存函数可以绘制生存曲线。生存函数对应一条从 1 到 0 下降的曲线。曲线越靠左越陡峭，代表生存率越低或生存时间越短，一般的生存曲线如图 2-5 所示。

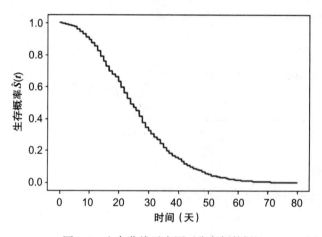

图 2-5　生存曲线示意图（非案例数据）

在二手车定价案例中，利润函数中的 $\mathrm{P}(t, p)$ 即为生存函数，代表在价格等于 p 的条件下，车辆存放到第 t 日仍然没有卖出去的概率。每个时刻生存概率越大，代表车辆出售的速度越慢。基于 $\mathrm{P}(t, p)$ 可绘制出不同价格条件下的生存曲线，而 $\int_0^\infty \mathrm{P}(t, p) \mathrm{d}t$ 对应的是曲线下的面积，即车辆的平均出售时长。我们的目标就是通过绘制不同价格、不同参数条件下车辆的生存曲线，求解车辆平均出售时长，进而制定出最优价格策略。

6. 风险函数与累积风险函数

风险函数也可以称为条件死亡率，指的是在时间 t 之前未发生任何事件而恰好在时间

t 发生事件的概率。

风险函数的公式表示为

$$h(t) = \lim_{h \to 0} \frac{\mathrm{P}(T \langle t + h \mid T \geq t)}{h}$$

当生存时间 t 为连续型随机变量时，风险函数表示为

$$h(t) = \frac{f(t)}{S(t)} = -\frac{\mathrm{d}\ln[S(t)]}{\mathrm{d}t}$$

累积风险函数公式为

$$H(t) = \int_0^t h(u)\mathrm{d}u = -\ln[S(t)]$$

生存函数与风险函数的关系表示为

$$S(t) = e^{-H(t)} = e^{-\int_0^t h(u)\mathrm{d}u}$$

7. 半衰期

半衰期也可以称为中位生存时间，指恰好一半个体未发生终点事件的时间。由于删失的存在，无法直接以平均时间反应事件发生的时间水平，因此生存分析在描述生存时间时一般以半衰期，也就是存活概率 50% 时对应消耗的时间来表述。同理，也可以基于需要计算存活概率到其他百分位数量的消耗时间，半衰期示例如图 2-6 所示。

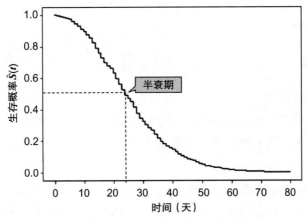

图 2-6　半衰期（中位生存时间，非案例数据）

在二手车定价案例中，半衰期指恰好还有 50% 的车辆没有卖出去对应的时间，由于生存概率是一个随时间变化的值，无法直接进行对比，因此通常可以采用半衰期作为反映生存概率高低的基础指标，通过对半衰期的监控及对比反映销售情况。

2.2.2   生存函数刻画及简单对比

2.2.1 节介绍了生存函数与风险函数的定义及公式，本节将介绍对两个函数进行刻画的具体方法。目前，对生存函数及风险函数的刻画方法分为非参数和参数两类。其中，最常用的是非参数方法中对生存函数进行刻画的 KM 曲线法和对累积风险函数进行刻画的 Nelson-Aalen 曲线法。本小节会着重介绍 KM 曲线法，然后对其他方法做简要说明。

1. KM 曲线法

KM 曲线法作为一种非参数方法，不对数据分布做任何假设，而是直接用概率乘法定理估计生存率。这一方法的优势在于能够直观地观察生存曲线，便于不同生存曲线之间进行简单对比，但无法建立数学模型对多个影响因素进行分析。

假设我们有 $(t_1 < t_2 < \cdots < t_k)$ 共 k 个观测时刻及 N 个样本，d_j 代表在 t_j 时刻发生事件的人数，m_j 表示在 (t_j, t_{j+1}) 时间段内删失的人数，那么 t_j 时刻依然处于风险中的人数可以表示为

$$n_j = (m_j + d_j) + \cdots + (m_k + d_k)$$

t_j 时刻的风险率为 d_j / n_j，KM 曲线对应生存函数的估计表示为

$$\widehat{S(t)} = \prod_{j : t_j \leqslant t} \frac{n_j - d_j}{n_j}$$

KM 曲线的估计可以用经典 Greenwood 公式进行计算，从而得到生存函数的置信区间，具体计算公式为

$$\widehat{\mathrm{var}}[\widehat{S(t)}] = [\widehat{S(t)}]^2 \prod_{j : t_j \leqslant t} \frac{n_j - d_j}{n_j}$$

2. KM 曲线对比

我们可以通过对研究对象进行分组，绘制多条生存曲线，但只通过直接观察无法确定曲线之间是否具有显著性差异，还需要引入严谨的统计检验方法。其中，对数秩检验在生存曲线的比较中应用最为广泛。

对数秩检验是一种非参数检验方法，检验的原假设是不同分组之间的生存率没有显著差异。在原假设为真的条件下，对数秩检验以整体的风险概率作为理论风险概率计算理论事件数，通过将真实事件数与理论事件数进行对比，判断生存曲线之间是否存在显著差异。以两个分组下的生存曲线对比为例，对数秩检验的具体步骤如下。

- 将两组数据混合后按照生存时间排序，通过 KM 曲线法计算合并后数据的整体风险率及生存率。
- 以整体风险率作为理论风险率，计算每组数据在原假设成立的情况下，各时刻的

理论事件数（期望事件数）。

- 对各组的理论事件数进行求和，并计算检验统计量量，在原假设成立时，统计量服从自由度为组数减 1 的卡方分布，具体检验公式表示为

$$X^2 = \sum_i^{\text{of groups}} \frac{(O_i - E_i)^2}{E_i}$$

- 依据 P 值判断原假设是否成立，$p - \text{value} \leqslant 0.05$ 代表不同组生存曲线之间存在显著差异，反之则没有显著差异。

由此可见，对数秩检验实际上是一种单因素分析，该方法能够有效实现单因素分类后的组间比较，但无法有效实现多因素分析。

3. Nelson-Aalen 累积风险曲线

与 KM 曲线相同，Nelson-Aalen 累积风险曲线法也是一种非参数方法。该方法适用于对删失数据的处理，曲线基于观测数据对风险函数及累积风险函数进行刻画。

其中，累积风险函数的估计表示为

$$\widehat{H(t)} = \sum_{j:t_j \leqslant t} \frac{d_j}{n_j}$$

4. 生存函数的参数估计

参数方法假定生存时间符合某种分布，根据样本观测值来估计假定分布模型中的参数，以获得生存时间的概率密度模型。通常，假定生存时间服从的分布主要有指数分布、威布尔分布、对数正态分布及对数 logistic 分布等，下面对指数分布及威布尔分布做简要介绍。

指数分布的生存函数表示为

$$S(t) = e^{-\lambda t}$$

风险函数表示为

$$h(t) = \lambda$$

可见，指数分布假设时事件发生时间完全随机，风险函数与时间无关。

威布尔分布的生存函数表示为

$$S(t) = e^{(-\lambda t^\alpha)}, \lambda > 0, \alpha > 0$$

风险函数表示为

$$h(t) = \lambda \alpha (\lambda t)^{\alpha - 1}$$

其中，λ 为尺度参数，决定分布的分散度；α 为形状参数，决定分布的形态。$\alpha = 1$ 时为指数分布，威布尔分布允许风险函数单调递增或递减。

2.2.3　生存函数回归及个体生存概率的预测

1. Cox 比例风险回归模型

前文提到，KM 曲线之间的对比只能在单一分类变量之间进行，并且 KM 曲线只描述了该单变量和生存时间之间的关系而忽略了其他变量的影响。为了解决这个问题，Cox 比例风险回归模型诞生了。Cox 比例风险回归模型通过对风险率进行估计，实现了对包含分类变量及连续变量的多变量回归，并控制了其他变量下，单个变量对生存概率的影响。此外，基于回归的结果可以实现在给定条件下个体生存概率的预测。

Cox 比例风险模型公式为

$$h(t;x) = h_0(t)e^{\beta x}$$

与其他回归分析相同，生存回归模型可以包括多个自变量，假设有一个影响风险率的自变量，则公式可具体表述为

$$h(t;x_1,x_2,\cdots x_p) = h_0(t)e^{\beta_1 x_1 + \beta_2 x_2 + \cdots + \beta_p x_p}$$

对于风险函数而言，基准风险率 $h_0(t)$ 是所有自变量取值均为 0 的风险率，$(\beta_1,\beta_2,\cdots,\beta_p)$ 是模型的偏回归系数，是一组带估计的参数，反应了自变量对风险率的影响。模型基于恒定比例风险假设，在不同时刻，相同水平下风险率相对基准风险率的比例固定，不随时间变化，模型采用指数函数形式可以确保风险率大于 0。与一般的回归分析不同，Cox 模型不是直接用生存时间作为回归方程的因变量，自变量对生存时间的影响通过风险函数与基准函数的比值来表示，其中模型中 $h_0(t)$ 为非参数部分，β 为需要估计的参数，因此 Cox 比例风险回归模型是一种半参数模型。

我们对模型进行解读：当自变量 x_p 为连续型变量时，偏回归系数 β_p 可表示为，在除 x_p 之外其他变量均不变的情况下，x_p 每增加一个单位，风险率变化 e^{β_p} 倍；当自变量 x_p 为离散型变量时，假设 x_p 有 0 和 1 两个分类，则偏回归系数 β_p 可表示为，在除 x_p 之外其他变量均不变的情况下，类别 1 相对于类别 0 的风险率是 e^{β_p} 倍。

总体来说，对于影响因子的解读可以分为以下 3 类。

- 当 $\beta > 0$ 时，风险率随着 x 的增加而增加，我们称之为危险因素。
- 当 $\beta < 0$ 时，风险率随着 x 的增加而减少，我们称之为保护因素。
- 当 $\beta = 0$ 时，风险率不随 x 的变化而变化，我们称之为无关因素。

2. Cox 比例风险回归模型的估计

Cox 比例风险回归模型中的偏回归系数采用部分似然函数进行估计。假设我们有一个研究对象，生存时间按照由大到小排序：

$$t_1 \leqslant t_2 \leqslant \cdots \leqslant t_n$$

将在时刻 t_i 依然处于风险中的所有对象构成危险集，记为 $R(t_i)$。随着 t_i 的增大，危险集里的数量逐渐减少直到消失，部分似然函数表示为

$$PL(\beta) = \prod_{i=1}^{n} \frac{h_0(t)e^{\beta x_i}}{\sum_{j \in R(t_i)} h_0(t)e^{\beta x_j}}$$

对于研究对象 i，其在 t_i 时刻发生事件的概率是两部分的乘积：一部分是在 t_i 时刻之前依然处于风险中的概率；另一部分是在 t_i 时刻的风险集中，恰好第 i 个研究对象发生事件的概率。$PL(\beta)$ 没有考虑前者，因此成为部分似然函数。假设对象 i 在 t_i 时刻发生事件，则记 $\delta_i = 1$，否则 $\delta_i = 0$，对 $PL(\beta)$ 取对数得到：

$$\ln PL(\beta) = \delta_i \left[\sum_{i=1}^{n} \beta x_i - \ln \left(\sum_{j \in R(t_i)} e^{\beta x_j} \right) \right]$$

求关于 $\beta_j (j = 1,2,\cdots,p)$ 的一阶偏导，并求其等于 0 的解，即可得到 β_j 的最大似然估计值。

在估计出模型中的 β 值之后，将每个个体的自变量取值带入公式，就可以得到每个个体的生存函数取值，绘制个体的生存函数曲线，从而实现对个体生存概率的预测。

2.3　生存分析在二手车定价案例中的应用

前文详细阐述了生存分析的理论，本节将基于 2.1 节提到的二手车定价案例，带领大家通过 Python 代码实操完成生存分析及结果解读。在开始实操之前，我们先对二手车定价案例涉及的具体问题及数据进行界定，并对操作流程做简要介绍。

1. 问题聚焦

我们以帕萨特二手车定价为例，以 90 天为一个销售周期，如果二手车超过 90 天仍未销售出去，则车辆的收益为 0，成本为 90 天消耗的仓储及维护总成本。在 2.1 节推导出的利润公式中，所有车辆购入成本 C_p 固定不变，为常数，为了简化问题，此处不考虑购入成本，我们只需要求得如下公式的最大值：

$$\text{Max(Profit)} = \text{Max}(p - C_s \int_0^{\infty} P(t, p)\mathrm{d}t)$$

2. 数据获取

假设我们从平台上获得的数据信息如表 2-1 所示。

表 2-1　二手车定价案例可获取的数据信息

信息类型	内　容
发布信息	品牌、车型、颜色、行驶里程、车辆照片
访问信息	用户访问信息的次数

（续）

信息类型	内　容
价格信息	发布时间及价格，调价时间及价格
出售信息	是否卖出、出售时间、在售时长
成本信息	仓储及维护成本，每辆车 1000 元／日

3. 操作流程

下面围绕上述信息展开案例实操，操作流程分为以下几步。

- 了解软件包及数据要求：介绍软件包和数据格式，并对样例数据进行必要的处理。
- 掌握生存分析基础操作：绘制二手车销售生存曲线，使用对数秩检验判断不同生存曲线是否存在显著差异。
- 掌握 Cox 比例风险模型操作及解读：通过 Cox 比例风险模型对变量如何影响二手车销售生存曲线展开分析及解读，并对个体维度的生存曲线进行预测。
- Cox 比例风险模型应用于最优价格求解：基于前三步的输出结果，结合利润公式求解不同定价下的利润水平，寻找最优价格。

2.3.1　软件包、数据格式和数据读入

1. 软件包

目前，Python 中有支持生存分析的软件包 Liflines 和 scikit-survival 可供使用，其中 Liflines 对分析友好，可以支持生存函数的绘制、对数秩检验及 Cox 模型拟合，本节将通过 Python 代码实现基于 Liflines 包的生存分析。

2. 数据格式

生存分析的数据格式以研究对象为单位，每行包括生存时间（删失前观测生存时间），是否发生终点事件的标记及生存概率影响因子。在二手车定价案例中，原始数据以每一个待出售车辆为单位，每一行代表一个车辆的数据信息，信息可以分为以下两类。

- 车辆出售情况：包括车辆是否发生终点事件（是否售出）和生存时间（在售时长）。
- 车辆公开信息（影响因子）：包括车辆颜色、行驶里程、车辆照片、用户访问次数和车辆出售价格。

原始数据中各变量的类型及描述如表 2-2 所示。

表 2-2　二手车定价案例数据各变量说明

变量名称	变量类型	变量描述
Publish_period	int	在售时长（生存时长）
is_sold	int	是否卖出（0，1）
Distance_travelled	int	车辆行驶里程

（续）

变量名称	变量类型	变量描述
Color	string	车辆颜色
N_photos	int	发布照片数量
N_Inquires	int	访问次数
Price	int	价格

3. 数据读入及处理

数据读入及处理如代码清单 2-1、代码清单 2-2 所示。

代码清单 2-1　引入软件包

```
##** 软件包引入 ** 重要的软件包的介绍在代码备注中
import pandas as pd         ## 引入基础分析软件包 pandas
import numpy as np          ## 引入基础分析软件包 numpy
import matplotlib.pyplot as plt      ## 引入绘图软件包
from lifelines import KaplanMeierFitter        ## 引入生存分析包 –KM 生存曲线
from lifelines.statistics import logrank_test     ## 引入生存分析包 –logrank 检验
from lifelines import NelsonAalenFitter        ## 引入生存分析包 – 风险曲线
from lifelines import CoxPHFitter        ## 引入生存分析包 –Cox 模型
```

代码清单 2-2　读入原始数据

```
##** 数据读入 **
data_survival = pd.read_csv('input_survival_v2.csv', sep=',', encoding =
    'GBK', index_col=False)
data_survival = data_survival[(data_survival['Publish_period']<=90)].reset_
    index(drop=True)
data_survival = data_survival.drop(['Departure_Date','End_Date','Car_
    id'],axis=1) ## 删除不需要的字段
data_survival.head()
```

原始数据展示如图 2-7 所示。

	Publish_period	Distance_travelled	Color	N_Photos	Price	N_Inquires	is_sold
0	10	61763	White	27	110000	34	0
1	4	61763	White	27	90000	34	1
2	28	60000	Silver	28	110000	53	1
3	17	74687	White	27	130000	34	0
4	7	74687	White	27	110000	34	1

图 2-7　二手车定价案例原始数据格式

其中，Color 为字符串，属于离散变量，需要对该字段进行处理，如代码清单 2-3 所示。

代码清单 2-3　对离散变量进行处理

```
##** 对离散变量进行处理 **
df = pd.get_dummies(data_survival, drop_first=True, columns=['Color'])
df.head()
```

处理后的数据如图 2-8 所示。

	Publish_period	Distance_travelled	N_Photos	Price	N_Inquires	is_sold	Color_Brown	Color_Silver	Color_White
0	10	61763	27	110000	34	0	0	0	1
1	4	61763	27	90000	34	1	0	0	1
2	28	60000	28	110000	53	1	0	1	0
3	17	74687	27	130000	34	0	0	0	1
4	7	74687	27	110000	34	1	0	0	1

图 2-8　二手车定价案例处理后的数据格式

2.3.2　绘制二手车销售生存曲线及差异对比

1. 绘制整体生存曲线

数据处理完毕后，我们绘制 KM 曲线。首先基于全量数据绘制二手车销售情况的生存曲线，如代码清单 2-4 所示。

代码清单 2-4　绘制二手车销售情况随时间变化的整体生存曲线

```
##** 绘制二手车销售情况随时间变化的整体生存曲线
kmf = KaplanMeierFitter()
T = df["Publish_period"]   ##T 代表生存时长
E = df["is_sold"]          ##E 代表关注事件（终点事件）
kmf.fit(T, event_observed=E,label='Survival Curve')

#kmf.plot(show_censors=True,ci_show=False) ## 绘图，展示删失数据
kmf.plot()
plt.xlim()
plt.ylabel("est. probability of survival $\hat{S}(t)$")
plt.xlabel("day $t$")
```

绘制结果如图 2-9 所示。

如图 2-9 可知，50% 生存概率对应天数在 20 天左右。

2. 绘制不同访问次数车辆的生存曲线并对比

前面绘制的是整体生存曲线，但在分析中，更需要对不同生存曲线进行绘制及对比，接下来我们绘制两条生存曲线，实现不同访问次数的车辆销售生存曲线对比，如代码清单 2-5 所示。

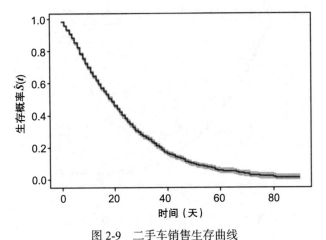

图 2-9　二手车销售生存曲线

代码清单 2-5　绘制不同访问次数的二手车销售情况随时间变化的生存曲线

```
## 绘制不同访问次数的二手车销售情况随时间变化的生存曲线
avg_inquires=np.mean(df['N_Inquires'])

df_less_inquires=df[(df['N_Inquires']<avg_inquires)]
df_more_inquires=df[(df['N_Inquires']>avg_inquires)]

ax = plt.subplot(111)
kmf=KaplanMeierFitter()

kmf.fit(df_less_inquires['Publish_period'],
        event_observed=df_less_inquires['is_sold'],
        label="less_inquires")

ax = kmf.plot(ax=ax)
kmf.fit(df_more_inquires['Publish_period'],
        event_observed=df_more_inquires['is_sold'],
        label="more_inquires")

ax = kmf.plot(ax=ax)

plt.title("survival curves of two different type");
```

绘制结果如图 2-10 所示。

　　对两条曲线进行观察后发现，访问次数更少的车辆生存曲线更靠左，说明在相同时间下，访问次数少的车辆出售的概率更高，接下来我们通过对数秩检验对曲线差异显著性进行检验，如代码清单 2-6 所示。

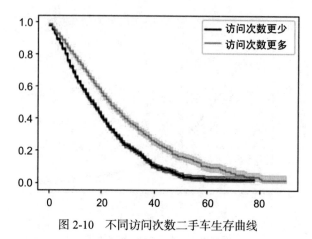

图 2-10   不同访问次数二手车生存曲线

代码清单 2-6   验证不同访问次数二手车销售生存曲线是否有显著差异

```
###* 验证不同访问次数的二手车销售生存曲线是否有显著差异
T1 = df_less_inquires["Publish_period"]
E1 = df_less_inquires["is_sold"]

T2 = df_more_inquires["Publish_period"]
E2 = df_more_inquires["is_sold"]

results = logrank_test(T1, T2,
                       event_observed_A=E1,
                       event_observed_B=E2)
results.print_summary()
```

检验结果如图 2-11 所示。

```
<lifelines.StatisticalResult>
              t_0 = -1
 null_distribution = chi squared
degrees_of_freedom = 1


---
test_statistic       p    -log2(p)
        241.48   <0.005    178.48
```

图 2-11   不同访问次数二手车生存曲线差异检验

图 2-11 所示的结果显示 P 值小于 0.05，可以认为两条曲线存在显著差异，那么我们可以直接得出访问越少，销售速度越快的结论吗？答案是否定的，我们在分析过程中需要警惕一点，那就是相关并不代表因果，出现这一现象有可能是因为我们只考虑访问数量一个因素，而这些访问少的车辆恰好价格更低或者行驶里程更短。因此，对于没有控制其他因素下的单一因素对比需要谨慎对待。

2.3.3　二手车销售生存概率影响因素分析及个体预测

1. 影响因素分析

接下来我们引入 Cox 比例风险回归模型，对车辆颜色、行驶里程、车辆照片、用户访问次数、车辆出售价格这 5 个变量进行分析，找出对生存函数有显著影响变量，如代码清单 2-7 所示。

代码清单 2-7　引入 Cox 模型对特征进行解释

```
##** 引入 Cox 模型对特征进行解释
cph = CoxPHFitter()
cph.fit(df, duration_col='Publish_period', event_col='is_sold',show_
    progress=True,step_size=0.5)
cph.print_summary()
cph.plot() ## 图形对特征进行解释
```

模型结果如图 2-12 所示。

	coef	exp(coef)	se(coef)	coef lower 95%	coef upper 95%	exp(coef) lower 95%	exp(coef) upper 95%	z	p	-log2(p)
Distance_travelled	-0.00	1.00	0.00	-0.00	-0.00	1.00	1.00	-10.04	<0.005	76.42
N_Photos	-0.03	0.97	0.01	-0.04	-0.02	0.96	0.98	-5.63	<0.005	25.69
Price	-0.00	1.00	0.00	-0.00	-0.00	1.00	1.00	-46.36	<0.005	inf
N_Inquires	-0.01	0.99	0.00	-0.01	-0.01	0.99	0.99	-7.64	<0.005	45.43
Color_Brown	-1.00	0.37	0.15	-1.29	-0.71	0.28	0.49	-6.74	<0.005	35.84
Color_Silver	1.10	3.01	0.05	1.00	1.21	2.71	3.34	20.69	<0.005	313.39
Color_White	2.10	8.19	0.05	1.99	2.21	7.35	9.12	38.25	<0.005	inf
Concordance			0.69							

图 2-12　模型拟合结果（各特征系数及显著性）

由模型结果可见，5 个变量对结果均有显著影响（P 值均小于 0.05），对于系数的解读如下。

- 连续变量：行驶里程、照片数量、访问次数及价格的系数为负，代表均为保护因素，对销售速度有负向影响。控制其他因素后可以看到，访问次数依然有显著影响（一般情况下需要先对变量的相关性进行检验并剔除高度相关变量，此处在数据采样阶段已进行过相关性检验，因此分析过程中不再重复操作）。
- 分类变量：以黑色为基准，棕色的系数为负，表示保护因素，说明棕色车对销售速度相对黑色车更差，而白色、银色车的销售速度优于黑色，其中白色最优。

模型中 Concordance 是解释模型整体效果的参数，与一般模型中的 AUC 含义类似，结果显示模型的 Concordance 为 0.69，表现尚可。

2. 个体生存概率预测

在模型拟合之后，可以实现对个体生存概率的预测，我们采用 Cox 模型拟合结果对个体进行预测并随机抽取两个样本（车辆 ID 为 24 及 11166）展示生存概率预测曲线，如代码清单 2-8 所示。

代码清单 2-8　对个体生存函数进行预测

```
##** 对个体生存函数进行预测
X = df.drop(['Publish_period','is_sold'],axis=1)   ## 筛选特征集合，剔除销售时间与事
    件结局数据
surv_hat=cph.predict_survival_function(X)
## 抽取任意两个样本，观察预测结果
surv_hat[24].plot(label='24')
surv_hat[11166].plot(label='11166')
plt.legend()
```

两个样本的预测生存曲线绘制如图 2-13 所示。

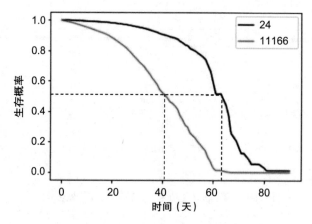

图 2-13　两个样本的预测生存曲线

以 50% 生存概率对应生存时间（中位生存时间）为预测生存时间，图 2-13 所示二者的预测生存时间分别为 62 天和 41 天。

2.3.4　基于 Cox 风险比例模型的最优价格求解

最优价格分析

在操作之前，我们首先来看一下最优价格的分析流程，如图 2-14 所示。

基于分析流程，我们在目前发布的最低价与最高价之间创建等差序列，选定 10 个价格作为预选价格，并在其中选出利润最大时对应价格，如代码清单 2-9 所示。

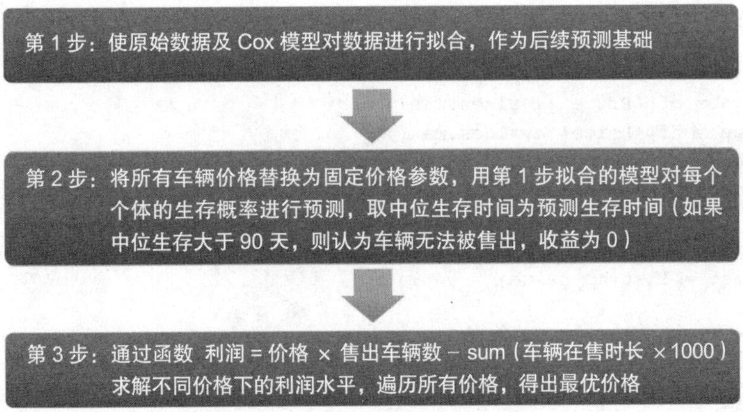

第 1 步：使原始数据及 Cox 模型对数据进行拟合，作为后续预测基础

第 2 步：将所有车辆价格替换为固定价格参数，用第 1 步拟合的模型对每个个体的生存概率进行预测，取中位生存时间为预测生存时间（如果中位生存大于 90 天，则认为车辆无法被售出，收益为 0）

第 3 步：通过函数 利润 = 价格 × 售出车辆数 − sum（车辆在售时长 ×1000）求解不同价格下的利润水平，遍历所有价格，得出最优价格

图 2-14　二手车最优价格分析流程

代码清单 2-9　基于预测生存函数寻找最优价格策略

```
##** 基于预测生存函数寻找最优价格策略
## 第 1 步：创建获取预测在售天数函数
def predict_day(surv_hat):
    days = np.zeros(surv_hat.shape[1])
    prob = np.zeros(surv_hat.shape[1])
    j = surv_hat.shape[1]
    for i in range(1,surv_hat.shape[1]):
        prob[i-1] = surv_hat[surv_hat[i-1] >= 0.5][i-1].min()
        prob[j-1] = surv_hat[surv_hat[j-1] >= 0.5][j-1].min()
        days[i-1] = surv_hat[surv_hat[i-1] == prob[i-1]].index.values.min()
        days[j-1] = surv_hat[surv_hat[j-1] == prob[j-1]].index.values.min()
        ## 以预测半衰期作为预测在售天数
    return prob,days


## 第 2 步：创建 90 天是否卖出函数
def is_sold(data):
    y = np.zeros(data.shape[0])
    for i in range(1,data.shape[0]):
        if data[i-1]>=0.6:
            y[i-1]=0
        else:
            y[i-1]=1
    return y


## 第 3 步：创建利润函数
def profit(data, predict_days,sold_tag):
    d = list(predict_days)
    y = list(sold_tag)
    revenue = np.sum(data['Price']*y)
    cost = np.sum(1000*d)
    profit = revenue - cost
```

```
        return profit

## 第 4 步：计算不同价格下的利润
min_price = df['Price'].values.min()
max_price = df['Price'].values.max()
sp_price = np.linspace(min_price, max_price, 10) ## 选定十个预选价格
X = df.drop(['Publish_period','is_sold'],axis=1)

profit_list = []
price_list = list(sp_price)

for p in price_list:
    X['Price'] = p
    surv_hat = cph.predict_survival_function(X)
    prob_result,days_result = predict_day(surv_hat)
    sold_result = is_sold(prob_result)
    profit_result = profit(X,days_result,sold_result)
    profit_list.append(profit_result)

profit_res = pd.DataFrame({'price': price_list, 'profit': profit_list})
```

得出结果如图 2-15 所示。

由此可见，在目前价格水平下，收益处于单调递增阶段，即售价越高利润越高，目前最优价格处于价格上限 21 万。

至此，整个分析实操就结束了，我们通过生存分析实现了最优价格的筛选，在固定分析框架后，我们将代码整理打包，就能达到自动化定价的目的。需要说明的是，这一分析数据仅为样例数据，不代表真实情况，因此结果与现实世界相比的合理性不是最重要的，掌握分析方法并能够有效使用实操才是本节学习的关键。

	price	profit
0	10992.0	3.462250e+07
1	33104.0	2.329294e+08
2	55216.0	4.204764e+08
3	77328.0	5.943563e+08
4	99440.0	7.607123e+08
5	121552.0	9.279712e+08
6	143664.0	1.095110e+09
7	165776.0	1.255891e+09
8	187888.0	1.428441e+09
9	210000.0	1.599042e+09

图 2-15　价格与利润对应
关系图

2.4　本章小结

本章系统地介绍了生存分析的理论及代码实操，生存分析起源于医学领域，但适用领域远不限于此，所有与时间相关的用户行为分析均适用于生存分析框架，该分析方法也已广泛应用于商业领域（用户留存分析就是典型的模型使用场景）。读者可以结合来看自己面临的分析问题，也许生存分析就恰好适用于你的问题。选择合适的模型（分析框架），利用数据找到解决商业问题的有效途径，这就是数据分析师在工作当中需要致力学习与实践的核心所在。

第 3 章

洞察用户长期价值：
基于神经网络的 LTV 建模

苏涛

本章我们学习一个现代商业的概念——用户的长期价值（LTV），并且围绕这个概念接触一些常用的计算和建模方法，着重了解使用近几年流行的神经网络方法构建 LTV 模型。希望通过本章的学习，读者能够对用户长期价值及个体建模有较为深入的理解。

3.1 用户长期价值的概念和商业应用

本节主要介绍用户长期价值的概念及它在现代商业活动中的重要地位和应用场景。

3.1.1 用户长期价值

2019 年是首次公开募股（IPO）创纪录的一年，在新科技的带动下，新的经济模式造就了新的独角兽。从网约车、共享单车投入巨额补贴抢占市场，到美团、饿了么、京东新零售圈地，再到抖音、快手的短视频大战以及各大互联网巨头布局在线医疗和教育，更有随之而来的无数创业公司纷纷涌入市场。然而，这些商业模式，或者新兴的公司 / 部门创造了多少价值呢？数据分析师可以通过考察潜在市场，分析公司经营情况、财务情况以及过往业绩等方面进行评估，但这类方法不能准确预测公司的未来价值，因为影响公司未来价值最重要的因素——用户行为，被忽略了。

宾夕法尼亚大学沃顿商学院彼得·费德教授据此提出了基于用户行为的公司估值法。他认为，如果能预测所有用户未来的价值，并且对这个价值求和，就能对公司的整体价值进行较好的评估。具体说来，该方法有五大元素：用户获取、用户留存、用户下单、用户消费以及边际利润。运用这些元素可以对用户的长期价值进行预测，并以此对公司进行估值。费德教授在零售业、媒体行业、金融服务业、制药业应用了该方法，取得了一系列成功。现在，以用户为中心，基于用户长期价值的公司估值以及业务评估正在发挥越来越大的影响。用户长期价值这个概念在商业活动中逐渐占据不可替代的地位。

为什么用户的价值能在很大程度上决定企业的价值呢？我们知道，企业经营的最终目的是盈利，在企业的各种经营活动中，吸引新客户、增加交易规模、提高生产效率、优化用户体验等手段都是为了盈利。用户群是公司商业价值的最终来源，也在各方面指引着公司的产品设计和运营策略。大部分行业都会把用户置于一切业务运营的中心，通过建立和实施长期的用户战略，实现企业价值最大化。在精细化运营越来越重要、获客成本越来越高的互联网时代，企业会把盈利目标细化到用户维度，以此估计每个用户所能带来的价值，由此引出了用户长期价值的概念：用户的长期价值（Life-Time Value，LTV）是用户和企业所产生的交易活动所能带来的全部经济收益的总和。其中"长期"指的是用户的生命周期或较长的一段经营时间。下文我们均用 LTV 来指代用户长期价值。

LTV 是市场营销和其他企业经营活动中非常重要的一个概念。LTV 实际上是基于用户和企业关系现金流的一种货币化。不同的行业、不同的商业模式和策略之间存在着巨大的差别。但 LTV 提供了一把标尺，可以从统一的视角衡量不同的经营活动、部门或公司整体的商业价值。另外，因为 LTV 采用的是长期视角，不会被短期利益所蒙蔽，所以能较为合理地衡量企业的用户潜力。从这个角度看，LTV 提供了一种将长期用户价值和短期用户价值进行比较的途径。研究用户过去的行为，便能比较准确地预测他们未来能够带来的经济收益，企业就能够更长远、更全面地做出经营决策，获得更长久和稳定的商业收益。

3.1.2   用户生命周期和用户长期价值

图 3-1 所示是用户在商业平台进行互动的整个生命周期，展示了所产生的价值中用户付费随时间的变化。

图 3-1 上图中，横轴代表时间，纵轴代表用户每一次付费的额度。我们可以看到，用户的整个生命周期可以分为引入期、成长期、成熟期、休眠期和流失期。

- 引入期：用户首次交易后，成为新客户，这一时期是用户对商品从不熟悉到熟悉的过程。
- 成长期：用户多次购买商品，对企业的产品、品牌等各方面逐渐熟悉，购买或使用频次逐渐增加。
- 成熟期：产品已经融入用户的生活，用户能够以一定频率持续复购。
- 休眠期：用户购买频率下降（受竞品或其他替代因素影响），逐渐进入休眠期。
- 流失期：用户购买频次出现大幅度下降，最终不再复购。

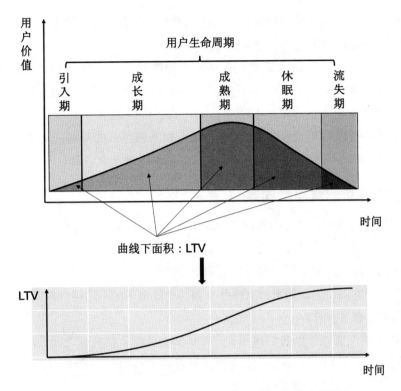

图 3-1　用户付费曲线（上图）和典型 LTV 曲线（下图）

以上这 5 个时期之间并不存在明显的分界线，不同时期的持续时间和企业所处行业、运营策略、地域、用户属性有着密切关系。在整个用户生命周期中，付费曲线下的面积，就是这个用户给商家带来的货币化价值，即 LTV。

3.1.3　LTV 的特点

LTV 具备如下两个特点。

1. 长期性

严格来讲，在用户进入流失期之前，我们是无法计算用户对商业平台的货币贡献的。只有在用户离开平台，即流失之后，才能准确计算其货币贡献，这个时间跨度可能很大，可能只有几个月，也可能需要几年。

2. 变化性

因为用户群体和企业经营策略不是一成不变的，所以 LTV 也会产生变化。初创企业和成熟企业采用的运营策略是不同的，处于创业阶段的企业，扩大规模往往是最重要的，所以企业需要大量获客，但并不特别在意用户的留存。对于稳定发展的大公司而言，提高用户的稳定留存、提升用户的平台价值则具有核心地位。好的产品和运营策略，可以增强用户黏性，延长 LTV。

在一些行业，比如铁路、航空，存在一定程度的垄断情况，整个市场或许由一两家较大的企业占据大部分份额，用户很难离开这些企业的服务。在这种情况下，往往需要在一个时间段内考察和定义 LTV。比如，我们可以把用户 90 天的付费总额定义为 LTV90，或者半年的 LTV 定义为 LTV180，也可以采用更久的时间去定义。这些 LTV 可以在相当长的一段时间内刻画用户的价值特征，从而指导企业运营。

3.1.4   LTV 分析能解决的问题

LTV 可以帮助我们更好地回答以下问题。

- 如何找出最有价值的用户？
- 企业怎样才能产生让用户长期喜爱和依赖的产品？
- 影响用户购买行为的因素都有哪些？如何更好地满足不同用户的需求？
- 如何制定获客预算？

建立 LTV 模型能够帮助我们找到客户特征和企业货币化价值之间的联系，让我们更好地了解用户，了解用户价值，并以此制定更好的运营和产品策略，更准确地命中商业运作的优化目标，创造更大的商业价值。

3.1.5   LTV 的计算方法

LTV 在商业分析中的地位很重要，计算 LTV 的方法有很多。

1. 简单算术公式

假设用户中各类人群的比例不变，如果单位时间内每个用户给平台带来的收入是 R，用户在单位时间内的流失率为 cr（churn rate），则：

$$LTV = R / cr$$

这个方法假定用户的人群比例是稳定不变的，这样得出的 LTV 实际上是一个平均值，并不能体现用户个体的差异。另外，一旦公司的运营策略发生变化，使用这种方法就会产生较大的误差。因为它实际上是一个简单的描述性模型，描述的是当前的规律，规律发生改变的时候，误差突然变大是不可避免的。这类公式可以通过引入一些变量加以修正，比如增长率、风险因子折扣、平均用户付费、活跃用户量、获客成本等。引入这些变量，就可以通过灵活的参数拟合得到较为复杂的趋势线，获得比线性拟合更好的效果。

2. 线性回归

线性回归在商业领域有着广泛的应用，可以用来计算 LTV：

$$LTV = \beta_0 + \beta_1 x_1 + \beta_2 x_2 + \cdots$$

这类模型中最简单的就是纯时间序列，比如，可以采用最近几个月的用户付费作为独立变量（即忽略它们的相关性），然后预测未来一年的 LTV。线性回归方法比较简单，但框架清晰，在很多时候也非常有效。如果要进一步考虑其他因素，也可以方便地加入方程中。

线性回归方法也有缺点，就是 LTV 本身很复杂，很难用一些简单的线性关系进行概括，因此线性回归给出的结果准确度较低。另外，若采用线性回归方法，在各变量不满足独立性的前提下，对模型进行分析和解释也是一个很大的挑战。对于这类模型，也有一些扩展，如加入一些非线性项，或使用一些基于动态参数的序列模型，在保留可解释性的同时，追求更高的准确率。这类模型能够捕捉 LTV 曲线影响因素中的某些周期性，并能较好地贴近一些非线性项。这类模型基于一些已知模型的组合，表达力虽然比线性模型更加丰富，但总体来说仍难以确保准确度。

3. 统计学模型

这种方法来自统计学，因为大量个体的行为往往在很大程度上符合统计规律，所以比起上面简单计算逻辑形式的方法，这种通过数据计算的方法有更大的优势。首先，这种方法得出的结果更加准确，其中的统计学参数可以在很大程度上捕捉到群体的某种共性特点。另外，这类模型能从统计学层面对一些影响因素加以解释，往往建立在一些统计假设之上，例如，较常见的 BG/NBD 模型就基于以下一些假设。

- 在活跃状态下，用户在一段时间内的交易次数呈泊松分布。
- 不同用户的交易率之差遵循 gamma 分布。
- 用户在每次购买后，会以 p 的概率变为不活跃用户。
- 不同用户 p 的差别遵循 gamma 分布。

在这些假设的基础上，模型能在很大范围内给出比较可靠的预测。不仅如此，由于结合了统计学的一些参数方法，对于数据量比较匮乏的场景，模型也能给出相对较好的拟合和分析。这类模型还可以进行扩展和复杂化，比如，BG/NBD 模型只考虑了交易次数，并没有考虑每一次交易的价值是不同的。相应地，Gamma-Gamma 模型考虑到了这一点，在某些场合可以达到更优的效果，但它仍然假设购买频次和交易价值是独立的。另外，从贝叶斯统计角度看，也有一些框架把上面的模型和用户生存概率相结合，比如 Abe 提出了一个"异质"的模型 Hierarchical Bayesian，使用马尔可夫链蒙特卡洛方法确定一些参数，期望达到更好的效果。

4. 基于机器学习的模型

机器学习模型具有丰富的参数，且这些参数由训练确定。这种从数据中找规律的方式和前面的模型很相似，但机器学习的参数比简单的商业公式或统计模型要多得多，所以也会达到更好的计算效果。由于引入了过多参数，其可解释性会相应下降。常见的模型有基于贝叶斯结构化时间序列的动态回归，通过吉布斯采样，构造马尔可夫链，更新模型参数。

基于机器学习的模型目前还在进一步发展中，因为需要通过采样进行贝叶斯迭代，所以计算量往往非常大。

5. 基于神经网络的模型

神经网络也是机器学习的一种，但神经网络具有很多独到的特点。对于一般的机器学习任务，神经网络未必是能给出最好结果的那个，但它能处理各种各样的数据，适用性非常强，已经成为最近几年机器学习的热门领域。

神经网络已经发展出各种各样的局部结构或特定类型的网络，能够有效应用于特定领域。神经网络一般可以得到较好的准确度，但缺点在于可解释性较差，且需要大量数据进行训练。本章主要使用神经网络构建 LTV 模型。有关神经网络的基础知识，读者可查阅相关资料，这里限于篇幅，不再赘述。

3.2   基于 Keras 的 LTV 模型实践

本节介绍基于 Keras 的神经网络 LTV 预测模型，希望读者能够快速上手，加深对 LTV 建模的认识。

3.2.1   Keras 介绍

Keras 是一个高层级的开源神经网络 API 库，使用 Python 语言编写，并且可以运行在 TensorFlow、Theano 和 CNTK 上。它隐去了神经网络的底层实现细节，可以让我们像搭积木一样，快速构建网络，缩短从构思到实现的时间。它对用户友好，使用方法简单，可快速上手，现在已经得到了很广泛的使用，并被内置在最新版的 TensorFlow 中。下面我们使用 Keras 建立神经网络模型，进行 LTV 建模。同时我们也使用了 Python 生态中常用的数据处理库，如 NumPy 和 Pandas 等。如果没有安装 Keras，使用 pip install Keras 命令安装即可。

3.2.2   数据的加载和预处理

本节我们会使用一个公开的零售数据，该数据包含某个以英国顾客为主要消费人群的在线零售商店 8 月的零售数据，数据可从 https://www.kaggle.com/vijayuv/onlineretail

页面获取。下载后解压为 OnlineRetail.csv。我们首先使用如下命令引入需要的库。

```
import numpy as np
import pandas as pd
```

现在我们使用 pandas 读入数据，并放在变量 OnlRt 中，如代码清单 3-1 所示。

代码清单 3-1　数据读取

```
OnlRt=pd.read_csv('./OnlineRetail.csv',
                  usecols=['CustomerID','InvoiceDate','UnitPrice','Quantity',
                     'Country'],
                  encoding = "ISO-8859-1",
                  parse_dates=['InvoiceDate'],
                  dtype={'CustomerID':np.str,'UnitPrice':np.
                     float32,'Quantity':np.int32,'Country':np.str})

OnlRt.head()
```

图 3-2 所示是文件内容。这里只使用我们关心的一些特征，包括购买数量（Quantity）、开发票的日期（InvoiceDate）、单价（UnitPrice）、顾客 ID（CustomerID）和国家（Country）。这里设置编码协议 encoding="ISO-8859-1" 确保模型能正确解析字符。特征列中开发票的日期这项我们解析为日期类型，顾客 ID 和国家为字符类型，单价是浮点数类型，购买数量是整数类型。

	Quantity	InvoiceDate	UnitPrice	CustomerID	Country
0	6	2010-12-01 08:26:00	2.55	17850	United Kingdom
1	6	2010-12-01 08:26:00	3.39	17850	United Kingdom
2	8	2010-12-01 08:26:00	2.75	17850	United Kingdom
3	6	2010-12-01 08:26:00	3.39	17850	United Kingdom
4	6	2010-12-01 08:26:00	3.39	17850	United Kingdom

图 3-2　文件内容

之后做一些初步的数据清理，把关注点集中在英国的顾客上。我们以英国顾客的消费数据作为数据集，如代码清单 3-2 所示。

代码清单 3-2　数据清理

```
   neg_id=OnlRt[(OnlRt['Quantity']<=0)|(OnlRt['UnitPrice']<=0)].
loc[:,'CustomerID']
   data0=OnlRt[(OnlRt['CustomerID'].notnull())&
              (~OnlRt['CustomerID'].isin(neg_id))&
              (OnlRt['Country']=='United Kingdom')].drop('Country',axis=1)
```

对这部分代码再做一些初步的清洗工作：首先找出购买数量为负或者单价为负的顾客，这些顾客存在退货的情况。我们简单地把这些顾客的数据去掉（id 在 neg_id 中）。另外，还要去掉 id 不存在的顾客。在这之后挑出所有的英国顾客，我们把经过处理的数据集命名为 data0。

我们看一下现在的特征列，其中有单价和购买量两种，这两者的乘积就是顾客这次购物行为的总付费，为便于使用，我们添上这一列，命名为 amount，并将数据集重命名为 data1，代码如下。

```
data1=data0.assign(amount=data0['UnitPrice'].multiply(data0['Quantity']))
```

接下来，对于每个顾客，我们需要找出他或她第一次产生购买行为的时间，如代码清单 3-3 所示。

代码清单 3-3   找到顾客第一次购买行为的时间

```
first_time=data1['InvoiceDate'].sort_values(ascending=True).groupby(data1
    ['CustomerID']).nth(0)\
.apply(lambda x:x.date()).reset_index().rename(columns={'InvoiceDate':'first_
    time'})
data2=pd.merge(data1,first_time,how='left',on=['CustomerID'])
```

我们对开发票的时间进行排序，并按照顾客 ID 分组，取时间最早的一次开票时间作为顾客第一次产生购买行为的时间（这里我们认为开发票的时间就是购买的时间），将结果存入变量 first_time。之后，我们将 first_time 和原来的数据集进行 merge 操作，并将新数据集命名为 data2。

接下来，我们从顾客购买时间这个属性中提取一些新特征。

首先是购买行为相距第一次购买时间的天数 dayth，如代码清单 3-4 所示。

代码清单 3-4   时间天数处理

```
dayth=(data2['InvoiceDate'].apply(lambda x: x.date())-data2['first_time']).
    apply(lambda x: x.days)
```

然后是每次购买时间的月（month）、星期（weekday）、小时（hour）、分（minute）和秒（second），如代码清单 3-5 所示。

代码清单 3-5   时间特征抽取

```
month=data2['InvoiceDate'].apply(lambda x: x.month)
weekday=data2['InvoiceDate'].apply(lambda x: x.weekday())
hour=data2['InvoiceDate'].apply(lambda x: x.hour)
minute=data2['InvoiceDate'].apply(lambda x: x.minute)
second=data2['InvoiceDate'].apply(lambda x: x.second)
```

　　我们发现，顾客产生购买行为所在的月份是一个比较大的时间单位，对预测帮助不大。而具体的时间我们做一下整合 hour_preci，然后和星期一起作为新出现的两列特征，如代码清单 3-6 所示。

代码清单 3-6　时间特征构造

```
hour_preci=(second/60+minute)/60+hour
```

　　整理一下数据集，其中 first_time 和 InvoiceDate 里的信息已经用过了，将这两列去掉并重新排序，新的数据集记作 data3，如代码清单 3-7 所示。

代码清单 3-7　数据表整理

```
data3=data2.assign(dayth=dayth).assign(hour=hour_preci).\
assign(weekday=weekday).drop(['first_time','InvoiceDate'],axis=1).\
sort_values(by=['CustomerID','dayth','hour'])
```

　　下面我们分离出特征数据 X 和值数据 y。我们用顾客前 28 天的数据作为训练集的输入数据，把 amount 去掉，因为它不是独立的特征（但鼓励读者试一下合成多个特征，运行模型看看对效果的提升有多大）。使用 CustomerID 作为索引，如代码清单 3-8 所示。

代码清单 3-8　处理特征列

```
X=data3[data3['dayth']<28].set_index('CustomerID').drop('amount',axis=1).sort_
    index()
```

　　在这个特征集合中，特征列有 Quantity、UnitPrice、dayth、hour 和 weekday。

　　对于 y，也就是需要预测的 LTV，我们定义为 180 天的总付费，如代码清单 3-9 所示。

代码清单 3-9　处理目标值

```
data180=data3[(data3['dayth']<180)&(data3['CustomerID'].isin(X.index))]
y=data180['amount'].groupby(data180['CustomerID']).sum().sort_index()
```

　　data180 包含了 X 中对应顾客 180 天的付费情况。我们对此进行求和，得到 180 天的总付费额度 y，并对此排序。

　　两个变量 X 和 y 包含了我们需要的数据。我们把它们保存到文件中以备后续使用，如代码清单 3-10 所示。

代码清单 3-10　文件保存

```
X.to_csv('bookdata_X.csv',index=True,header=True)
y.to_csv('bookdata_y.csv',index=True,header=True)
```

3.2.3 输入数据的准备

下面开始搭建模型。但在机器学习的问题中，模型本身往往并不是决定结果好坏的标准，如何使用数据在很大程度上影响着输出的结果。

我们这里使用到一种（星期，时序，特征）的数据组织形式。之所以这样做，是因为很多数据存在着时间上的周期性，且这种周期性是具备多种周期的。一年四季，季节变化往复，形成了自然的周期，同样，由于按照星期来组织工作，每周也是个很自然的周期。相对而言，月的周期性并不明显。最后，每天也是一个自然周期。在我们的问题中，时间尺度较短，我们只须考虑星期和时序这两种周期性。具体地说，我们把 28 天分成 4 个星期，每个星期内用户购买行为的特征都作为一个时间序列。不同的顾客购买行为存在很大差异，有些顾客购买次数会很多，有些又很少。对此我们采用一种"截断 + 填充"的方式，把序列的长度控制在一个固定值。假设此固定值为 p，特征数量为 q，最后每个顾客的特征数据会是一个（4，p，q）形态的张量。

下面我们进行具体的操作，首先引入需要的库，如代码清单 3-11 所示。

代码清单 3-11 引入库

```
import numpy as np
import pandas as pd
from sklearn.model_selection import train_test_split
from sklearn.preprocessing import MinMaxScaler
from Keras.layers import Input, Conv1D, Dropout, LSTM, TimeDistributed,
    Bidirectional, Dense
from Keras.models import Model
from Keras.callbacks import EarlyStopping
import matplotlib.pyplot as plt
```

然后把 3.2.2 节的文件加载进来，如代码清单 3-12 所示。

代码清单 3-12 文件加载

```
columns_picked=['CustomerID','Quantity', 'UnitPrice', 'dayth', 'hour',
'weekday']
y=pd.read_csv('bookdata_y.csv').rename(columns={'CustomerID':'id'}).set_
    index('id')['amount']
X=pd.read_csv('bookdata_X.csv',usecols=columns_picked
            ).rename(columns={'CustomerID':'id'}).set_index('id')
columns_picked.remove('CustomerID')
```

在代码中，为确保列名正确，我们在列表 columns_picked 中写出想要读入的列，并将 CustomerID 重命名为 id，后者比较简短，下面我们会多次使用这个量。将 id 设置为索引，并将它从 columns_picked 中去掉，留下那些真正的特征。

之后，我们使用 scikit-learn 的 train_test_split 把数据集分成训练集和测试集。这里我们先对 *X* 和 *y* 的索引进行拆分，然后根据索引找到对应的数据，如代码清单 3-13 所示。

代码清单 3-13　拆分训练集和测试集

```
indices=y.index.tolist()
ind_train,ind_test=map(sorted,train_test_split(indices, test_size=0.25,
                                               random_state=42))

X_train=X.loc[ind_train,:]
y_train=y[ind_train]

X_test=X.loc[ind_test,:]
y_test=y[ind_test]
```

这里先取出 *y* 的 index，存在 listindices 中。之后把索引分成训练数据的索引 ind_train 和测试数据的索引 ind_test。我们选择的测试集样本占比是 0.25，即 25%。随机状态 random_state 设为 42，这是一种主流的习惯，读者也可尝试其他状态，总之目的是使得随机数序列具有可重复性，方便调试。

另外需要注意的是，我们把索引进行了排序，这是一种方便的做法，可以维护 *X* 和 *y* 中的数据，使得它们保持相同的顺序，这是通过将 sort 函数进行 map 操作到结果序列上实现的。之后通过各自的索引，我们把训练数据和测试数据分开，分别放入 X_train、y_train、X_test 和 y_test 变量中。

标准化（或者叫正规化）是特征处理中重要的一步，我们采用 scikit-learn 中的 MinMaxScaler 实现标准化操作，先创建一个 scaler，把所有特征的范围统一缩放到（−0.5,0.5）区间内，之后对 X_train 进行处理，把结果变为一个数据集，并称之为 X_train_scaled，如代码清单 3-14 所示。

代码清单 3-14　特征标准化

```
scaler=MinMaxScaler(feature_range=(-0.5,0.5))
X_train_scaled =pd.DataFrame(scaler.fit_transform(X_train),
                             columns=X_train.columns,
                             index=X_train.index)
```

对 *y* 值，我们则做一种特殊的处理。由于其变动范围很大，不利于模型的处理，我们先对其取对数，如代码清单 3-15 所示。从图 3-3 中可以看到处理前和处理后 *y* 分布的差异。

代码清单 3-15　对数处理和画图

```
y_train_log=y_train.apply(np.log)
plt.figure();
plt.subplot(1,2,1)
```

```
y.hist(bins=np.arange(0,4000,50))
plt.xlabel('frequency')
plt.ylabel('y value')
plt.grid('off')
plt.axis([0,4000,0,250])
plt.subplot(1,2,2)
y.apply(np.log).hist(bins=np.arange(0,10,0.2))
plt.xlabel('frequency')
plt.ylabel('log(y) value')
plt.grid('off')
plt.axis([0,10,0,250])
```

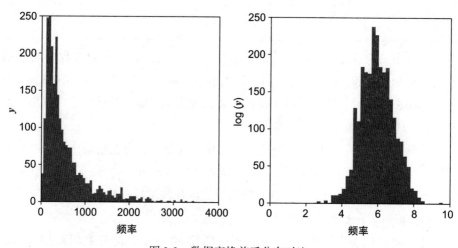

图 3-3　数据变换前后分布对比

图 3-3 左图展示的是 y 的分布，图中显示 y 呈现逐渐衰减的模式，类似幂律递减的分布。如图 3-3 右图所示，我们对其取对数之后，y 的分布有所改变，看起来比较接近正态分布，$\log(y)$ 的值从 $(0, 4000)$ 范围缩减到了 $(0, 10)$。

另外，我们需要把每个顾客的 28 天购买记录分成 4 个星期，每 7 天作为一个星期，如代码清单 3-16 所示，变量 week_train 作为每个数据所在星期的标识，分为 0、1、2、3，我们称其为 "week"。

代码清单 3-16　处理星期

```
week_train=X_train['dayth'].apply(lambda x: int(x/7)).rename('week')
```

现在设定一些参数，如代码清单 3-17 所示。

代码清单 3-17　参数设定

```
inner_length=32
```

```
outer_length=4
feature_len=len(columns_picked)
```

这些参数是针对我们设计的数据形态而定的。inner_length 是每个星期内（内部）我们截取的交易数量，outer_length 是外面的时间单位数量，即星期数，在这里是 4，feature_length 是我们使用的特征数量，即 columns_picked 的长度。

将 inner_length 设为 32，这是因为每个顾客每星期平均购买次数是 23（计算过程留给读者），这里的数值略大于这个平均数。作为一个超参数，读者也可以尝试其他的值来看效果。

既然需要对序列进行截断和填充，就要确保序列长度统一为 inner_length，我们写一个函数 cut_pad() 来完成这个操作，如代码清单 3-18 所示。

代码清单 3-18　序列长度处理

```
def cut_pad(x,maxl):
    head=np.array(x)[0:maxl]
    head_padding=head if len(head)==maxl else np.pad(head,(0,maxl-
        len(head)),mode='constant')
    return head_padding
```

cut_pad() 函数是这样实现的：对于任何一个序列 *x*，我们想截断或填充的长度为 maxl，先将 *x* 转换为数组，然后取前 maxl 位。这样做的好处是，如果 *x* 的位数小于 maxl，*x* 的长度是不变的。现在完成了第一步：对过长的序列进行截断。第二步操作是检查长度够不够 maxl，如果不够，就补零。pad() 函数可以很好地完成这个任务，注意，这里 mode 的取值是 constant，意思是保持长度恒定。通过这两步，我们得到并返回结果。

之后是对每个顾客的购买记录数据的形态进行变形，如代码清单 3-19 所示。

代码清单 3-19　特征数组处理函数

```
def feature_array(df, col_n, week,len_outer,len_inner):
    col=df[[col_n]].assign(week=week).reset_index()

    ids=col['id'].drop_duplicates().values.tolist()
    weeks=np.arange(0,len_outer).tolist()

    id_week=pd.DataFrame([(id,week) for id in ids for week in weeks]).
        rename(columns={0:'id',
    1:'week'}).sort_values(by=['id','week'])

    arr_base=pd.merge(id_week, col, how='left',on=['id','week']).fillna(0)

    arr_frame=arr_base[col_n].groupby([arr_base['id'],arr_base['week']]).\
    apply(lambda x: cut_pad(x,len_inner)).reset_index().drop('week',axis=1).
```

```
    set_index('id')[col_n]

userarray=arr_frame.groupby(arr_frame.index).apply(np.vstack).\
apply(lambda x: x.reshape([1,x.shape[0],x.shape[1]])).sort_index()
userarray_var=np.vstack(userarray.values.tolist())

return userarray.index.tolist(),userarray_var
```

这个 feature_array 函数比较复杂，我们一项一项来说。

- df 是要处理的数据集。
- col_n 是所选取的特征。
- week 是刚刚生成的星期标识。
- len_outer 和 len_inner 是外部时间和内部时间的序列长度。

首先我们生成一个要关注的数据集，命名为 col。col 选取了所关注的特征，合并了 week 标识，并且重新设置了索引。得到这个数据集后，每个顾客所拥有的交易记录就都在其中了。但这里有一些空缺，可能是因为某个顾客在第 2 周整个时间段内都没有任何购买记录。这样为了维护一个完整的表，就要手动找出这些连续某些周都缺失的值，并加以补全。

先找出所有的顾客 id，然后生成一个顾客 id 和 week 的所有可能匹配（笛卡儿积）。这是最终数据应该具备的所有 id-week 对，我们使用它和已有的数据进行左连接，对缺失值进行补零，就得到了所需要的数据，将这个数据储存在变量 arr_base 中。

下一步，将这个数据的特征列根据 id 和 week 分组，并使用 Lambda 表达式将刚才写的 cut_pad() 函数应用到每一组，用来截取符合所需长度的序列，最后重设索引为 id，去除 week，取出相关的列，从而实现整齐化顾客的数据。

下面还需要进行一些数据形状的调整。我们依然使用 Lambda 表达式，首先使用 numpy 中的 vstack() 函数把每个用户的数据堆叠起来，变成二维数组，之后使用 reshape() 函数把形状变成三维，最后再次排序。我们维护一个关于顾客 id 的有序排列，以此防止在数据调整中出现乱序，维护特征和值的对应关系。这个数据集的值是一个三维的 numpy 数组，在顾客 id 维度再次对这个数组进行 vstack 操作，就得到了最后的数据。为了方便检查，我们在函数返回值的时候把相关的顾客 id 列表和处理后的特征数据一起返回。

feature_array() 函数的作用是把某个特征列截取和变形为指定的形状。如果有多个特征列，就需要对每一列应用这个函数。我们将这个操作封装在函数 make_data_array() 中。这个函数先根据数据集中的 id 个数，构建一个符合形状要求的数组，然后对每个特征进行计算并填充到相应的位置，最后仍然将索引和数据一并返回。值得注意的是，代码中的变量 the_ind 在每次计算的时候都是被覆盖掉的，但实际上由于每次计算得到的值都是相同的，因此我们并不在意这一点，之后我们处理所有用户特征，如代码清单 3-20 所示。

代码清单 3-20 生成用户特征数组的函数

```
def make_data_array(df,columns,week,len_outer,len_inner):
    ids_num = len(set(df.index))

    df_ready = np.zeros([ids_num,len_outer,len_inner,len(columns)])
    for i,item in enumerate(columns):
        the_ind, df_ready[:,:,:,i] = feature_array(df,item,week,len_outer,len_
            inner)

    return the_ind,df_ready
```

我们使用 make_data_array() 函数对特征数据进行处理，如代码清单 3-21 所示。

代码清单 3-21 处理训练集用户特征

```
X_train_ind,X_train_data=make_data_array(X_train_scaled,columns_picked,week_
    train,outer_length,inner_length)
```

这样，特征 X_train_data 就准备好了。下面利用同样的方法对测试集做类似的处理，如代码清单 3-22 所示。

代码清单 3-22 处理测试集用户特征

```
X_test_scaled =pd.DataFrame(scaler.transform(X_test),
                            columns=X_test.columns,
                            index=X_test.index)
y_test_log=y_test.apply(np.log)
week_test=X_test['dayth'].apply(lambda x: int(x/7)).rename('week')
X_test_ind,X_test_data=make_data_array(X_test_scaled,columns_picked,week_
    test,outer_length,inner_length)
```

完成以上步骤，数据就可以使用了。

3.2.4 模型搭建和训练

下面开始搭建模型，我们使用 Keras 的 Functional API 实现灵活组织网络层。构建一个函数 build_model()，如代码清单 3-23 所示。

代码清单 3-23 模型构造函数

```
def build_model(len_outer,len_inner,len_fea):
```

```
filters = [64,32]
kernel_size = [2,2]
dropout_rate=[0.1,0]

inner_input = Input(shape=(len_inner,len_fea), dtype='float32')
cnn1d=inner_input
for i in range(len(filters)):
    cnn1d = Conv1D(filters=filters[i],
                   kernel_size=kernel_size[i],
                   padding='valid',
                   activation='relu',
                   strides=1)(cnn1d)
    cnn1d = Dropout(dropout_rate[i])(cnn1d)
lstm = LSTM(32, return_sequences=True, dropout=0.1, recurrent_dropout=0.1)
(cnn1d)
inner_output = LSTM(16, return_sequences=False)(lstm)
inner_model = Model(inputs=inner_input, outputs=inner_output)

outer_input = Input(shape=(len_outer, len_inner,len_fea), dtype='float32')
innered = TimeDistributed(inner_model)(outer_input)
outered=Bidirectional(LSTM(16, return_sequences=False))(innered)
outered = Dense(8, activation='relu')(outered)
outer_output = Dense(1)(outered)

model = Model(inputs=outer_input, outputs=outer_output)
model.compile(loss='mape', optimizer='adam')

return model,inner_model
```

整个模型由里外两层构成，我们先构造内部模型。

Input 层用来引入输入数据，这里输入的数据是（batch, outerlength, innerlength, featurelength）。其中第一个维度 batch 在 Keras 中默认不需要指定。对于其他 3 个维度，内部模型需要处理的是后两个，所以这里指定的输入数据形态是（leninner,len_fea）（这里内部变量名使用了缩写，以示区分），数据类型为 float32。

然后构造卷积层 cnn1d。这个层被初始化为输入层 inner_input，之后添加两层卷积，卷积核的个数分别为 64 和 32，kernel_size 均为 2，padding 方式采用 valid，激活函数为 relu，步长为 1。这一切可以用 Keras 的 Conv1D 来完成。两层卷积使得我们可以抽象出不同层次的序列特征。这里，我们在第一层再加上一个 dropout 操作，参数取 0.1，即在训练时随机丢弃 1/10 的层内结点，以防止模型过拟合。

CNN 抽取的特征是偏局部的。因此，输出向量的头部仍对应输入向量的头部，输出向量的尾部对应输入向量的尾部。LSTM 非常适合进行这种时间序列信息的提取，因此我们后面续接两个 LSTM 层，结点个数分别为 32 和 16。同样，对第一层 LSTM， dropout 取 0.1，recurrent_dropout 也取 0.1。recurrent_dropout 也是一种 dropout，指的是递归结点之间的连接，用于对递归连接进行正则化处理。

　　这里有个需要注意的地方：第一层 LSTM 的 return_sequences 参数设为 True，但第二层则设为 False。因为我们希望第一层继续返回一个时间序列类型的数据，而第二层只需要最后提取成一个向量。经过适当处理后的向量就是我们内部模型的 output。把输入为 inner_input、输出为 inner_output 的部分用 Model 模块连接起来，就构造出内部模型了。

　　下面来构造外部模型。

　　外部模型的 Input 形状只比内部模型多了一个维度（lenouter, leninner,lenfea），数据类型仍然不变。我们把内部模型通过 TimeDistributed 应用到数据上。TimeDistributed 是一个特殊的封装器，能把内部模型应用到每一个时间片上（这里的时间片指的是外部的长周期，即这里的星期）。

　　将这个结果赋给 outered 变量之后，我们外加一层双向的递归神经网络。在 Keras 中，这个操作在 LSTM 层完成，使用 Bidirectional 操作作用于其上即可，LSTM 层使用 16 个结点。之后我们加上全连接层 Dense，并最后使用 Dense(1) 获得输出结果。这里输出的是一个单一的值。从 outer_input 到 outer_output，完成了外部网络的构建。我们使用 Model 这个类 API 实例化整个模型，之后对模型进行编译，这里代价函数使用的是 mape，优化器使用的是 adam。最后将整个模型作为返回值返回（这里我们把内部模型也单独返回，并查看它的结构），如代码清单 3-24 所示。

代码清单 3-24　模型构造

```
LTV_model, LTV_inner_model = build_model(outer_length,inner_length,feature_
len)
```

　　现在我们实例化了模型 LTV_model，同时也返回了一个内部模型。现在使用 summary() 方法看看这两个模型的结构，如代码清单 3-25 所示。

代码清单 3-25　查看模型结构

```
LTV_model.summary()
LTV_inner_model.summary()
```

　　先看一下内部模型，如图 3-4 所示。

　　图 3-4 中显示了两层卷积加两层 LSTM，形状和参数个数列在旁边，以提示我们参数是否过多或过少。

　　外部模型结构如图 3-5 所示。

```
Layer (type)                    Output Shape              Param #
=================================================================
input_1 (InputLayer)            (None, 32, 5)             0

conv1d_1 (Conv1D)               (None, 31, 64)            704

dropout_1 (Dropout)             (None, 31, 64)            0

conv1d_2 (Conv1D)               (None, 30, 32)            4128

dropout_2 (Dropout)             (None, 30, 32)            0

lstm_1 (LSTM)                   (None, 30, 32)            8320

lstm_2 (LSTM)                   (None, 16)                3136
=================================================================
Total params: 16,288
Trainable params: 16,288
Non-trainable params: 0
```

图 3-4　内部模型结构和参数数量

```
Layer (type)                    Output Shape              Param #
=================================================================
input_2 (InputLayer)            (None, 4, 32, 5)          0

time_distributed_1 (TimeDist    (None, 4, 16)             16288

bidirectional_1 (Bidirection    (None, 32)                4224

dense_1 (Dense)                 (None, 8)                 264

dense_2 (Dense)                 (None, 1)                 9
=================================================================
Total params: 20,785
Trainable params: 20,785
Non-trainable params: 0
```

图 3-5　外部模型结构和参数数量

外部模型将内部模型应用在周粒度的时间步上，之后接入双向 LSTM，最后连到全连接网络，并给出输出值，这里参数的个数已经将内部模型参数包含在内了。

然后我们对这个模型进行训练。训练过程中有可能会出现过拟合的情况，我们知道训练误差随着训练的迭代，是逐渐减小的，而测试集的误差则是先减小后增大。当测试集的误差开始增大时，说明模型开始出现过拟合现象。在机器学习中，通过监测某些条件及时早停或者提前停止训练过程是一种常用的防止过拟合的方法，可以避免进一步增大泛化误差。在 Keras 中，我们使用 EarlyStopping 回调函数实现早停，它在训练过程满足指定条件时自动被调用，从而停止训练。

　　EarlyStopping 的参数设置如下：monitor 是 val_loss，即测试误差；mode 是 min，即 val_loss 达到最小时触发；verbose 指选择信息模式是详细还是简略；patience 是耐心程度，指的是我们要等多少轮训练，如果测试误差没有继续减小，就停止训练。我们实例化一个回调条件，名为 cb。以上实现如代码清单 3-26 所示。

代码清单 3-26　模型训练和保存

```
cb = EarlyStopping(monitor='val_loss', mode='min', verbose=1, patience=30)
history = LTV_model.fit(x=X_train_data,
                        y=y_train_log,
                        validation_data=(X_test_data, y_test_log),
                        epochs=200,
                        batch_size=128,
                        callbacks=[cb],
                        verbose=2)
LTV_model.save('LTV_model.h5')
```

　　我们使用 LTV_model 的 fit() 方法进行训练，给定训练集和测试集，训练的轮数 epochs 设为 100。每次使用的 batchsize 设为 128，使用 [cb] 作为 callbacks 的参数（中括号是必需的，表示参数为一个列表，这里只使用了一个元素的参数），verbose 信息模式设为 2。训练完毕后，把训练好的模型保存在硬盘上，命名为 LTVmodel.h5。

3.2.5　模型分析

　　下面画一下模型训练过程中 cost 的变化，训练过程中的变量都存储在 history 变量中，调用这个词典的键值可以获得 cost 或者 loss（我们这里是 mape），如代码清单 3-27 所示。

代码清单 3-27　训练过程可视化

```
plt.figure()
plt.plot(history.history['val_loss'],'o',label='val_loss')
plt.plot(history.history['loss'],'-',label='loss')
plt.title('model loss')
plt.legend()
plt.axis([0,200,0,100])
```

　　图 3-6 中，实线代表训练集损失函数的值，点代表验证集损失函数的值。可以看到，训练误差和测试误差都随着训练迭代次数的增加而不断降低，最后趋于稳定，说明我们的模型达到了较好的效果。

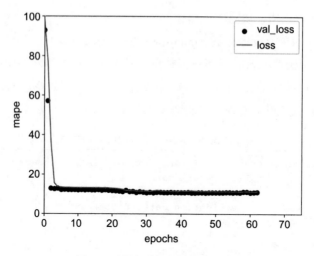

图 3-6   训练过程中损失的变化

3.3   本章小结

　　本章以神经网络为工具，构建了一个简洁的双层模型，能够对双重周期类型的数据进行较好的处理。该模型内部通过一维卷积和递归神经网络提取数据信息，外部通过双向递归神经网络和全连接进行预测，具有较为广泛的适用性。

第 4 章

使用体系化分析方法进行场景挖掘

王禹

本章我们将通过一些相对复杂的模型捕获数据间的非线性及交互性信息，以便在做出更好的预测的同时引入解释性，挖掘交互信息的额外价值。这种分析手段被称为体系化分析方法（后文称其为场景挖掘模型）。

4.1 经验化分析与体系化分析

在常规的分析工作中，定义问题后，通常会通过一些先验知识，在不同维度下对关键指标进行拆解，再通过一些与之相关的变量，考察其间的关系来解释指标的变动。也可以建立一些简单的模型，对观测到的数据现状做出解释，或建立一些复杂模型进行预测工作。简单的指标拆解或相关分析通常可以通过可视化图形获得结果，方便快捷、成本较低，但是难以捕获更复杂的交互信息。

4.1.1 经验化分析的局限性

针对某一问题，数据分析师通常要给出一系列的解释，例如：上周用户转化率为什么突然降低？

采用经验化分析方法，要依赖数据分析师的经验，从一些可能的维度对指标进行拆解，例如：转化率主要降低在哪些用户中？我们将分析结果分别以性别、年龄、收入等级进行区分，再经过交互组合，得出较为准确的分析结果。接下来，分析一些与转化率相关的指标，如活跃用户是否有变化、留存用户是否有变化，这些指标的变化导致了转化率的变化。

可以看到，经验化分析依赖数据分析师较强的先验和业务理解，根据先验知识，使用可视化、数值统计等简单方式获取一些结果。但这种分析方式很难进行不同维度及相关指标交互效应的分析，且需要投入很大的成本过滤各种无效的交互场景，捕获非线性关系的能力也较弱。究其原因是人所能理解的维度非常有限，通常，3 个以上维度的交互考察就超出了我们所能理解的范围，因此我们说经验化分析是低效且高成本的。

4.1.2 体系化分析的优势

在分析维度较多、交互情况较复杂的时候，使用一套合理、相对自动化、智能化的分析方法就显得尤为必要了。体系化分析方法可以大幅降低分析成本，不需要额外关注不同维度以及交互产生的不同场景。

体系化分析方式旨在通过构建黑盒模型进行预测，再通过可解释模型对黑盒模型进行解释，同时产出一些交互特征组合的不同场景，以考察在不同场景下，问题的表现效果。

通常，体系化分析会采用建模的方式进行作业。体系化分析方法具有比较高的复用价值，适用于不同场景。数据分析师只需要通过一定的先验，向框架输入一些有价值的信息，面对维度较高、交互场景复杂的问题，体系化分析框架依然可以完美解决。高效、复用性强、解释超越先验经验的高维交互信息，就是体系化方法的优势。这些优势依赖于实现它的手段——通过构建我们可以理解的模型，对当前还不理解的内容进行建模。

体系化分析方法是在多维特征场景，尤其是有预测任务的场景下，使用一些手段，赋予预测模型解释性，或者通过某些途径，解释我们的预测模型。在预测场景下，预测模型大多是比较复杂、解释性弱、预测能力强的，通常并不满足仅获取一个相对较好的预测结果，而对其机理（如模型映射到业务场景上，具体表达了什么信息）一无所知。我们希望通过预测得到结果，同时，也希望可以更好地理解这个结果。预测解决"what"的问题，解释解决"why"的问题。

经验化分析方法和体系化分析方法分别具有如下特点。

1. 经验化分析方法

- 工作量大，每一个维度，交叉维度都需要观察。
- 无法很好地量化，得到的多为趋势和定性结论。
- 无法剥离其他因素的影响，导致得到的结果错误或者不置信。

2. 体系化分析方法

- 能够尽可能剥离其他因素的影响。
- 可以通过各个维度的特征及交互对需要分析的问题进行量化。
- 扩展性好，自动化程度高，可以快速增加维度。

4.2　体系化分析常用工具

本节介绍几种常见模型，该些模型通常可以作为体系化分析的基本工具。

4.2.1　黑盒模型与白盒模型

黑盒模型，顾名思义，其内部工作机制对于使用者是不公开的、不可理解的，例如神经网络、梯度提升模型、复杂的集成模型等，这些模型通常有比较优秀的预测表现，预测准确率往往更令人满意，然而其内部运作方式难以理解。黑盒模型很难考量特征对预测结果的重要性，也无法向我们表达不同特征之间交互产生的关系。

诸如线性回归模型、决策树模型是最常见的白盒模型，它们具有很强的解释性，我们可以清晰地了解各个特征对于模型预测结果的影响方向和影响大小。当然，由于白盒模型并不具备黑盒模型那样复杂的结构，所以预测能力和表现力相对而言弱一些。一定程度上讲，选择白盒模型或是黑盒模型就是在更好的预测能力和更强的解释性之间做取舍。黑盒模型与白盒模型的主要用途和差异如图 4-1 所示。

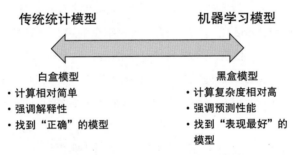

图 4-1　黑盒模型与白盒模型的对比

模型准确性与可解释性之间的权衡取决于一个重要的假设：可解释性是模型的一个固有属性。通过正确的可解释性技术，任何机器学习模型的内部工作机理都能够得以解释，尽管这需要付出一些复杂性和计算成本的代价。

4.2.2　可解释模型——决策树

1. 决策树的基本概念

在系统地介绍体系化分析方式之前，我们简单回顾一下树模型和梯度提升决策树（Gradient Boosting Decision Tree，GBDT），这是场景挖掘模型的基础。

树模型，通常称作决策树，是一种简单但应用广泛、具有较强解释能力的模型。图 4-2 展示了决策树的基本结构，假设我们需要判断一名商场服务人员的服务质量，主要通过两个方面：一方面是服务人员的言语态度是否让顾客感到舒适而不是反感；另一方面是服务人员是否能够真切地帮助顾客选择合适的商品，这两方面都达标则认为是好的服务质量，反之则认为是差的服务质量。

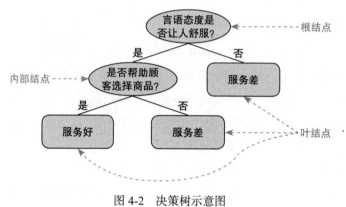

图 4-2　决策树示意图

决策树结构包含如下 3 种角色。

- 根结点（root node）：没有进入该结点的边，但可能有多条从其而出的边。
- 内部结点（internal node）：恰有一条进入该结点的边，也有从其而出的边。
- 叶结点（leaf node）：恰有一条进入该结点的边，但没有从其而出的边。

不同问题、不同场景的决策树结构都是如此，根据一些特征对样本进行划分，直到获取样本结果的叶结点。通过决策树，我们可以清晰地看到样本经历了哪些特征、通过怎样的判断而最终落到了哪个叶结点上。

对于给定的属性集，可以构造大量不同的决策树（如根据不同选取顺序或不同阈值对样本进行切分）。尽管其中一个或一些树较其他树的表现可能更优秀，但是由于搜索空间的指数规模限，寻找最优方案在计算、实现层面是不可行的。尽管如此，前辈们还是开发了一系列有效的算法，实现了在可控的时间内给出一个比较优秀的次优解。Hunt算法是多种决策树算法的基础，递归流程如下。

设 D_t 是与结点 t 相关联的数据，$y = \{y_1, y_2, \cdots, y_c\}$ 是样本的类别标签。

- 若 D_t 中全部样本都属于同一个类别 y_t，则 t 为叶结点，无须继续分裂。
- 若 D_t 中的样本存在多个类别，则选择一个特征（属性测试条件），将当前的数据集划分为若干更小的子集。对于测试条件的每个输出，创建子结点，根据测试结果将 D_t 中的样本划分到子结点中。对于每个子结点，递归调用该算法。

上述算法较为严苛，如果在算法第二步中创建的子结点不包含任何数据记录（除非属性值的各种组合在数据中均存在，且都具有唯一的类别编号），则该子结点就成为叶结点，类别标签为其父结点数据中数量最多的类别标签。

另外，在算法第二步中，如果与 D_t 相关联的数据具有相同的属性值（但类别标签不同），则无法继续划分。此时，该结点就成为叶结点，类别标签为该结点数据中数量最多的类别标签。

2. 设计决策树的核心问题

在决策树的构建过程中存在以下两大核心问题。

- 如何分割数据：选用哪些特征进行分割？使用这些特征对数据进行分割的先后顺序是怎样的？当使用某特征进行数据分割时，应选用什么样的阈值？
- 如何停止数据分割：我们需要让决策树不断地分割下去，直到无法再进行分割吗？如果不是，用什么条件停止数据分割？

3. 不同决策树（不同的最佳划分度量方式）

对于第一个问题"如何分割数据"，前文提到了不同决策树算法：ID3、C4.5、CART树，它们的本质区别在于分割数据的方式不同，即度量标准不同，信息增益、信息增益比、基尼指数，这些指标都是衡量样本分布混乱程度的。以二分类问题为例，我们希望通过决策树，让每个叶结点尽量只包含同一种类别的数据，我们称这种表现为该叶结点"具有更高的纯度"或"不纯度更低"。

举例说明，我们希望通过某个特征判断 100 个人各自的性别（其中男女各 50 人）。图 4-3a 和图 4-3b 是两个树结构，相较于树 b，我们更需要的是树 a 的结果，因为假如我们使用树 b，无论样本落在左侧叶结点还是右侧叶结点，都无法准确得到待判定样本的性别。树 b 的结果与采用随机猜测方式得到的结果没有差异（即 50% 的准确率）。而树 a 两个叶子结点中的样本几乎只含有某个性别的样本，这样，使用树 a 的结果可以让我们有非常大的把握正确判断出一个样本的性别。

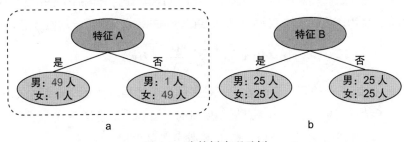

图 4-3　决策树表现示例

不同决策树算法就是不同的不纯度计算方式，接下来简单介绍这些不纯度的定义、计算方式和对应的决策树算法。

（1）熵、基尼指数及分类误差率

我们定义 $p(i|t)$ 为结点 t 中属于类别 i 的样本比例（有时候省略 t，直接用 p_i 表示），设类别有 $0,1,\cdots,c$ 共计 c 种。常用的几种数据纯度度量方式如下。

$$\text{熵：Entropy} = -\sum_{i=0}^{c-1} p(i|t)\log_2 p(i|t)$$

$$\text{基尼指数：Gini}(t) = 1 - \sum_{i=0}^{c-1} [p(i|t)]^2$$

$$\text{分类误差率：Classficationerror}(t) = 1 - \max_i[p(i|t)]$$

以上是最常用的衡量不纯度的指标，指标的值越大，不纯度越高。可想而知，一个均匀的数据分布具有最高的不纯度。以二分类为例，当两个类别以 0.5 和 0.5 的比例分布时，这个数据集的不纯度最高。以上三种度量方式在不同概率 p（二分类情况下）下的取值情况如图 4-4 所示（横轴为某一类别的概率值，纵轴为各概率值对应不纯度的取值）。

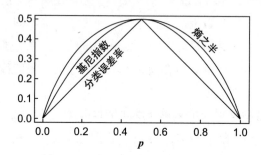

图 4-4   三种不纯度度量指标在二分类问题中的比较

（2）ID3、C4.5 和 CART 树

ID3 采用信息增益作为选择最优属性的分裂方法。为了考察测试条件（用于分割数据的特征）的效果，可以比较数据分割前（父结点）和通过测试条件分割后（子结点）不纯度的差异，差异越大，使用该测试条件（特征）进行数据分割的效果就越好。增益 $\varDelta$ 定义如下。

$$\varDelta = I(\text{parent}) - \sum_{j=1}^{k} \frac{N(v_j)}{N} \times I(v_j)$$

其中 $I(v_j)$ 是结点 v_j 的不纯度度量，N 是父结点中的样本数量，k 是测试条件的水平数，$N(v_j)$ 是子结点记录数。选用信息熵做度量时，$\varDelta$ 称为信息增益 $\varDelta_{\text{info}}$。计算各测试条件下的信息增益，选取信息增益最大的测试条件分割数据集。

从 ID3 的使用信息增益指标可以发现，这里有一个比较棘手的问题，就是使用信息增益选择特征进行数据分割时容易偏向水平较多的特征，为了解决这个问题，我们引入了信息增益比与 C4.5 算法。

C4.5 算法采用信息增益比作为选择最优的属性分裂方法。

$$\text{Gain ratio} = \frac{\Delta_{\text{info}}}{\text{Split Info}}$$

其中

$$\text{Split Info} = -\sum_{i=1}^{k} P(v_i) \log_2 P(v_i)$$

k 是该属性可取值的个数，利用 $P(v_i)$ 使得信息增益比降低。最终，使用信息增益比最大的测试条件进行数据分割。

CART 树是一个二叉树，采用基尼系数作为最优的属性分裂方法。基尼系数是在前文介绍的基尼指数基础之上进行加权平均，j 为测试条件的某个水平，共 k 个取值，定义如下。

$$\text{Gini Gain} = \sum_{j=1}^{k} \frac{N(D_j)}{N(D)} \times \text{Gini}(D_j)$$

（3）决策树停止生长的条件

这里简单介绍一下决策树停止生长的条件。因为决策树结构复杂，极容易造成过拟合，所以我们应当适时停止其继续分裂，以得到一棵具有较好泛化能力的决策树。以下是比较常规、简单的终止决策树生长的方式。

- 先剪枝：我们可以设定一个决策树停止生长的条件，比如树深度不可超过某值或不纯度度量值增益低于阈值时就停止生长。当然，设定阈值是一个比较困难的任务，阈值太宽松，就不能很好地避免过拟合；阈值太严格，可能会导致决策树过早停止生长，拟合不足。
- 后剪枝：我们可以让决策树按照最大规模生长，然后自底向上修剪这棵树。主要有两种修剪方式，①用新的叶结点替换子树，该叶结点的类别标签由子树中最多的标签决定；②用子树中最常使用的分支代替子树。当模型没有继续提升效果时停止剪枝。

无论采用哪一种决策树算法，决策树都是一个非常清晰、容易理解的模型。当然，它的预测能力相对于更复杂的集成模型、深度学习模型而言就要弱一些，是一个相对较弱的学习器。

4.2.3　全局代理模型

代理模型通常是一种简单模型，用于解释复杂的黑盒模型，常用的代理模型有线性模型和决策树模型。构建代理模型是为了表现、刻画复杂模型的决策过程，并作用于原始输入和复杂模型输出的预测值，而不是在输入数据和原始目标变量上进行训练。

代理模型在非线性和非单调模型之上提供了一个全局可解释层，但它们不完全相互依赖。代理模型的作用主要是作为模型的"全局总结"，并不能完美地表示模型底层的响应函数，也不能捕获复杂的特征关系。全局代理模型的基本建模思路如图 4-5 所示。

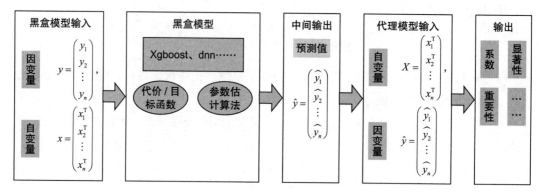

图 4-5   全局代理模型建模流程

下面介绍全局代理模型的建模流程。

- 选择一个数据集 X，可以是用于训练黑盒模型的同一个数据集，也可以是来自同一分布的新数据集，甚至可以是训练黑盒模型数据集的一个子集。
- 对于选定的数据集 X，获取黑盒模型对目标变量的预测值。
- 选择可解释模型（线性模型、决策树等）。
- 在数据集 X 及黑盒模型预测值上训练可解释模型，得到代理模型。
- 评估代理模型复制黑盒模型预测的效果。
- 解释代理模型。

黑盒模型中我们无法了解的处理机制，本质上包含在原始输入特征集 X 和目标变量的预测值 $\hat{Y}$ 之间，或者说，正是黑盒模型的复杂处理机制，使得输入 X 后会得到 $\hat{Y}$。我们可以这么理解：建立一个可解释模型，它通过输入 X 得到与黑盒模型相同的 $\hat{Y}$，我们就有理由认为在一定程度上，理解了黑盒模型的一部分内在机制，如图 4-6 所示。

R^2 表示全局代理模型对自变量与因变量拟合的效果，其定义如下所示。

$$R^2 = 1 - \frac{SSE}{SST} = 1 - \frac{\sum_{i=1}^{n} \left[\hat{y}_*^{(i)} - \hat{y}^{(i)} \right]^2}{\sum_{i=1}^{n} \left[\hat{y}^{(i)} - \bar{\hat{y}} \right]^2}$$

其中 $\hat{y}_*^{(i)}$ 是代理模型对第 i 条记录的预测值，$\hat{y}^{(i)}$ 是黑盒模型对该记录的预测值，而 $\bar{\hat{y}}$ 是黑盒模型预测值的平均值。R^2 表示代理模型解释了黑盒模型预测值变差的比例，与回归模型中的 R^2 意义相同，越接近 1 说明解释了越多的变差，越接近 0 说明解释能力越弱。

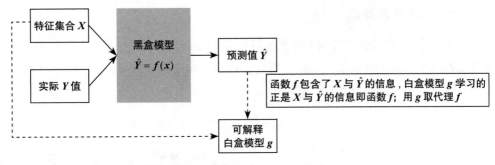

图 4-6   代理模型的思想本质

4.2.4   场景挖掘模型分析方法框架

基于前面介绍的树模型、全局代理模型的相关知识，我们总结出一套场景挖掘模型框架：通过黑盒模型执行预测任务，然后采用树模型结合黑盒模型预测值进行一些场景的挖掘和抽取。另外，我们还可以有选择性地添加一些步骤，例如用树模型产生的场景作为新的交互特征，与一些我们关注的主要影响变量组合成新的特征集，对因变量 y 建立线性模型，这样，我们就可以得到一个主要影响变量及主要业务场景对 y 影响效果的量化模型。框架思想如图 4-7 所示。

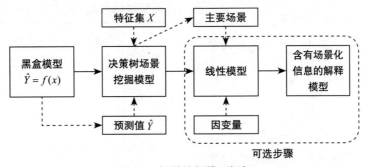

图 4-7   场景挖掘模型框架

场景挖掘模型分析方法框架以决策树、线性模型为基础，适用于解释各种黑盒模型，可以在一定程度上对黑盒模型做出解释，让我们在预测任务以外，获取更多的解释性，更好地服务于解释、归因与决策。

4.3   场景挖掘分析的应用与实现

本节将针对公开数据集，介绍场景挖掘分析技术的应用与实现，包括数据的背景、涉及的开发代码以及结果说明。

4.3.1   数据背景及数据处理

本节案例采用 UCI 数据库中的 Bike Sharing Dataset Data Set（服务于美国华盛顿特区）。数据背景是共享单车租赁场景，该数据集包含 Capital bikeshare 系统 2011 年至 2012 年每天、每小时的自行车租赁计数以及相应的天气和季节等信息。Capital bikeshare 产品界面如图 4-8 所示。

字段说明如下。

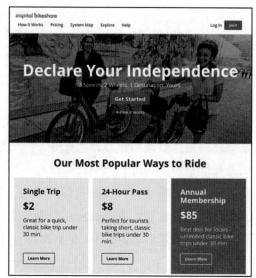

图 4-8   Capital bikeshare 界面

- instant：样本编号。
- dteday：日期。
- season：季节，1（春）、2（夏）、3（秋）、4（冬）。
- yr：年份。
- mnth：月份。
- hr：小时。
- holiday：是否节假日（0～1）。
- weekday：星期几（0～6）。
- workingday：是否工作日（0～1）。
- weathersit：天气情况。
- temp：归一化温度，以摄氏度为单位。
- atemp：归一化的体感温度，以摄氏度为单位。
- hum：归一化湿度。
- windspeed：归一化风速。
- casual：租车用户中的临时用户数。
- registered：租车用户中的注册用户数。
- cnt：因变量 – 出租自行车总数，包括休闲和注册自行车。注意，建模过程中不要使用 casual 和 registered，因为二者之和就是因变量 cnt，我们应使用除这两个变量以外的其他变量。

该数据集的数据比较干净，无缺失值，基本不含异常数据，且天气相关的特征已经进行了归一化处理。

4.3.2   经验化分析方法应用

在对分析的数据背景比较了解，且有一定的先验信息的情况下，我们使用可视化与描述性统计分析的方法在不同维度下分析数据。接下来展示一些维度的分析数据，回顾经验化分析的应用。

　　通过图 4-9、图 4-10 所示的统计图可以看到，2012 年单车租赁量是明显高于 2011 年的，这两年同月份的对比也是相同结论。总体上看，租赁量与体感温度有一定正相关。在体感温度未超过某个较高水平时，温度越高，租赁量越高。但是我们也发现了，当体感温度超过一定范围后，温度越高，租赁量会开始降低。另外，晴天的租赁量要高于多云和雨天，雨天的租赁量显著低于晴天和多云天气。

　　以上只是通过可视化的方式简单回顾了经验性分析的应用。当然，我们可以继续描述其他维度对租赁量的影响，并加入多个维度交互产生的不同场景租赁量的变化。我们也可以给出一些量化指标，如年度或月度的租赁量相对差异、不同天气下租赁量的相对差异等，如果你熟悉某种可视化方式，可以花一些时间按照自己对业务的了解和判断，用经验性分析方式分析这个数据。

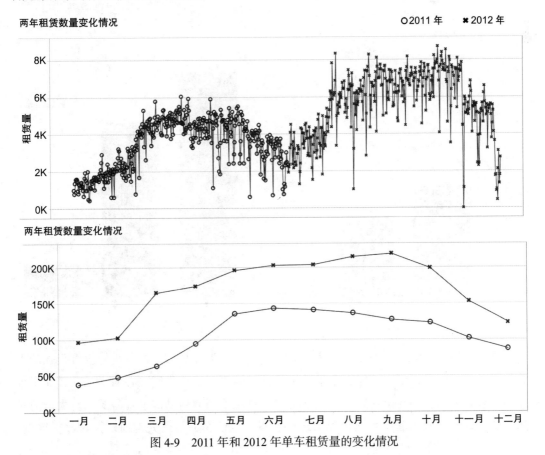

图 4-9　2011 年和 2012 年单车租赁量的变化情况

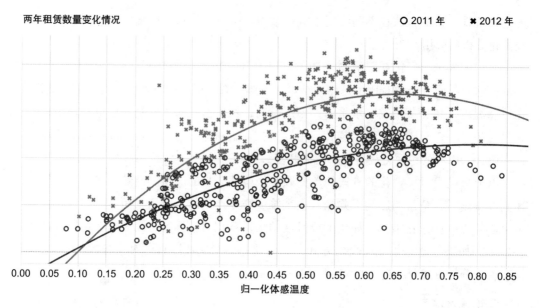

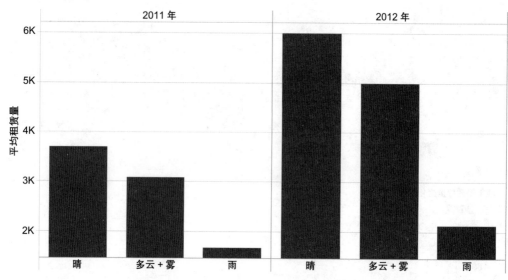

图 4-10   体感温度、天气与租赁量关系

可想而知，当维度增加、数据背后的业务场景会更加复杂，或是我们没有很强的先验知识，经验性分析成本可能会呈指数级增长，因为不知道我们关心的指标在哪几个维度下会有差异，在哪几个维度的交互下会产生意想不到的结果，这就需要耗费大量的时间去尝试，并且在先验不足的情况下还要花费一定的精力与他人沟通，探讨分析维度、分析结果的合理性和可用性。

4.3.3 场景挖掘模型的 Python 实现与模型解读

接下来，我们按照 4.2 节介绍的体系化分析方式——场景挖掘模型框架，对这个数据集进行分析。

首先，在一些场景下，建立预测因变量（单车租赁量）的模型，对其进行预测。例如在某一时期 A 全量上线了刺激租赁的策略，在全量策略上线一定时间后，我们通常需要进行全量评估，以复盘策略产生的效果，比如构建一些外生因素（不受策略影响的因素）关于因变量的模型。将上线策略时期内的外生变量输入模型，得到一个预测值，这个预测值就是基线，比对实际值与基线的差异，就可以认为是策略本身的效果（全量评估的具体内容和方法可参考第 6 章）。这个时候，我们希望这个基线的误差尽量小，也就是我们的预测模型尽可能的精准（感兴趣的读者可以使用线性回归或者决策树模型预测这个数据集，R^2 通常在 0.75 ~ 0.85，MAPE 基本在 40% 以上）。此时，我们通常会选用一些非线性、比较复杂的模型以得到更好的预测结果。本节我们采用 XGBoost 模型完成预测任务，这也是业内比较常用的黑盒模型。

接下来进行代码部分的实践，我们主要用到 XGBoost、sklearn、pandas、statsmodels 这些第三方库，如代码清单 4-1 所示。

代码清单 4-1　加载依赖的相关库并读取数据

```
# 加载使用到的第三方库
%matplotlib inline
import pandas as pd
import numpy as np
from sklearn.svm import LinearSVC, SVR, SVC
from sklearn.model_selection import train_test_split
from sklearn.grid_search import GridSearchCV
from sklearn.preprocessing import OneHotEncoder
from sklearn.externals.six import StringIO
from sklearn import tree
import pydotplus
from IPython.core.display import Image
from sklearn import metrics
from xgboost.sklearn import XGBRegressor
from sklearn.tree import DecisionTreeRegressor
from statsmodels.formula.api import ols
import matplotlib.pyplot as plt

data = pd.read_csv('day.csv')
data.head()
```

读取数据，共 731 条记录和 16 个变量，各列含义在 4.3.1 中已介绍，该数据集无缺失值和异常数据，数据样例如图 4-11 所示。

	instant	dteday	season	yr	mnth	holiday	weekday	workingday	weathersit	temp	atemp	hum	windspeed	casual	registered	cnt
0	1	2011-01-01	1	0	1	0	6	0	2	0.344167	0.363625	0.805833	0.160446	331	654	985
1	2	2011-01-02	1	0	1	0	0	0	2	0.363478	0.353739	0.696087	0.248539	131	670	801
2	3	2011-01-03	1	0	1	0	1	1	1	0.196364	0.189405	0.437273	0.248309	120	1229	1349
3	4	2011-01-04	1	0	1	0	2	1	1	0.200000	0.212122	0.590435	0.160296	108	1454	1562
4	5	2011-01-05	1	0	1	0	3	1	1	0.226957	0.229270	0.436957	0.186900	82	1518	1600

图 4-11 数据展示

数据预处理如代码清单 4-2 所示。

代码清单 4-2 数据预处理相关代码

```
# 对类别型特征进行 onehot 编码
## 复制一份数据并筛选需要用到的字段用于建立黑盒模型（XGBoost）
data_xgb = data
data_xgb = data[['season', 'yr', 'mnth', 'holiday', 'weekday', 'workingday',
    'weathersit', 'temp', 'atemp', 'hum', 'windspeed', 'cnt']]

## 将类别型变量转换为 object 类型，方便进行转换为类别型的处理
data_xgb[['season', 'yr', 'mnth', 'holiday', 'weekday', 'workingday',
    'weathersit']] = data_xgb[['season', 'yr', 'mnth', 'holiday', 'weekday',
    'workingday', 'weathersit']].astype(object)

# 对类别型变量进行 onehot 处理
data_xgb_use = pd.get_dummies(data_xgb)

data_xgb_use.head()
```

处理后的数据样例如图 4-12 所示。

	temp	atemp	hum	windspeed	cnt	season_1	season_2	season_3	season_4	yr_0	...	weekday_2	weekday_3	weekday_4	weekday_5
0	0.344167	0.363625	0.805833	0.160446	985	1	0	0	0	1	...	0	0	0	0
1	0.363478	0.353739	0.696087	0.248539	801	1	0	0	0	1	...	0	0	0	0
2	0.196364	0.189405	0.437273	0.248309	1349	1	0	0	0	1	...	0	0	0	0
3	0.200000	0.212122	0.590435	0.160296	1562	1	0	0	0	1	...	1	0	0	0
4	0.226957	0.229270	0.436957	0.186900	1600	1	0	0	0	1	...	0	1	0	0

图 4-12 类别型变量处理后的数据

接下来开始训练黑盒模型，本案例采用的是 XGBoost 模型，这是业内比较常用的预测模型，其预测的准确性和泛化能力都很优秀。当然，读者也可以选用自己了解的预测能力较好的模型（SVM、神经网络等都可以，对黑盒模型的选择没有严格要求，能达到预测精度即可）。这里不对 XGBoost 做详细介绍，只简单介绍需要调优的几个参数。

- n_estimators：集成树迭代次数，即生成树的数量。

- max_depth：每棵树的最大深度。
- subsample：样本采样比例，用于防止过拟合。
- learning_rate：学习率。

参数调优的方法有很多，例如对上述 4 个参数给出一些取值，遍历全部组合，寻找给定参数范围内的全局最优解。当然，这种方式的运行速度比较慢（尤其是在每个参数的取值较多时）。常用的方法是分别在每个参数上寻找各自的最优取值，然后将它们组合在一起，得到一个相对次优的局部最优参数组合。读者可以根据需要设定参数取值范围和参数组合方式，这里不多赘述，直接给出一套通过调优得到的性能较好的参数取值。

- n_estimators=100。
- max_depth=4。
- subsample=0.9。
- learning_rate=0.1。

获取训练数据及验证数据、训练黑盒预测模型如代码清单 4-3、代码清单 4-4 所示。

代码清单 4-3　分割数据为训练数据与验证数据

```
# 分割训练数据与验证数据（验证集占样本总量的 20%）
X = data_xgb_use.drop('cnt', axis=1)
y = data_xgb_use[['cnt']]
X_train, X_test, y_train, y_test = train_test_split(X, y, test_size=0.2,
    random_state=101)
```

代码清单 4-4　训练黑盒预测模型

```
# 在训练数据上按照前述参数训练 XGBoost 模型
clf = XGBRegressor(n_estimators=100, max_depth=4, subsample=0.9, learning_
    rate=0.3)
clf.fit(X_train, y_train)
y_test_pre= clf.predict(X_test)
print("R-Square : %f" % metrics.r2_score(y_test, y_test_pre))
MAPE = np.mean(abs(y_test.reset_index(drop=True) - pd.DataFrame(y_test_pre,
    columns=['cnt'])) / y_test.reset_index(drop=True)
)
Print("MAPE:", MAPE)
```

根据上述的流程，可以打印出黑盒模型效果。黑盒模型在验证数据上的 $R^2 \approx 0.92$，MAPE=10%（总体数据上的表现基本与测试数据处于同一水平），训练效果还是比较优秀的。接下来，使用原始输入特征集 X 和黑盒模型产出的因变量预测值 $\hat{y}$ 构造一棵决策树，这是应用了全局代理模型的思想，这棵树会反馈一个黑盒模型得到 $\hat{y}$ 的路径，树的叶结点则是一些输入特征 X_i 不同水平的组合，构成了多个特征交互的"场景"特征，构建决策树代码清单4-5所示。

代码清单 4-5 构建决策树模型

```
# 构造用于建立决策树的使用数据
## 在数据集中添加黑盒模型预测值
data_xgb_use['cnt_pre_xgb'] = clf.predict(X)
data_white_tree = data_xgb_use[['temp', 'atemp', 'hum', 'windspeed',
    'season_1', 'season_2', 'season_3', 'season_4', 'yr_0', 'yr_1', 'mnth_1',
    'mnth_2', 'mnth_3', 'mnth_4', 'mnth_5', 'mnth_6', 'mnth_7', 'mnth_8',
    'mnth_9', 'mnth_10', 'mnth_11', 'mnth_12', 'holiday_0', 'holiday_1',
    'weekday_0', 'weekday_1', 'weekday_2', 'weekday_3', 'weekday_4',
    'weekday_5', 'weekday_6', 'workingday_0', 'workingday_1', 'weathersit_1',
    'weathersit_2', 'weathersit_3', 'cnt', 'cnt_pre_xgb']]
X_white_tree = data_white_tree.drop(['cnt', 'cnt_pre_xgb'], axis=1)
y_white_tree = data_white_tree[['cnt_pre_xgb']]
## 树模型特征集 (原始输入 X)
X_white_tree = data_white_tree[['season', 'yr', 'mnth', 'holiday', 'weekday',
    'workingday', 'weathersit', 'temp', 'atemp', 'hum', 'windspeed']]
## 树模型预测变量 (黑盒模型的输入值, 即因变量的黑盒模型预测值)
y_white_tree = data_white_tree[['cnt_pre_xgb']]

## 训练树模型
X_train, X_test, y_train, y_test = train_test_split(X_white_tree, y_white_
    tree, test_size=0.2, random_state=101)

## 这里为了更好地理解场景, 我们将树的深度设置得浅一些 (设定为 3)
white_tree = DecisionTreeRegressor(max_depth=3)
white_tree.fit(X_train, y_train)
print("Score : %f" % metrics.r2_score(y_test, white_tree.predict(X_test)))
```

代理模型的 R^2 达到了 0.84，说明树模型解释了原始特征集 X 与黑盒模型预测值，即黑盒模型某种内部运作机制的84%，是一个比较好的解释强度。可以展示出该决策树的决策路径图，考察叶结点产生的多个特征不同水平交互下得到的各种场景。决策树模型结果可视化处理如代码清单4-6所示。

代码清单 4-6 可视化决策树模型结果

```
## 这里为了更好的理解场景, 我们将树的深度设置得浅一些 (设定为 3)
dot_data = StringIO()
tree.export_graphviz(white_tree, out_file=dot_data, feature_names=X_white_
    tree.columns,filled=True, rounded=True, proportion=True, special_
    characters=True, node_ids=True)
graph = pydotplus.graph_from_dot_data(dot_data.getvalue())
Image(graph.create_png())
```

模型结果如图 4-13 所示。

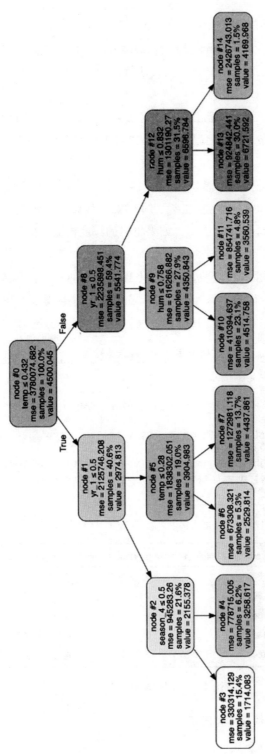

图 4-13 决策树路径展示

观察图 4-13（由左至右的结点编号分别为 3、4、6、7、10、11、13、14，下面就以这些编号记录它们），根结点是 temp（归一化温度），阈值为 0.432，温度低于阈值，相对而言租赁量更低。后续内部结点中有一些其他特征的影响，以 3 号和 14 号叶结点为例，所代表的场景如下。

- 3 号叶结点：temp（归一化温度）不高于 0.432，第一年（2011 年），季节非冬季。
- 14 号叶结点：temp（归一化温度）高于 0.432，第二年（2012 年），相对湿度高于 0.832。

图 4-13 这棵树展示了很多信息，以 13、14 号结点为例，我们可以看到在相同条件下，归一化湿度 ≤ 0.832 时，平均租赁量（约 6722）较归一化湿度 ≥ 0.832 时平均租赁量（约 4170），高出了超过 50%。当然，如果将树的深度构造得更深（在不过拟合的情况下），可以得到更多数量和交互更强的场景。

最后，通过一步线性回归模型过程，量化我们关心的指标对因变量租赁量的影响。例如，我们将 temp（归一化温度）、yr（年份）、hum（归一化湿度）和产生的 8 个场景对因变量建立线性回归模型，在构建回归模型之前先进行数据处理，如代码清单 4-7 所示。

代码清单 4-7 数据预处理

```
data_ols = data
# 将每条样本所属的场景编号标记给每个样本
data_ols['sight'] = white_tree.apply(X_white_tree)
# 选择关系的特征（如上所述）
data_ols = data_ols[['yr', 'temp', 'hum', 'sight', 'cnt']]
# 对类别型变量进行哑变量处理
data_ols[['yr', 'sight']] = data_ols[['yr', 'sight']].astype(object)
data_ols_use = pd.get_dummies(data_ols, drop_first=True)
data_ols_use.head()
```

数据样例如图 4-14 所示。

	temp	hum	cnt	yr_1	sight_4	sight_6	sight_7	sight_10	sight_11	sight_13	sight_14
0	0.344167	0.805833	985	0	0	0	0	0	0	0	0
1	0.363478	0.696087	801	0	0	0	0	0	0	0	0
2	0.196364	0.437273	1349	0	0	0	0	0	0	0	0
3	0.200000	0.590435	1562	0	0	0	0	0	0	0	0
4	0.226957	0.436957	1600	0	0	0	0	0	0	0	0

图 4-14 回归模型数据展示

构建回归模型如代码清单 4-8 所示。

代码清单 4-8　构建回归模型

```
# 建立回归模型
model_sight_ols = ols('cnt ~ temp + hum + yr_1 + sight_4 + sight_6 + sight_7 +
    sight_10 + sight_11 + sight_13 + sight_14', data=data_ols_use)
est_sight_ols = model_sight_ols.fit()
print(est_sight_ols.summary())
```

回归模型结果如图 4-15 所示。

```
                            OLS Regression Results
==============================================================================
Dep. Variable:                    cnt   R-squared:                       0.803
Model:                            OLS   Adj. R-squared:                  0.801
Method:                 Least Squares   F-statistic:                     327.4
Date:                Tue, 14 Jan 2020   Prob (F-statistic):          7.77e-248
Time:                        23:21:16   Log-Likelihood:                -5975.2
No. Observations:                 731   AIC:                         1.197e+04
Df Residuals:                     721   BIC:                         1.202e+04
Df Model:                           9
Covariance Type:            nonrobust
==============================================================================
                 coef    std err          t      P>|t|      [0.025      0.975]
------------------------------------------------------------------------------
Intercept     1980.1327    193.134     10.253      0.000    1600.961    2359.305
temp          1997.7112    355.023      5.627      0.000    1300.709    2694.713
hum          -1379.1193    255.790     -5.392      0.000   -1881.302    -876.937
yr_1          2066.7886    102.136     20.236      0.000    1866.269    2267.308
sight_4       1597.8260    151.155     10.571      0.000    1301.070    1894.582
sight_6      -1158.9692    139.124     -8.330      0.000   -1432.106    -885.833
sight_7        604.6053     96.163      6.287      0.000     415.812     793.399
sight_10      2070.1641    167.252     12.377      0.000    1741.804    2398.524
sight_11      1648.7548    193.594      8.517      0.000    1268.679    2028.830
sight_13      2275.6283    111.703     20.372      0.000    2056.326    2494.931
sight_14       345.5242    223.675      1.545      0.123     -93.608     784.657
==============================================================================
```

图 4-15　回归模型结果

可以看到，归一化温度和归一化湿度对租赁量分别有着显著的正向和负向影响。在其他条件不变的情况下，归一化温度每提高一个单位，租赁量平均提升 1998 单。在其他条件不变的情况下，归一化湿度每提高一个单位，租赁量平均降低 1379 单。2012 年单量显著高于 2011 年，平均高出 2067 单。8 个场景中的 3 号场景（temp ≤ 0.432，2011 年，非冬季的季节）在哑变量处理过程中被选定为参考类别，其他场景对租赁量影响的大小及显著性水平在回归模型结果中都有展示。当然，读者可以在建立回归模型时更换自己关注的变量，也可以在构造树模型时采用不同的变量和不同的深度，以得到不同的场景。

从上述流程看来，体系化分析方法的优势在于量化能力强，既可以完成预测任务，也可以完成解释（包括定性、定量）任务，而且不需要我们一一遍历各种维度，人工组合交互场景，在分析成本上是更低的，在维度多、水平多、业务背景复杂、先验信息少的分析情况下，这种方法的优势更加明显。

4.4   本章小结

通过本章的学习，我们了解到通过建模的方式可以相对自动、迅速地挖掘比较细致、聚焦性较强的场景，更贴近"精细化运营"的要求。较传统的依赖先验知识的偏描述性分析而言，场景挖掘模型的效率、量化能力、扩展性更强。尤其当我们需要执行一些预测任务时，通常会使用较复杂的模型，场景挖掘模型可以对复杂模型进行解释，挖掘一些更有价值的业务场景。

第 5 章
行为规律的发现与挖掘

吴君涵

随着社会进入大数据时代，数据采集变得更加便捷，需要处理和分析的数据规模与日俱增。在实际应用中，数据维度与规模的持续增长，加大了数据的冗余与处理的难度，人们无法直观地从这些散乱、庞杂的数据中总结出规律，因此使用有效的方法挖掘数据的潜在信息十分重要。如果能找出数据样本间的内在关联，把具有相似属性的样本归到同一子集中，每个样本的属性便可以用子集的属性概括，换言之，聚类得出的子集属性就是我们要找的规律。

传统的规律挖掘方法是基于先验经验和纯数据驱动的，这种方法简单易用，通常基于人为经验设定相应规则对群体或行为进行分类。比如针对挖掘各种商品的全年电商销量规律问题，选取季节维度，将 6 ～ 8 月销量较高的商品归类为夏季热销商品，将 10 ～ 12 月销量较高的商品归类为冬季热销商品。这种传统的方法，在选定的维度下对商品进行分类，维度的选取及分类标准的划分高度依赖于个体经验，且不同类型的城市夏季与冬季的时间也不一样，划分标准理论上应该进行相应的调整。因此，基于经验的数据分类方法局限性较大，分析颗粒度也较粗。

基于矩阵分解技术的规律挖掘方法是一种体系化的分析方法，包括特征值分解、LU分解、QR 分解和奇异值分解等。矩阵分解是将一个复杂矩阵分解为基矩阵和系数矩阵的乘积，通常基矩阵和系数矩阵均为简单矩阵，因为简单的矩阵更易于计算。矩阵分解是一个投影的过程，将样本从原始高维空间投影到低维空间，系数矩阵表示拉伸、投影大小，基矩阵表示原始数据在低维空间的特征。样本从高维到低维的投影过程中去除了噪声，最大限度地保留了重要信息，低维空间特征揭示了样本的聚类特性。与基于先验经验和纯数据驱动的传统方法相比，矩阵分解方法在数据处理上更加灵活，同时也更能反映数据本身涵盖的信息，无须个体经验作为输入，减少了人为主观对数据判断的偏差。

5.1 对有序数据的规律分析

本节首先介绍线性变换的基本概念，然后介绍特征分解方法的原理及局限，最后介绍 SVD 方法的原理及推导过程。

5.1.1 有序数据及 SVD 方法概述

奇异值分解（Singular Value Decomposition，SVD）是线性代数中一种重要的矩阵分解方法，广泛应用于信号处理、图像压缩、语义分析等领域。SVD 是对特征分解的推广，特征值分解只能应用于方阵。实际上大部分数据不是方阵，比如一次采样数据有 M 个样本点，每个样本点有 N 个特征观测值，形成一个 $M \times N$ 的矩阵。通常样本特征的个数是有限的，而样本量可以通过多次观测而不断增加。对于 $M \times N$ 的矩阵，为了像方阵一样能提取出特征及特征重要性，SVD 将复杂矩阵分解为左奇异矩阵、奇异值矩阵、右奇异矩阵三个简单矩阵的乘积，其中，左右奇异矩阵描述了特征的方向，奇异值矩阵描述了特征的重要性。

SVD 是一种强大的信息提取工具，可以找到隐含的重要信息，发掘数据中的潜在模式。对于一张人脸图像，实际上人脸可以有无数个特征，通过提取奇异值较大的多个特征，如浓眉、大眼、方脸、络腮胡等就可以清晰地描述出人脸图像，并与马脸、猫脸等区分开来。SVD 通常也应用在信息提取和数据降噪等领域，当数据矩阵元素太多时，可以通过 SVD 只保留奇异值比较大的特征对原始数据做近似，从而提取主要信息，以减少数据存储量。

在利用 SVD 做数据信息提取或去噪时，往往只保留前 k 个特征向量：$A = U_{m \times m} \Sigma_{m \times n} V_{n \times n}^{\mathrm{T}} \approx U_{m \times k} \Sigma_{k \times k} V_{k \times n}^{\mathrm{T}}$，分解后矩阵的乘积 $U_{m \times k} \Sigma_{k \times k} V_{k \times n}^{\mathrm{T}}$ 仍是 $m \times n$ 维，然而用来重构的信息的维数却降低了。从本质上讲，假设原始的矩阵 A 是满秩的，那么重构之后矩阵的秩从 n 降到了 k。也就是说，如果数据是有序的，选取 k 个特征向量对原始数据近似后，数据仍保持原有的顺序，但噪声数据被剔除了，只保留了关键信息。

5.1.2 SVD 原理及推导

假设有 m 个 n 维空间的样本数据 $A_{m \times n}$，使用 SVD 将 $A_{m \times n}$ 分解为 3 个矩阵的乘积：

$$A_{m \times n} = U_{m \times m} \Sigma_{m \times n} V_{n \times n}^{\mathrm{T}}$$

其中，U 和 V 都是正交矩阵，Σ 是一个非负实对角矩阵。那么 U、V 和 Σ 是如何求解又分别代表什么含义呢？在详细介绍 SVD 原理之前，我们先来了解线性代数的相关知识。

1. 线性变换

假设 V 和 W 是相同域上的向量空间，如果对 $V(V \subseteq \mathbb{R}^n)$ 中的任意向量 $\vec{v}$，存在法则 f 使得 $W(W \subseteq \mathbb{R}^m)$ 中有唯一确定的向量 $\vec{w}$ 与之对应，那么称 f 为 V 到 W 的变换（映射），记作 $V \mapsto W$ 或者 $W = f(V)$。如果变换 f 满足以下两个条件：

可加性——对向量空间 V 内的任意向量 $\vec{v}_i$、$\vec{v}_j$，满足 $f(\vec{v}_i + \vec{v}_j) = f(\vec{v}_i) + f(\vec{v}_j)$；

齐次性——对向量空间 V 内的任意向量 $\vec{v}_i$ 和任何标量 a 满足 $f(a\vec{v}_i) = af(\vec{v}_i)$，

则称该变换为线性变换。线性变换是在两个向量空间之间的一种保持向量加法和标量乘法的特殊映射，其可加性和齐次性性质等价于要求对于任何向量 $\vec{v}_1, \cdots, \vec{v}_n$ 和标量 $a_1, \cdots, a_n$ 均满足方程：

$$f(a_1\vec{v}_1, \cdots, a_n\vec{v}_n) = a_1 f(\vec{v}_1) + \cdots + a_n f(\vec{v}_n)$$

如果 V 和 W 是有限维的，并且在这些空间中有选择好的基，则从 V 到 W 的线性变换 $W = f(V)$ 可以用矩阵的形式表示。假设可以找到一个 $n \times m$ 的实数矩阵 A，使得 A 与向量空间 V 中任意向量 $\vec{v}_i$ 的乘积 $\overrightarrow{Av_i}$ 向量空间 W 中有唯一的向量 $\vec{w}_i$ 相对应，那么 $W = AV$ 与 $W = f(V)$ 就描述了同样的线性变换。

一个线性变换可以由多个不同的矩阵表示，这是因为矩阵的值依赖于选择的基。基是描述向量空间的基本工具，向量空间中任意一个向量，都可以唯一地表示成基向量的线性组合。一组有序基向量就是一个坐标系，选择不同的基向量可以构造不同的坐标系，因此同一个矩阵，在不同的坐标系下（即采用不同的基向量），坐标值会相应地发生变化。在二维空间中通常使用基向量 $\vec{i}$、$\vec{j}$ 构成笛卡儿坐标系，其中 $\vec{i}$ 是 x 轴正方向的单位向量，用向量表示为 $[1, 0]$；$\vec{j}$ 是 y 轴正方向的单位向量，用向量表示为 $[0, 1]$，将基向量 $\vec{i}$，$\vec{j}$ 用矩阵表示则为 $\begin{bmatrix} 1 & 0 \\ 0 & 1 \end{bmatrix}$。

对于向量 $\vec{x} = \begin{bmatrix} x_1 \\ x_2 \end{bmatrix}$，用基向量线性组合的方式可表示为

$$\vec{x} = \begin{bmatrix} x_1 \\ x_2 \end{bmatrix} = x_1\vec{i} + x_2\vec{j} = x_1\begin{bmatrix} 1 \\ 0 \end{bmatrix} + x_2\begin{bmatrix} 0 \\ 1 \end{bmatrix}$$

用矩阵方式可表示为

$$\vec{x} = \begin{bmatrix} x_1 \\ x_2 \end{bmatrix} = [\vec{i}, \vec{j}]\begin{bmatrix} x_1 \\ x_2 \end{bmatrix} = \begin{bmatrix} 1 & 0 \\ 0 & 1 \end{bmatrix}\begin{bmatrix} x_1 \\ x_2 \end{bmatrix}$$

对于线性变换 f，根据线性变换的可加性和齐次性，则有：

$$f(\vec{x}) = f(x_1\vec{i} + x_2\vec{j}) = f(x_1\vec{i}) + f(x_2\vec{j})$$

$$= x_1 f(\vec{i}) + x_2 f(\vec{j}) = [f(\vec{i}), f(\vec{j})]\begin{bmatrix} x_1 \\ x_2 \end{bmatrix}$$

上式表明经过线性变换 f 后，向量 $\bar{x}$ 仍是一组基向量线性组合，且线性组合系数保持不变（仍为 x_1 和 x_2）。这意味着只要知道经过 f 变换后基向量 $\vec{i}$、$\vec{j}$ 的坐标，就可以计算出线性空间中任意向量经过 f 变换后的坐标。将 f 变换后的基向量坐标按列组合起来拼接成矩阵 $[f(\vec{i}), f(\vec{j})]$，该矩阵即描述了线性变换的全部信息。

线性变换的特性在几何中的表现为原点保持不动，直线依旧是直线，并且网格线平行等距分布。根据几何变换类型可分为旋转、拉伸、投影等，这些变换使用相应的矩阵表达，比如矩阵 $A = \begin{bmatrix} 3 & 0 \\ 0 & 1 \end{bmatrix}$ 对应的变换为在 x 轴方向拉伸 3 倍，如图 5-1 所示。

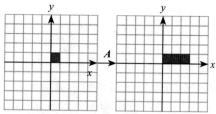

总之，线性变换是操纵空间的一种手段，我们只需要知道变换后基向量的坐标，就可以清晰地描述一个线性变换。将变换后基向量的坐标按列拼接成一个矩阵，这个矩阵为我们提供了一种描述线性变换的语言。线性变换作用于一个向量，等价于用线性变换矩阵左乘该向量。

图 5-1   拉伸线性变换示意图

2. 特征分解

上文提到矩阵是线性变换的描述，但通常会存在一些特殊向量，矩阵变换对这些向量只是进行了简单的伸缩（倍乘），并没有改变向量的方向，即在这些向量上进行矩阵变换等价于乘以一个常数：

$$A\vec{v} = \lambda\vec{v}$$

上式中，$\vec{v}$ 是特征向量，λ 是特征值，表示特征向量被拉伸或压缩的比例，正负表示变换的过程中是否翻转了方向。

矩阵通常有多个特征向量，设为 $v_1, \cdots, v_n$，对应的特征值为 $\lambda_1, \cdots, \lambda_n$，则有：

$$\begin{cases} Av_1 = \lambda_1 v_1 \\ Av_2 = \lambda_2 v_2 \\ \cdots \\ Av_n = \lambda_n v_n \end{cases} \Rightarrow A[v_1, v_2 \cdots v_n] = [v_1, v_2 \cdots v_n]\begin{bmatrix} \lambda_1 & \cdots & 0 \\ \vdots & \ddots & \vdots \\ 0 & \cdots & \lambda_n \end{bmatrix} \Rightarrow AV = V\Lambda$$

等式两边右乘 V 的逆矩阵，得到 A 的特征值分解：$A = V\Lambda V^{-1}$。

特征分解必须是方阵，对 A 做特征值分解后，$Ax = V\Lambda V^{-1}x$，A 被分解为 3 个矩阵的乘积，由于矩阵是线性变换的描述，因此变换 A 与以下 3 个变换作用等价。

- $V^{-1}x$：V 由所有的特征向量构成，特征向量线性无关且正交（实对称矩阵特征向量正交），因此 V 是原空间的一组基。$V^{-1}x$ 可以看作坐标变换，其含义是将 x 变换到新的特征基坐标下表示。

- $AV^{-1}x$：A 是对角矩阵，是将变换到新的特征基坐标下的 x 沿着坐标轴缩放，缩放因子正是对应的特征值 λ_i。

- $VAV^{-1}x$：将缩放过的 x 变换回原始标准坐标系。

下面举例说明特征分解的几何意义。矩阵 $A = \begin{bmatrix} 2 & 1 \\ 1 & 2 \end{bmatrix}$ 描述的变换为沿着某个方向拉伸，这种变换的效果不易描述，除了特征向量，大部分向量既发生了拉伸又发生了旋转，且不同方向的向量拉伸长度与旋转角度均不一致。将矩阵 A 特征分解为 3 个矩阵的乘积

$\begin{bmatrix} \dfrac{\sqrt{2}}{2} & -\dfrac{\sqrt{2}}{2} \\ \dfrac{\sqrt{2}}{2} & \dfrac{\sqrt{2}}{2} \end{bmatrix} \begin{bmatrix} 3 & 0 \\ 0 & 1 \end{bmatrix} \begin{bmatrix} \dfrac{\sqrt{2}}{2} & -\dfrac{\sqrt{2}}{2} \\ \dfrac{\sqrt{2}}{2} & \dfrac{\sqrt{2}}{2} \end{bmatrix}^{-1}$，则矩阵 A 描述的变换被分解为 3 个变换：首先转换为

在逆时针旋转 45° 后的坐标系下表达，然后在旋转后的坐标系下将 x 轴拉伸 3 倍，最后将坐标转换为在原始坐标系下表达。图 5-2 左图为对向量空间直接进行 A 变换，右图为对向量空间一次进行特征分解后的 3 个变换，可以看到两种变换后基向量 $\vec{i}$，$\vec{j}$ 的坐标值一样（箭头表示），说明两种变换是等价的。

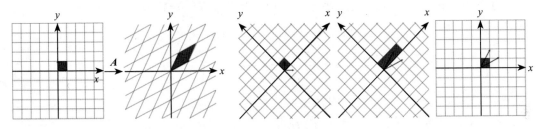

图 5-2　特征分解变换示意图

特征值分解的几何意义表明如果选取特征向量作为基，线性变换会变得加更简单直观，仅仅是对向量空间进行旋转伸缩变换，如图 5-2 中的复杂 A 变换可以直观描述为逆时针旋转 45° 后在 x 轴拉伸 3 倍。特征向量表示分解后特征的方向，特征值表示伸缩的大小，值越大表明特征的重要程度越高，在相应特征向量方向上包含的信息就越多。如果某些特征值很小，说明这些特征方向信息很少，可以用来降维，也就是删除小特征值对应方向的数据，只保留大特征值方向对应的数据，这样处理可以在保留有效信息的同时减小数据量，这是基于矩阵分解降维方法常用的一种思路。

3. SVD 推导

特征分解只能针对方阵，对于任意 $m \times n$ 的矩阵，能否找到一组正交基经过变换后仍

是正交基呢？答案是肯定的。

假设 A 是 $m\times n$ 的矩阵，$A^{\mathrm{T}}A$ 是 $n\times n$ 实对称方阵，因此特征分解得到的特征向量两两正交

$$(A^{\mathrm{T}}A)v_i = \lambda_i v_i$$

$\{v_1, v_2, \cdots, v_n\}$ 即为在 n 维空间找到的一组正交基，根据正交基的性质：

$$v_i^{\mathrm{T}}v_j = v_i \cdot v_j = 0$$

A 将这组基映射为：

$$\{Av_1, Av_2, \cdots, Av_n\}$$

为验证 $\{Av_1, Av_2, \cdots, Av_n\}$ 是否为正交基，计算 Av_i，Av_j 的内积：

$$
\begin{aligned}
Av_i \cdot Av_j &= (Av_i)^{\mathrm{T}}Av_j \\
&= v_i^{\mathrm{T}}A^{\mathrm{T}}Av_j \\
&= v_i^{\mathrm{T}}A^{\mathrm{T}}Av_j \\
&= v_i^{\mathrm{T}}(\lambda_j v_j) = \lambda_j(v_i^{\mathrm{T}}v_j) \\
&= 0
\end{aligned}
$$

由于 $Av_i \cdot Av_j = 0$ ，因此 $\{Av_1, Av_2, \cdots, Av_n\}$ 也为正交基，对其进行标准化：

$$Av_i \cdot Av_i = \left|Av_i\right|^2 = \lambda_i(v_i^{\mathrm{T}}v_i) = \lambda_i$$

$$\Rightarrow u_i = \frac{Av_i}{\left|Av_i\right|} = \frac{1}{\sqrt{\lambda_i}}Av_i$$

$$\Rightarrow Av_i = \sqrt{\lambda_i}u_i = \delta_i u_i$$

由以上推导得出：$AV = U\Sigma \Rightarrow A = U\Sigma V^{\mathrm{T}}$。其中，$V$ 为右奇异矩阵，是 $A^{\mathrm{T}}A$ 的特征向量，同理可得左奇异矩阵 U 是 AA^{T} 的特征向量：

$$AA^{\mathrm{T}} = U\Sigma V^{\mathrm{T}}V\Sigma^{\mathrm{T}}U^{\mathrm{T}} = U\Sigma^2 U^{\mathrm{T}}$$

图 5-3 为 SVD 分解示意图，矩阵 A 对单位正交基 $\{v_1, v_2\}$ 的复杂线性变换等价于先将 $\bar{x}$ 用单位正交基 $\{v_1, v_2\}$ 表示，然后使用矩阵 V^{T} 进行旋转，由于 V 为酉矩阵 $VV^{\mathrm{T}} = V^{\mathrm{T}}V = I$，转换后是在标准正交基 I 下表示；然后使用矩阵 Σ 在标准基下拉伸；最后使用 U 矩阵将对拉伸后的正交基进行旋转。

前面说到奇异值的大小表示伸缩的比例，也表示了保留信息量，在利用 SVD 做数据信息提取或压缩时，对奇异值从大到小排序，只提取前 k 个特征向量保留的信息。k 值的确定通常依据一些启发式策略，如设定保留信息量的百分比，一般设定为 90%。保留信息量比例的计算方法为先求得所有奇异值的平方和，然后将奇异值的平方依次累加到总

值的 90%，形如 $k = \arg \dfrac{\sum\limits_{i=0}^{k}\sigma_i^2}{\sum\limits_{i=0}^{n}\sigma_i^2} \geq 0.9$。如图 5-4 所示，选定 k 值后，可以只用 k 个奇异值

和对应的左右奇异向量相乘表示原矩阵 A：

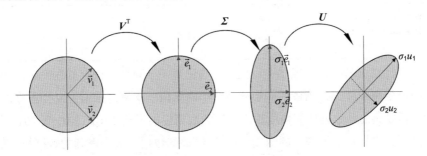

图 5-3　奇异值分解原理

$$A = U_{m \times m} \Sigma_{m \times n} V_{n \times n}^{\mathrm{T}} \approx U_{m \times k} \Sigma_{k \times k} V_{k \times n}^{\mathrm{T}}$$

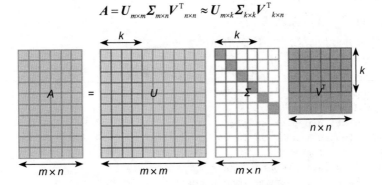

图 5-4　奇异值分解示意图

5.2　SVD 聚类建模 Python 实战

本节将介绍基于 SVD 方法聚类建模的 Python 实战，包括以下几个部分：软件包安装、数据读取、数据清洗、SVD 分解、选取合适的特征数量、计算矩阵与原始数据的相关性、对求得的相关系数矩阵进行 k 均值聚类并对聚类结果进行解读。

1. 软件包和数据格式

Python 中需要安装的软件包为 Pandas、NumPy、Matplotlib，安装命令如代码清单 5-1 所示。NumPy 是 Python 中科学计算的基础包，可用来存储和处理大型矩阵，比 Python 自身的嵌套列表结构要高效得多。此外，NumPy 提供了大量的数学函数库，可用于统计、线性代数等运算。Pandas 是基于 NumPy 的一个开源 Python 库，纳入了大量库和一些标

准的数据模型，使得数据清洗、处理等工作变得易于操作，因此广泛用于快速分析数据。Matplotlib 是 Python 中的一个开源绘图包，能够创建多种类型的图表，如条形图、散点图、条形图、饼图、堆叠图、3D 图和地图等。

代码清单 5-1　安装包命令

```
pip install numpy
pip install pandas
pip install matplotlib
```

本节案例针对商品的销售规律进行挖掘，对于每一个商品，获取其在一定周期内的销售数据，按照挖掘粒度，将销售数据切分为 T 个时间段。本例想探索商品周粒度的销售模式，因此，需要将原始数据按周粒度整理。原始数据提供了从 2010-12-01 到 2011-12-09 这一年多的数据，去掉首尾不完整的两周，保留 51 周的数据，最终得到的数据格式如表 5-1 所示，每一行表示一个商品，用 StockCode 标识，每一列表示对应时间段的销量。

数据准备完毕，下面开始建模。

2. 引入软件包，读取数据

引入软件包并读取数据，如代码清单 5-2 所示。

代码清单 5-2　读取数据

```
import numpy as np
import pandas as pd
import matplotlib.pyplot as plt
from numpy import linalg as la   # 引入 SVD 分解包
from PIL import Image
from sklearn.cluster import KMeans # 引入 k 均值聚类包
from scipy.spatial.distance import cdist
# 数据来源: https://archive.ics.uci.edu/ml/datasets/Online+Retail
raw_data = pd.read_excel('/Users/Char5/Online Retail.xlsx')
raw_data = raw_data.fillna(0) # 将 NA 值填充为 0
```

3. 数据清洗

下一步清洗数据，如代码清单 5-3 所示。

代码清单 5-3　清洗数据

```
raw_data = raw_data[raw_data['Quantity']>=0] #InvoiceNo 以 c 开头, quantity 为负表
    示取消, 剔除数据
raw_data = raw_data[~raw_data['StockCode'].isnull()] # 去除没有商品 ID 的行
# 计算天归属于哪一周
raw_data['year_week']=(raw_data['InvoiceDate'].dt.year)*100+raw_data
    ['InvoiceDate'].dt.week
# 去掉首末不完整的两周
raw_data = raw_data[~((raw_data['year_week']==201048)|(raw_data['year_week']==
    201149))]
```

表 5-1 示例数据

year_week	StockCode	201049	201050	201051	201101	201102	201103	201104	201105	201106	...	201139	201140	201141	201142	201143	201144
0	10002	138.0	41.0	2.0	73.0	42.0	76.0	17.0	133.0	1.0	...	0.0	0.0	0.0	0.0	0.0	0.0
1	10080	0.0	0.0	0.0	0.0	0.0	0.0	0.0	0.0	0.0	...	12.0	0.0	4.0	0.0	2.0	24.0
2	10120	13.0	0.0	0.0	0.0	0.0	0.0	0.0	0.0	0.0	...	6.0	5.0	0.0	5.0	0.0	38.0
3	10125	43.0	102.0	7.0	98.0	79.0	36.0	0.0	0.0	0.0	...	197.0	4.0	0.0	20.0	20.0	2.0
4	10133	14.0	80.0	16.0	11.0	67.0	92.0	10.0	0.0	10.0	...	0.0	0.0	0.0	0.0	0.0	0.0
...		...	...	...	...	...	...	...	...	...	...	...	...	...	...	...	...
3916	gift_0001_20	0.0	0.0	0.0	1.0	1.0	0.0	0.0	0.0	0.0	...	0.0	0.0	0.0	0.0	0.0	1.0
3917	gift_0001_30	0.0	0.0	0.0	1.0	0.0	0.0	0.0	0.0	0.0	...	0.0	0.0	0.0	0.0	0.0	0.0
3918	gitt_0001_40	0.0	0.0	1.0	0.0	0.0	0.0	0.0	0.0	0.0	...	0.0	0.0	0.0	0.0	0.0	0.0
3919	gift_0001_50	0.0	0.0	1.0	0.0	0.0	0.0	0.0	0.0	0.0	...	0.0	0.0	0.0	0.0	0.0	0.0
3920	m																

3921 rows x 52 columns

```
# 将销量按周聚合
data = raw_data.groupby(['year_week','StockCode']).agg({'Quantity':'sum'}).
    reset_index()
data = data.pivot_table(index=['StockCode'],columns=['year_week'],values=
    ['Quantity'])
data.columns = data.columns.droplevel(0)
data = data.reset_index().fillna(0)
```

4. SVD 分解

接下来进行 SVD 分解，如代码清单 5-4 所示。

代码清单 5-4　SVD 分解

```
data = data.sample(frac=1)
x = data.iloc[:,1:].values
u,s,v = np.linalg.svd(x, full_matrices=False)
```

5. 根据 Σ 矩阵选择合适的特征数量

Σ 矩阵奇异值的大小表示保留多少信息，将奇异值的平方从大到小累加后除以奇异值平方总和得到保留信息比，通常选取信息比为 90% 对应的 k 值确定合适的特征数量，具体的计算公式为

$$k = \arg\min_{k} \frac{\sum_{i=0}^{k} \sigma_i^2}{\sum_{i=0}^{n} \sigma_i^2} \geqslant 0.9$$

SVD 分解选取特征数量的代码如代码清单 5-5 所示。

代码清单 5-5　SVD 分解选取特征数量

```
cum_var = []
for i in range(len(s)):
    if i == 0:
        cum_var.append(s[i] ** 2)
    else:
        cum_var.append(cum_var[-1] + s[i] ** 2)
cum_var_percentage = (cum_var / cum_var[-1])
plt.plot(range(len(cum_var_percentage)), cum_var_percentage, 'bx-')
min_explanatory_ratio = 0.90 # 通过设定信息比来选取特征数量，也可以直接设定选取的特征数量
feature_nums = 0
for i in cum_var_percentage:
    if i < min_explanatory_ratio:
        feature_nums += 1
print ('feature_nums:',feature_nums)
cum_var_percentage
```

SVD 分解选取特征数量结果如图 5-5 所示，根据信息比选择合适的特征数量，横轴

是 k 值，纵轴是信息比，设定信息比为 90%，则 $k = 5$。

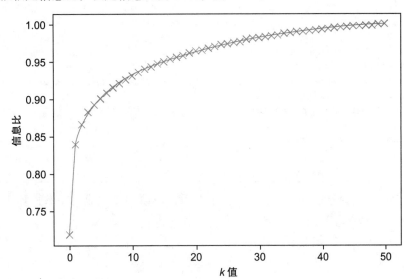

图 5-5　根据信息比选择合适的特征数量

6. 计算 V 矩阵与原始数据的相关系数

V 矩阵是奇异值分解的右奇异矩阵，表示对特征的压缩，选取 $k = 5$，表示将原始的 51 维特征压缩到 5 维，如代码清单 5-6 所示。

代码清单 5-6　计算 V 矩阵与原始数据的相关系数

```
corr = [[] for i in range(feature_nums)]
t = data['StockCode']
for i in range(len(x)):
    for j in range(feature_nums):
        corr[j].append(np.corrcoef(x[i], v[j, :])[0][1])
for i in range(feature_nums):
    t = pd.concat([t, pd.Series(corr[i], index=data.index)], axis=1)
t.columns = ['StockCode'] + ['v{}'.format(i) for i in range(feature_nums)]
```

7. 对求得的系数矩阵进行 k 均值聚类

首先选取 k 均值聚类的 k 值，结合类内聚合度以及类间分离度计算轮廓系数，如代码清单 5-7 所示。

代码清单 5-7　选择 k 均值聚类的 k 值

```
from sklearn.cluster import KMeans
from scipy.spatial.distance import cdist
import matplotlib as mpl
# 选取 k 值
```

```
x_cluster = t.iloc[:, 1:].values # 根据原始数据与 V 向量的相关系数来做 k 均值聚类
K=range(1,10)
meandistortions=[]
for k in K:
    kmeans=KMeans(n_clusters=k)
    kmeans.fit(x_cluster)
meandistortions.append(sum(np.min(cdist(x_cluster,kmeans.cluster_centers_,
    "euclidean"),axis=1))/x_cluster.shape[0])
plt.plot(K,meandistortions,'bx-')
plt.xlabel('k')
plt.ylabel("meandistortions")
plt.title("figure_k")
plt.show()
```

图 5-6 所示，选择聚类数 $k = 4$。选定 k 值后，对第四步生成的系数矩阵进行 k 均值聚类，如代码清单 5-8 所示。

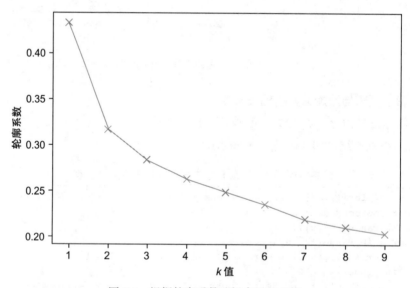

图 5-6　根据轮廓系数选择合适的 k 值

代码清单 5-8　系数矩阵 k 均值聚类

```
class_number = 4 # 设定 k 均值聚类数
x_cluster[np.isnan(x_cluster)] = 0 # 填充 NA 值
kmeans = KMeans(n_clusters=class_number,random_state=100).fit(x_cluster)
    #K 均值聚类
kmeans_label =kmeans.labels_

data_res = pd.concat([data[['StockCode']], pd.Series(kmeans_label,index=data.
    index)], axis=1) # 把 k 均值聚类结果和 driver_id 对应
```

```
data_res.columns=['StockCode','group_id']

idx_sort = np.argsort(data_res.group_id) #按分类后的group_id排序原始数据，相同类别
    数据排在一起
group_nums = data_res[['StockCode','group_id']].groupby(['group_id']).count().
    cumsum()

vmax=50
plt.figure(figsize=(24, 5))
plt.subplot(131)
cmap = mpl.cm.viridis
im = plt.imshow(x[: , :], aspect='auto',cmap=cmap,vmax=vmax)
plt.xlim(0,data.shape[1])
plt.colorbar(im,cmap=cmap)
plt.title('Original image')

plt.subplot(132)
cmap = mpl.cm.viridis
im = plt.imshow(x[idx_sort, :],aspect='auto',cmap=cmap,vmax=vmax)
for i in range(class_number):
    plt.hlines(y=int(group_nums['StockCode'][i]) - 1, xmin=-1, xmax=data.
        shape[1], color='white', linewidth=2)
plt.xlim(0,data.shape[1])
plt.colorbar(im,cmap=cmap)
plt.title('Classified image')

color_list = ['blue','orange','green','red','purple','pink']
plt.subplot(133)
for i in range(class_number):
    plt.plot(x[kmeans_label==i, :].mean(axis=0), label='group_
        id='+str(i),color=color_list[i])
plt.legend()
plt.title('Classified group')
plt.show()
```

8. 聚类结果解读

如图 5-7 所示，图 a 是原始图像，横轴代表一年内的 51 周，纵轴表示每个商品 ID，颜色代表商品每周的出车销量（颜色越亮则销量越高）。图 b 是用 SVD+k 均值聚类方法之后的结果，按照商品销量规律分为 4 类，每一类别商品的销量 UI 规律相似，不同类别的商品用白色粗线隔开。图 c 为不同类别商品在 51 周内的平均销量，可以看到，经过聚类后商品销量规律被归纳为 4 类，分别为：销量大增型（叉实线，group_id=0）、全年低销量型（点实线，group_id=1）、节假日型（叉虚线，group_id=2）、销量缓增型（点虚线，group_id=3）。

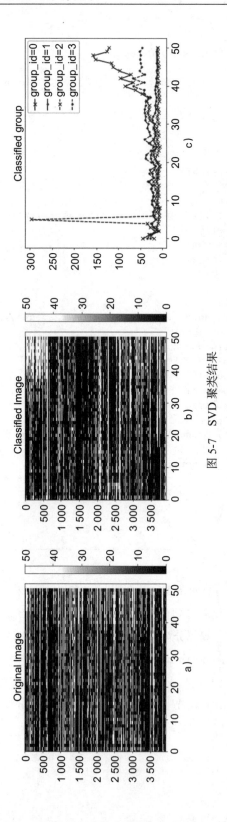

图 5-7　SVD 聚类结果

5.3　对无序稀疏数据的规律分析

本节首先介绍无序数据及 NFM 方法的原理及推导过程,然后介绍基于 NMF 方法聚类的 Python 建模实战,包括软件包安装、数据读取、数据清洗、NMF 分解、选取合适的分类数以及聚类结果解读。

5.3.1　稀疏数据及 NMF 方法概述

实际上,使用矩阵分解技术来解决问题的分析方法有很多,如奇异值分解、主成分分析(Principal Component Analysis,PCA)、独立成分分析(Independent Component Analysis,ICA)、矢量量化(Vector Quantization,VQ)等。这些方法的共同点是分解得到矩阵中的元素可为正或负。在数学上,分解结果中存在负值是正常的,但负值元素在实际问题中往往是没有意义的,比如数字图像中的像素一般为非负数、文本分析中的单词统计是非负数、股票价格也是非负数,因此,探索矩阵的非负分解方法是很有研究意义的。

1999 年,D.D.Lee 和 H.S.Seung 提出了非负矩阵分解(Non-negative Matrix Factorization,NMF)方法。NMF 是一种基于非负数约束条件之下的矩阵分解方法,其基本原理是,对于任意给定的非负矩阵 V,找到非负矩阵 W 和 H,使得两者的乘积近似于原始矩阵 V,其中 W 称为基矩阵,H 称为系数矩阵。由于分解结果中没有负值,原矩阵可以看作基矩阵中所有列向量的加权和,而权重系数为系数矩阵中的元素。这种基于基向量组合的表示形式具有明确的物理意义和较强的可解释性,反映了从“局部构成整体”的思想。

此外,NMF 的非负性约束使得分解结果具有一定的稀疏性。上文提到,由于只存在相加组合,NMF 学到的是局部结构表达,如在人脸识别中,每一张人脸图像(V 矩阵的每一列)被近似表示为眼睛、鼻子、嘴巴等局部特征(基矩阵 W 中的所有列)的线性组合。局部特征本身是稀疏的,且对于每一张人脸图像,并不一定用到所有的局部表达,因此 NMF 分解后的图像表达是一种稀疏的编码方式。

相比之下,主成分分析(PCA)的约束条件是基矩阵的列要正交,此时每一张人脸图像被表示为正交基的线性组合,基矩阵和系数矩阵的元素都可正可负,正交基的每一列都是一个完整的脸部特征基图像,称为特征脸,原始图像则由若干个完整人脸加权而成。PCA 分解的基图像是稠密的,其系数矩阵也是稠密的,相当于用到了所有的基图像,因此,PCA 分解后的图像表达是一种稠密的编码方式。

在实际应用中,稀疏矩阵是广泛存在的,用户通常不会给所有购买过的东西打分,所以用户评分矩阵是一个稀疏的矩阵。如果在分解过程中尽最大可能地拟合原矩阵中大量的零值点，则非零值拟合的结果会不准确，且稠密矩阵的存储空间更大。因此，分解结果的稀疏性不仅可以有效降低数据的冗余度与存储量，而且更加凸显数据的潜在局部特征。NMF 在提升解的稀疏性方面具有很高的可扩展性，通过在约束条件中添加稀疏性约束即可实现。在 2002 年，Hoyer 提出了稀疏 NMF 方法，其基本原理是在基矩阵和系数矩阵中加入基于 L1 范数和 L2 范数构造的稀疏度约束条件，对基矩阵采用梯度投影法进行优化，对系数矩阵采用类似 EM 算法的优化方法。

5.3.2 NMF 原理及推导

假设有 m 个 n 维空间的样本数据，用 $V_{m \times n}$ 表示，该数据矩阵中各个元素非负。对 V 矩阵线性分解有

$$V_{m \times n} \approx W_{m \times r} H_{r \times n}$$
$$s.t. W_{m \times r} \geqslant 0, H_{r \times n} \geqslant 0$$

其中 W 为基矩阵，H 为系数矩阵。之所以是约等于，是因为当前解并非精确解，而是数值上的近似解。一般情况下，$(n+m) \times r < nm$，由于 r 远小于 m 和 n，所以实现了对原始矩阵的降维。

NMF 求解的思路是使得分解后的矩阵 W 和 H 的乘积与原始矩阵 $V_{m \times n}$ 对应位置的值的误差尽可能小，为了定量比较分解后矩阵与原始矩阵的相似程度，定义损失函数为 $J(W, H) = \frac{1}{2} \sum_{i,j} [V_{i,j} - (WH)_{i,j}]^2$。该方程中需要求解的参数有 $m \times k + k \times n$ 个，常用的求解方法有梯度下降法和拟牛顿法等。下面介绍如何用梯度下降求解。

$$\begin{aligned}\frac{\partial J(W, H)}{\partial W_{ik}} &= \sum_j [H_{kj}(V_{ij} - (WH)_{ij})] \\ &= \sum_j V_{ij} H_{kj} - \sum_j (WH)_{ij} H_{kj} \\ &= (VH^{\mathrm{T}})_{ik} - (WHH^{\mathrm{T}})_{ik}\end{aligned}$$

同理有：

$$\frac{\partial J(W, H)}{\partial H_{kj}} = (W^{\mathrm{T}}V)_{kj} - (W^{\mathrm{T}}WH)_{kj}$$

梯度下降：

$$W_{ik} = W_{ik} - \alpha_1 \cdot [(VH^{\mathrm{T}})_{ik} - (WHH^{\mathrm{T}})_{ik}]$$
$$H_{kj} = H_{kj} - \alpha_2 \cdot [(W^{\mathrm{T}}V)_{kj} - (W^{\mathrm{T}}WH)_{kj}]$$

如果选取

$$\alpha_1 = \frac{W_{ik}}{(WHH^{\mathrm{T}})_{ik}}, \ \alpha_2 = \frac{H_{kj}}{(W^{\mathrm{T}}WH)_{kj}}$$

那么最终得到表达式：

$$W_{ik} = W_{ik} \cdot \frac{(VH^{\mathrm{T}})_{ik}}{(WHH^{\mathrm{T}})_{ik}}, \ H_{kj} = H_{kj} \cdot \frac{(W^{\mathrm{T}}V)_{kj}}{(W^{\mathrm{T}}WH)_{kj}}$$

梯度下降通常使用基于加减法来调整矩阵，无法保证分解后的距阵非负，为了实现 NMF 分解的非负限制，改为使用乘除的方法来调整矩阵。具体可理解为将 W、H 都初始化为非负矩阵，每次迭代都乘以一个非负的数（可以理解为"相对梯度"）。如果某次预测值大于实际值，则 $0 < \frac{(VH^{\mathrm{T}})_{ik}}{(WHH^{\mathrm{T}})_{ik}} < 1$，$W$、$H$ 矩阵对应的值乘以了 $0 \sim 1$ 之间的数，使得预测值变小向真实值靠近；如果某次预测值比实际值小，则 $\frac{(W^{\mathrm{T}}V)_{kj}}{(W^{\mathrm{T}}WH)_{kj}} > 1$，$W$、$H$ 矩阵对应的值乘以一个大于 1 的数，使得预测值变大向真实值靠近。

5.3.3 NMF 聚类建模 Python 实战

1. 软件包和数据格式

Python 中需要安装的软件包为 Pandas、NumPy、Matplotlib、Seaborn 以及 Sklearn。Pandas、NumPy、Matplotlib 在 5.2 节已经介绍过了。Sklearn 是基于 NumPy 和 Scipy 的开源 Python 机器学习库。Seaborn 是基于 Matplotlib 的 Python 数据可视化库，提供了更多高级画图功能。软件已安装命令如代码清单 5-9 所示。

代码清单 5-9 软件包安装命令

```
import numpy as np
import pandas as pd
from sklearn.decomposition import NMF  # 引入 NMF 分解包
from sklearn.feature_extraction.text import TfidfTransformer
import seaborn as sns
import matplotlib.pyplot as plt
import matplotlib as mpl
```

本例针对顾客的网购行为进行挖掘，对于每一个顾客，获取其在一定周期内的网购数据，按照想要挖掘的顾客行为粒度，将顾客网购行为进行聚合。本例想探索顾客周粒度的网购模式，因此，获取平台若干顾客 8 周内的网购商品数量，然后以周为单位将数据聚合为 8 周。最终得到的数据格式如表 5-2 所示，每一行表示一个顾客，用 CustomerID 标识，每一列表示顾客对应周的网购商品数量。

表 5-2 示例数据

week	CustomerID	1	2	3	4	5	6	7	8	9	...	40	41	42	43	44	45	46	47	48	49
0	12346	0	0	74215	0	0	0	0	0	0	...	0	0	0	0	0	0	0	0	0	0
1	12347	0	0	0	315	0	0	0	0	0	...	0	0	0	0	676	0	0	0	0	192
2	12348	0	0	0	601	0	0	0	0	0	...	0	0	0	0	0	0	0	0	0	0
3	12349	0	0	0	0	0	0	0	0	0	...	0	0	0	0	0	0	0	631	0	0
4	12350	0	0	0	0	197	0	0	0	0	...	0	0	0	0	0	0	0	0	0	0
...	...	...	...	...	...	...	...	...	...	...	...	...	...	...	...	...	...	...	...	...	...
4215	18280	0	0	0	0	0	0	0	0	0	...	0	0	0	0	0	0	0	0	0	0
4216	18281	0	0	0	0	0	0	0	0	0	...	0	0	0	0	0	0	0	0	0	0
4217	18282	0	0	0	0	0	0	0	0	0	...	0	0	0	0	0	0	0	0	28	0
4218	18283	61	0	67	0	0	0	0	0	59	...	0	0	0	63	0	65	0	251	134	142
4219	18287	0	0	0	0	0	0	0	0	0	...	0	990	0	108	0	0	0	0	0	0

4220 rows × 50 columns

数据准备完毕，开始建模。

2. 引入软件包，读取数据并清洗数据

读取数据及清洗数据命令如代码清单 5-10 所示。

代码清单 5-10 清洗数据

```python
import numpy as np
import pandas as pd
from sklearn.decomposition import NMF
from sklearn.feature_extraction.text import TfidfTransformer
import seaborn as sns
# 数据来源: https://archive.ics.uci.edu/ml/datasets/Online+Retail
raw_data = pd.read_excel('/Users/Char5/Online Retail.xlsx')
raw_data = raw_data[raw_data['Quantity']>=0] #InvoiceNo 以 c 开头，quantity 为负表
    示取消
raw_data = raw_data[~raw_data['CustomerID'].isnull()]
raw_data = raw_data[raw_data['InvoiceDate'].dt.year==2011]


# 数据按周整理
raw_data['week'] = raw_data['InvoiceDate'].dt.week
data = raw_data.groupby(['week','CustomerID']).agg({'Quantity':'sum'}).reset_
    index()
data = data.pivot_table(index=['CustomerID'],columns=['week'],values=
    ['Quantity'])
data.columns = data.columns.droplevel(0)
data = data.reset_index().fillna(0)
data = data.astype(np.int64)
```

3. 计算 NMF 分解损失值，选择最合适的分类数

接下来计算 NMF 分解损失值，选择最合适分类数，如代码清单 5-11 所示。

代码清单 5-11 选择合适的分类数

```python
# 选取 8 周数据
start_week = 34
end_week = 41
data = pd.concat([data.iloc[:,0],data.iloc[:,start_week:end_week+1]],axis=1)
# 计算 NMF 分解损失值，选择最合适的分类数
vectorizer = TfidfTransformer()
X = vectorizer.fit_transform(np.array(data.iloc[:,1:])).toarray() #tf-idf
    transform
err_list=[]
for k in range(1,15):
    model = NMF(n_components=k, init='random', random_state=0) #tf-idf NMF fit
    W = model.fit_transform(X)
    H = model.components_
    error = model.reconstruction_err_
    err_list.append(error)
```

```
plt.plot(range(1,15),err_list,'bx-')
plt.xlabel('k')
plt.ylabel("error")
plt.title("figure_k")
plt.show()
k = np.argmin(err_list)+1
```

4. NMF 分解

NMF 分解如代码清单 5-12 所示。

代码清单 5-12   NMF 分解

```
model = NMF(n_components=k, init='random', random_state=0)
W = model.fit_transform(X)
H = model.components_

plt.figure(figsize=(24, 5))
plt.subplot(131)
cmap = mpl.cm.viridis
im = plt.imshow(X[: , :], aspect='auto',cmap=cmap)
plt.colorbar(im,cmap=cmap)
plt.title('Original matrix')

plt.subplot(132)
cmap = mpl.cm.viridis
im = plt.imshow(W,aspect='auto',cmap=cmap)
plt.colorbar(im,cmap=cmap)
plt.title('W')

plt.subplot(133)
im = plt.imshow(H,aspect='auto',cmap=cmap)
plt.colorbar(im,cmap=cmap)
plt.title('H')
plt.show()
```

如图 5-8 所示，图 a 是原始图像，横轴代表每一周，纵轴表示顾客 ID，颜色代表顾客在每个时间段的网购商品数量（颜色越亮表示网购商品数量越多）。图 b 是用 NMF 聚类方法得到的 W 矩阵，横轴表示顾客 ID，纵轴为抽象出的 8 类顾客行为特征。图 c 为 H 矩阵，为系数矩阵，其中列表示每一类行为特征的加权系数值，原始矩阵 V 中每一行（即每个用户的网购行为）可理解为分解出的 8 类子行为特征按照相应系数的加权和（即 W 中每一行乘以 H 中的对应列）。

5. 解读 NMF 分解结果

解读 NMF 分解结果，如代码清单 5-13 所示。

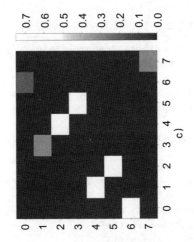

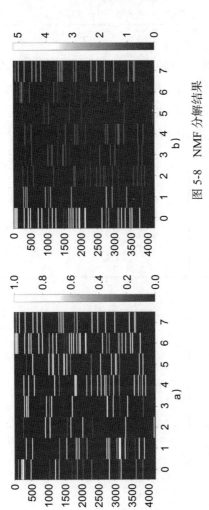

图 5-8 NMF 分解结果

代码清单 5-13　解读 NMF 分解结果

```
data['class'] = np.argmax(W, axis=1) #return class
data_res = data.loc[:,['CustomerID','class']].merge(raw_data[(raw_
    data['week']>=
    start_week)&(raw_data['week']<=end_week)],on='CustomerID')
data_res_plot = data_res.groupby(['class','week']).agg({'Quantity':'mean'}).
    reset_index()
data_res_plot.pivot_table(index='class',columns='week',values='Quantity').
    reset_index()

palette0 = sns.color_palette(palette='Set2',n_colors=k)
g = sns.relplot(x='week', y='Quantity',
        kind='line',col='class',col_wrap=3,height=2,
        hue='class',palette=palette0,
        ci=None,data=data_res_plot)
g.set(xticks=range(start_week,end_week+1,1))
```

6. 解读聚类结果

图 5-9 中，横轴为每一周，纵轴为 NMF 分解得到的每一类用户的网购商品销量均值。可以看到，经过 NMF 分解后，用户的网购行为被归纳为 8 类，且每一类用户的行为模式不同，比如类别 0 是网购频次逐渐降低的用户，类别 1 是在第 5 周网购频次较高的用户等。NMF 分解能快速实现对顾客网购行为模式的聚类。

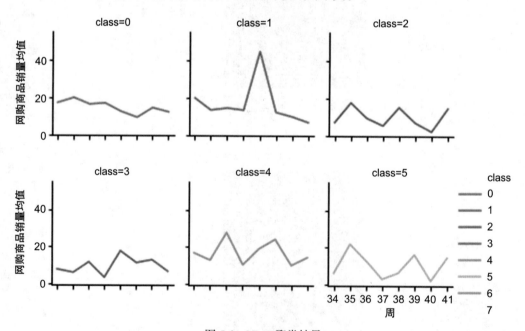

图 5-9　NMF 聚类结果

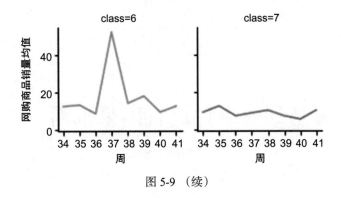

图 5-9 （续）

5.4 本章小结

本章主要介绍了如何使用矩阵分解技术从散乱、庞杂的数据中挖掘行为规律，找到数据的潜在本质信息。SVD 分解和 NMF 分解方法在数据处理上十分灵活，无须个体经验作输入，而是通过设定保留信息占比，自动选取分解特征数，减少人为主观对数据判断的偏差，因此，矩阵分解方法是一种科学、高效的规律挖掘手段。

第 6 章
对观测到的事件进行因果推断
王禹、刘冲、杨骁捷

本章我们通过一些方法，对已经产生或已观测到的数据进行分析和挖掘，捕获数据之间的联系，得到更深层次的结论。

6.1 使用全量评估分析已发生的事件

在一些场景下，不方便或不允许进行常规的实验设计以考察策略或活动的效果，而是采用全量上线的方式，在积累了一定数据后，通过一些技术和方法从实证数据中分析策略或活动的效果，或是更深层地挖掘出策略或活动在哪些场景下的表现更佳、在哪些场景下的表现仍有优化空间。这种分析手段就是运用全量评估分析已发生的事件。

想要侦测某个策略、某种改变对业务产生的效果，最好的方法就是进行科学的实验设计以及统计分析。例如考察更改 App 中某个入口按钮的位置是否对提升该按钮的点击率有帮助；或是考察客服的不同话术是否对提升用户的购买率或转化率有帮助，这些场景都可以通过合理的实验（如 A/B 实验）进行判断。然而，并非所有场景都可以进行实验。

比如这样的场景：用户分享某个页面邀请好友点击助力，助力次数达到某值后就可以领取优惠券。这种场景很难通过实验的方式进行变量控制，因为分享信息具有传导效应，我们不能简单地将用户分为两组，A 组用户可以分享，也可以点击别人分享的页面，而 B 组用户既不能分享也不能点击别人分享的页面。这对用户体验是非常大的伤害，也会让用户感到奇怪，甚至感觉被歧视。倘若我们按时间（比如第一周奇数天所有人可以分享或点击页面，偶数天所有人都不可以分享或点击页面），也存在用户体验的问题，甚至从计量经济的角度而言，用户奇数天和偶数天的行为极有可能存在相互的强影响。

无论是从经济、统计理论角度或是社会舆论、用户感知角度考虑，都会导致很多场景无法进行实验设计，而我们又必须知道采用的策略是否可以给业务带来收益，否则，我们可能错过一个又一个创造更高收益的机会。因此，这类场景会采用全量上线策略，触达每一位用户，对所有用户一视同仁。此时要对全量上线的策略进行评估，但我们丧失了实验设计中最核心的要素——控制变量，这也是全量评估场景中要解决的核心问题：我们需要使用一些方法或手段，在全量上线策略后进行策略以外的变量控制，才能得到客观、正确的结论。

6.2　全量评估的主要方法

下面介绍全量评估过程中一些常用的方法以及这些方法涉及的基础知识。

6.2.1　回归分析

如前所述，全量评估场景的核心问题是如何剥离策略以外其他因素的影响，得到干净的策略影响效果。提起控制变量，读者首先想到的方法可能就是回归分析。

在介绍回归分析之前，先要了解相关分析的概念。所谓相关分析，就是考察两个变量之间的关系方向和关系强度。以参数统计中的相关分析为例，通常情况下，广告投入的成本越高，曝光量越高。这里我们得到一个信息：广告曝光量与其成本投入有着同方向的变化规律，我们称之为"正相关"，通过一些统计学的方法，我们可以定量刻画出二者的关系强度，用相关系数（如皮尔逊相关系数）表示。

回归分析的本质依然是刻画一个或多个变量与我们关注的某个变量之间的关系，包括方向、大小等。接下来，我们从一元线性回归到多元线性回归进行讨论。

1. 一元线性回归模型

（1）回归模型的基本概念及基本假定

在回归分析中，被预测或解释的变量称为因变量或被解释变量，通常用 y 表示。用来预测或解释因变量的若干个变量被称为自变量或解释变量，通常用 x 表示。自变量唯一时，即为一元回归模型，如图 6-1 所示。有多个自变量时，即为多元回归模型。

对于存在线性关系的两个变量，用一个线性方程刻画它们之间的关系，描述因变量 y 如何依赖于自变量 x 和误差项 ε 的模型称为回归模型，如上所述，当自变量唯一时，为一元线性回归模型，其形式如下所示。

$$y = \beta_0 + \beta_1 x + \varepsilon$$

其中，y 是 x 的线性函数部分 $\beta_0 + \beta_1 x$ 与模型误差项 ε 之和。前者描述了因 x 的变化引起 y 的线性变化，后者反映的是 x 与 y 之间线性关系以外的随机因素对 y 的影响。通常，

β_0 被称为截距项，β_1 被称为斜率。

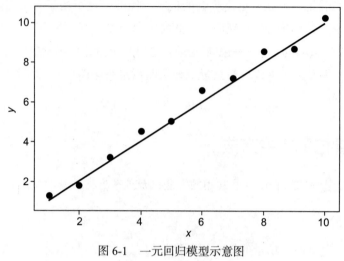

图 6-1   一元回归模型示意图

线性回归模型主要有以下 5 个基本假定。

1）因变量 y 与自变量 x 之间具有线性关系。

2）x 是非随机的，即在重复抽样中，x 的取值是固定的。

3）随机误差项 ε 是数学期望为 0 的随机变量，即 $E(\varepsilon)=0$。

4）对于自变量 x 的所有值，误差项 ε 的方差 σ^2 相同。

5）误差项 ε 独立（即对于任一特定 x 的取值，其对应的 ε 与其他 x 对应的 ε 不相关），且误差项是服从正态分布的随机变量，即 $E(\varepsilon) \sim N(0, \sigma^2)$。

以上为线性回归模型的基本假定，各位读者要熟记在心并且理解它们的意义。当模型结果（如误差项的分布）不满足上述假定时，线性回归模型就会在某些方面失效，使用失效的模型可能会得到不科学、不正确的结论。

（2）回归方程

根据线性回归模型假设（3）有 y 的期望 $E(y)=\beta_0+\beta_1 x$，即回归方程。

如前所述，β_0 与 β_1 又分别称作截距项和斜率，正如我们所了解的，对于二维坐标系中直线的属性，斜率描述的是"变化率"，即 β_1 的含义为自变量 x 每变动一个单位，因变量 y 由其引起的平均变动量，同理，截距项的含义则是当自变量 x 取值为 0 时，因变量 y 的期望。

统计学中的一大任务就是参数估计，即利用样本信息推断总体信息。建立回归模型后，截距项 β_0 和斜率 β_1 未知，需要通过现有的样本使用某些方法估计它们的值，并分别记作 $\hat{\beta}_0$ 和 $\hat{\beta}_1$。得到了估计值，就有了估计的回归方程：

$$\hat{y} = \widehat{\beta_0} + \widehat{\beta_1}x$$

例如通过样本得到了估计的回归方程 $y = 5 + 1.2x$（其中 x 和 y 分别为广告投入成本和曝光量）。其含义是每增加 1 个单位广告投入成本，则广告曝光量平均增加 1.2 个单位。

一元线性回归模型的参数估计使用的是普通最小二乘法，本章主要以介绍基本概念和实践应用为主，不对最小二乘法的数理内容进行展开，有兴趣的读者可以自行查阅资料。

（3）回归方程拟合效果

通过样本分析，我们可以估计出回归方程，以此表示自变量 x 与因变量 y 之间的关系。那么如何衡量这个回归方程的拟合效果呢？如图 6-2 所示，如果样本点在回归直线（即回归方程）的附近，或者围绕回归直线比较紧密，就说明直线更好地拟合了这些样本点；反之，样本点距离回归直线越远，说明拟合效果越差。通常，使用判定系数进行上述度量，判定系数通常记作 R^2。在说明判定系数之前，我们先来对 y 的变差（y 取值的不同）来源进行分析。

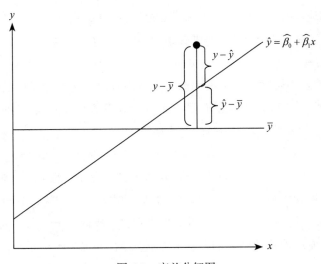

图 6-2　变差分解图

如图 6-2 所示，y 的观测值与样本中 y 的均值之差可以表示变差大小，多次观测值与均值之差的平方和即为总平方和（通常记作 SST），其描述的是 y_i 样本总的变异（变化）情况，表示 y_i 的分散程度，公式如下所示。

$$\text{SST} = \sum_{i=1}^{n} (y_i - \bar{y})^2$$

图 6-2 中，y 的变差即 $y_i - \bar{y}$ 来自两部分，其一为观测值 y 与估计值 $\hat{y}$ 的差异，即

$y - \hat{y}$，称为回归平方和，记作 SSR。

$$SSR = \sum_{i=1}^{n} (y_i - \widehat{y_i})^2$$

其二为估计值 $\hat{y}$ 与均值 $\bar{y}$ 的差异，称为误差（或残差）平方和，记作 SSE。

$$SSE = \sum_{i=1}^{n} (\widehat{y_i} - \bar{y})^2$$

我们可能会在不同的教材或是资料中发现不同的称谓和英文简写。有些英文材料可能会用 Explained Sum of Squares（SSE）表示解释平方和，指代前文说的回归平方和（SSR），而用 Residual Sum of Squares（SSR）表示残差平方和，看到不一样的称谓和标记时应注意联系上下文，以明确其表示的是哪个平方和。

可见，回归平方和占总平方和的比重越大，说明样本点围绕回归直线越紧密、差距越小，即拟合效果越好，所以衡量拟合优度的判定系数 R^2 可以用这个占比表示：

$$R^2 = \frac{SSR}{SST} = 1 - \frac{SSE}{SST}$$

R^2 的取值范围为 $[0,1]$，残差平方和为 0 时，$R^2 = 1$，说明是完美拟合；回归平方和为 0 时，$R^2 = 0$，说明 y 的变动与 x 毫无关系。

（4）显著性检验

回归模型的主要用途就是对变量间的关系做出解释，包括变量间的关系方向、自变量对因变量的影响以及这种影响是否具有统计学显著性。下面介绍回归方程的显著性（即线性关系的显著性检验）以及参数的显著性。

首先看回归方程的显著性，即通过回归平方和与残差平方和构造一个统计量进行线性关系的显著性检验。回归平方和除以其自由度，即自变量个数 k（相应地，对于一元线性回归，$k=1$），得到均方回归，通常记作 MSR；残差平方和除以其自由度，即样本量 n 与自变量个数减 1 之差（$n-k-1$），得到均方误差（或称均方残差），记作 MSE。MSR 与 MSE 的比值构成的检验统计量的抽样分布服从 $F(1, n-k-1)$，对于一元线性回归，即 $F(1, n-2)$。

对于一元线性回归检验统计量：

$$F = \frac{SSR/1}{SSE/(n-1-1)} = \frac{MSR}{MSE} \sim F(1, n-2)$$

一元线性回归线性关系的假设如下。

$$H_0 : \beta_1 = 0$$
$$H_1 : \beta_1 \neq 0$$

随后，通过计算检验统计量 F 以及选定好的显著性水平 α，查看 F 分布表，找到临界值 F_α。若 $F > F_\alpha$ 则拒绝原假设，反之不拒绝原假设（或根据 p 值与显著性水平 α 的大小判断是否拒绝原假设）。

接下来考察回归系数是否显著。回归系数的显著性代表了各自变量 x_i 是否对因变量 y 有显著的影响，我们需要建立如下假设检验。

$$H_0 : \beta_1 = 0$$
$$H_1 : \beta_1 \neq 0$$

当然，对于一元线性回归而言，我们在线性关系和回归系数检验中建立的假设是相同的，下文会展示多元线性回归的情况。我们不加证明地给出参数 β_1 的抽样分布，$\widehat{\beta_1}$ 是样本对 β_1 的估计值，不同抽样样本的 $\widehat{\beta_1}$ 不同，服从正态分布，期望为 β_1（即该估计量为无偏估计），标准差 $\sigma_{\widehat{\beta_1}} = \dfrac{\sigma}{\sqrt{\sum\limits_{i=1}^{n} x_i^2 - \dfrac{1}{n}\left(\sum\limits_{i=1}^{n} x_i\right)^2}}$，其中 σ 是随机误差 ε 的标准差，属于未知

量，我们用它的估计量 s_e 得到 $\sigma_{\widehat{\beta_1}}$ 的估计值 $s_{\widehat{\beta_1}}$：$s_{\widehat{\beta_1}} = \dfrac{s_e}{\sqrt{\sum\limits_{i=1}^{n} x_i^2 - \dfrac{1}{n}\left(\sum\limits_{i=1}^{n} x_i\right)^2}}$。故 $\widehat{\beta_1}$ 的分布为

$$\widehat{\beta_1} \sim N\left(\beta_1, \dfrac{s_e}{\sqrt{\sum\limits_{i=1}^{n} x_i^2 - \dfrac{1}{n}\left(\sum\limits_{i=1}^{n} x_i\right)^2}}\right)$$

构造检验统计量 t（根据原假设 $\beta_1 = 0$）：

$$t = \frac{\widehat{\beta_1} - \beta_1}{s_{\widehat{\beta_1}}} = \frac{\widehat{\beta_1}}{s_{\widehat{\beta_1}}} \sim t(n-2)$$

通过样本以及显著性水平 α 计算检验统计量 t，查看 t 分布表可得到临界值 $t_{\frac{\alpha}{2}}$，若 $|t| > t_{\frac{\alpha}{2}}$，则拒绝原假设，认为自变量 x 对因变量 y 的影响是显著的；反之，不拒绝原假设。

最后简单谈一谈如何评价一元线性回归模型。首先，从统计角度以及计量经济角度建立线性回归模型，应当是基于一定的假设或是先验知识的。对于要研究的因变量，我们需要给出一个或多个从专业领域或经验积累中得出的可能对因变量影响较大的自变量。例如我们想解释人们的消费行为，那么收入一定是一个非常重要的影响因素，假设没有其他影响消费的重要因素或理论，就可以直接建立消费关于收入的一元线性回归模型。

我们通过参数估计得到回归方程，要考察自变量与因变量关系系数的正负、显著性是否与我们的认知（或理论）相符。如果结果比较符合业务认知、业务理解，就可以单纯

地从数学和统计学角度对其进行评价，例如模型的 R^2 是否达到了可接受的范围；考察误差项是否与线性回归模型的假定相符（如正态性、独立性等，可通过残差图、分布情况进行考察）。通过以上过程，我们就可以客观地评价模型是否良好、可用了。

2. 多元线性回归模型

（1）多元线性回归模型基本概念及基本假定

对于我们要研究的因变量 y，当有多个影响它的自变量 x 时，往往就要构造多元线性回归模型，模型形式如下：

$$y = \beta_0 + \beta_1 x_1 + \beta_2 x_2 + \cdots + \beta_k x_k + \varepsilon$$

与一元线性回归模型相同，多元线性回归模型关于误差项 ε 也有一些基本假定。

1）随机误差项 ε 是数学期望为 0 的随机变量，即 $E(\varepsilon) = 0$。

2）对于各自变量 x_i 的所有取值，误差项 ε 的方差 σ^2 相同。

3）误差项 ε 独立（即对于任一特定 x_i 的取值，其对应的 ε 与其他 x_i 对应的 ε 独立），且误差项是服从正态分布的随机变量，即 $\varepsilon \sim N(0, \sigma^2)$。

（2）回归方程

根据前文对多元线性回归模型的假定（1），有回归方程如下：

$$E(y) = \beta_0 + \beta_1 x_1 + \beta_2 x_2 + \cdots + \beta_k x_k$$

多元线性回归方程属于高维空间的对象，在有两个自变量的情况下，它们与因变量的关系可以用一个平面进行描述，更多自变量或者高维情况的本质与一元、二元回归模型是相同的。

此处不加证明地给出多元线性回归场景下参数估计的结果。记 β 为各自变量 x_i 的系数组成的向量，$\boldsymbol{X}$ 是各向量 x_i 取值组成的矩阵，$\boldsymbol{Y}$ 是因变量 Y_i 各取值构成的向量，β 的估计如下所示：

$$\hat{\beta} = (\boldsymbol{X}'\boldsymbol{X})^{-1} \boldsymbol{X}'\boldsymbol{Y}$$

多元回归方程中的回归系数 β_k 通常称为偏回归系数，例如某个回归系数 β_k 的含义是：在其他自变量 x_i 不变的情况下，自变量 β_k 每变动一个单位，因变量 y 的平均变动量值。

（3）回归方程拟合效果

多元回归场景中 y 的变差分解与一元回归模型相同，总平方和（SST）来自回归平方和（SSR）和残差平方和（SSE）：

$$SST = \sum_{i=1}^{n} (y_i - \bar{y})^2$$

$$SSR = \sum_{i=1}^{n}(y_i - \widehat{y_l})^2$$

$$SSE = \sum_{i=1}^{n}(\widehat{y_l} - \overline{y})^2$$

判定系数 R^2 的计算与一元回归模型大体相同，有时也称为多重判定系数：

$$R^2 = \frac{SSR}{SST} = 1 - \frac{SSE}{SST}$$

稍有不同的是，多元回归场景中，增加变量会导致 SSE 减小，自然使得 SSR 增加，从而导致 R^2 变大。也就是说，模型中增加一个自变量，哪怕这个自变量和因变量没有什么关系，也会使得 R^2 变大，此时 R^2 就无法客观反映模型的真实拟合效果了。由此，诞生了判定系数，通常记作 R_a^2：

$$R_a^2 = 1 - (1 - R^2)\left(\frac{n-1}{n-k-1}\right)$$

调整后的 R^2 包含了样本量 n 以及自变量个数 k 所带来的影响，但不会因自变量增多而产生变化。

（4）显著性检验

多元线性回归的显著性检验也分为回归方程的显著性检验（线性关系检验）和回归系数的显著性检验，逻辑与一元回归相同，下面对假设及检验统计量做简单的介绍，首先是检验线性关系是否显著，构造如下假设。

$$H_0 : \beta_1 = \beta_2 = \cdots = \beta_k = 0$$

$$H_1 : \beta_1, \beta_2, \cdots, \beta_k \text{中至少有一个不为} 0$$

检验统计量如下

$$F = \frac{SSR / k}{SSE / (n-k-1)} \sim F(1, n-k-1)$$

同一元回归模型，根据显著性水平和检验统计量 F 的值与临界值进行比较，从而判断线性关系的显著性。

对某个回归系数进行显著性检验时，构造如下假设和统计量。

$$H_0 : \beta_i = 0$$

$$H_1 : \beta_i \neq 0$$

$$t_i = \frac{\widehat{\beta_i} - \beta_i}{s_{\widehat{\beta_i}}} = \frac{\widehat{\beta_t}}{s_{\widehat{\beta_t}}} \sim t(n-k-1)$$

根据显著性水平和检验统计量 t 的值与临界值进行比较，从而回归系数的显著性。

（5）多元线性回归中的多重共线性

与一元回归不同，多元回归利用了多个自变量，当其中的两个或更多自变量之间存在一定相关关系时，就称为存在多重共线性。在多元回归场景中，这是一个很常见的现象，分为完全共线和非完全共线两种，前者在实际场景中是很少见的。

多重共线性通常会造成回归系数估计量的方差变大，此时参数估计和其显著性检验可能失效（例如多重共线性使得方差的估计增大，导致 t 统计量减小，显著的自变量可能变得不显著）、参数估计量经济含义不合理、完全共线情况下无法进行参数估计等后果。

多重共线性产生的原因主要有以下 3 点。

- 经济变量相关的共同趋势。
- 引入滞后变量。
- 样本资料量限制。

当出现以下 4 种情况时，可以简单判断为存在多重共线性（不做详细介绍，感兴趣的读者可以查阅相关资料）。

- 通过自变量 x_i 的相关性分析发现一些变量间存在相关性。
- 参数估计的系数正负与预期或理论相悖。
- 模型线性关系通过了检验，但回归系数显著性几乎都不能通过检验。
- 通过客观统计指标，如方差膨胀因子 VIF 进行判断，VIF 大于 10 认为存在比较严重的多重共线性。

通常解决多重共线性的方案有以下 3 种。

- 排除引起共线性的变量，找出引起多重共线性的解释变量并剔除。
- 使用差分法将原模型变换为差分模型。
- 减小参数估计量的方差，如岭回归法等。

到此，回归模型的理论部分介绍完毕，我们应将回归模型的残差假定牢记在心，避免使用有问题的模型进行分析和决策。另外，我们要对回归模型系数的含义及显著性有深刻理解，从而做出科学、深入的解释和分析。

6.2.2 DID 方法

1. 背景介绍

DID（Differences-in-Differences，双重差分法）是政策分析中应用较广的计量经济方法，主要应用于评价某一事件或政策的影响程度。该方法的基本思路是将样本分为两组，一组是受到策略干预的"实验组"，另一组是未受到策略干预的"对照组"。根据实验组和对照组在策略干预前后的数据表现，可以计算实验组在策略干预下某个指标（"待解释变量"）的变化量，同时计算对照组在策略干预下同一指标的变化量。最后计算两个变化量的差值得出策略的效果。

2. 理论知识

DID 的原理是基于反事实理论框架评估策略发生和不发生两种情况下待解释变量的变化。所谓反事实理论框架是指通过分析策略干预后，实验组待解释变量的变化和假设实验组未被策略干预下，待解释变量的变化之间的差异，评价策略的影响。策略干预后，实验组待解释变量的变化是我们可以观测到的，但同一时期内，若实验组未被策略干预，待解释变量呈现什么样的数据表现是我们无法观测到的。于是我们需要引入对照组，对照组的待解释变量随时间的变化趋势等同于实验组待解释变量随时间的变化趋势。对照组和实验组需要满足一些假设条件，才可以用来分析，下面介绍两个重要的假设条件。

- 策略仅对实验组的待解释变量产生影响，对对照组的待解释变量不产生影响。
- 在没有策略干预的情况下，对照组和实验组待解释变量之间的差异不随时间变化，那么 DID 方法要求实验组和对照组的待解释变量在策略干预之前必须具有相同的发展趋势。DID 并不要求实验组和对照组的待解释变量在干预前完全一致，两组待解释变量可以存在一定的差异，但是这种差异在策略干预前必须是恒定的，不能随着时间而变化。这是 DID 方法最重要的假设条件，即平行趋势假定。

基于以上假设，DID 模型可以用如下公式表示：

$$Y_{it} = \alpha_0 + \alpha_1 du + \alpha_2 dt + \alpha_3 du \cdot dt + \epsilon_i t$$

其中，y 是我们关注的待解释变量，du 是分组的虚拟变量，实验组为 1，对照组为 0；dt 是策略干预前后的虚拟变量，策略干预后为 1，策略干预前为 0；$du \cdot dt$ 则为二者的交互项。那么，我们直接代入各个虚拟变量的值，则，

策略干预前，对照组待解释变量在各个时间点的值为：

$$Y_{it} = \alpha_0 + \alpha_1 \times 0 + \alpha_2 \times 0 + \alpha_3 \times 0 \times 0 + \epsilon_i t = \alpha_0 + \epsilon_i t \qquad (6\text{-}1)$$

策略干预后，对照组待解释变量在各个时间点的值为：

$$Y_{it} = \alpha_0 + \alpha_1 \times 0 + \alpha_2 \times 1 + \alpha_3 \times 0 \times 1 + \epsilon_i t = \alpha_0 + \alpha_2 + \epsilon_i t \qquad (6\text{-}2)$$

策略干预前，实验组待解释变量在各个时间点的值为：

$$Y_{it} = \alpha_0 + \alpha_1 \times 1 + \alpha_2 \times 0 + \alpha_3 \times 1 \times 0 + \epsilon_i t = \alpha_0 + \alpha_1 + \epsilon_i t \qquad (6\text{-}3)$$

策略干预后，实验组待解释变量在各个时间点的值为：

$$Y_{it} = \alpha_0 + \alpha_1 \times 1 + \alpha_2 \times 1 + \alpha_3 \times 1 \times 1 + \epsilon_i t = \alpha_0 + \alpha_1 + \alpha_2 + \alpha_3 + \epsilon_i t \qquad (6\text{-}4)$$

策略干预前后变化如图 6-3 所示（横轴为时间，纵轴为策略所影响的目标指标）。

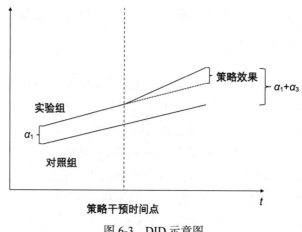

图 6-3   DID 示意图

我们梳理得到如表 6-1 所示关于待解释变量 y 的拆解。

表 6-1   待解释标量拆解

	策略干预前	策略干预后	差异
实验组	$\alpha_0+\alpha_1$	$\alpha_0+\alpha_1+\alpha_2+\alpha_3$	$\alpha_2+\alpha_3$
对照组	α_0	$\alpha_0+\alpha_2$	α_2
区别	α_1	$\alpha_1+\alpha_3$	α_3

那么，根据图 6-3 和表 6-1，我们可以得到，式（6-4）-式（6-3）-[式（6-2）-式（6-1）]=α_3，交互项的系数 α_3 就是我们想要得到的策略效果。

6.2.3   合成控制

1. 背景介绍

在 6.2.2 节，我们介绍了基于反事实理论框架的 DID 方法。但是寻找恰当的对照组是一件较难的事情，甚至在某些情况下，我们无法找到一个满足假设条件的对照组。那么，我们能否自己构造对照组呢？当然可以。为此，Abadie 与 Gardeazabal 在 2003 年提出了合成控制法。该方法的核心思想是对潜在的对照组进行线性组合，构造一个虚拟的对照组，再与实验组进行对比，实现对策略效果的评估。合成控制法是一种选择反事实参照组的方法，在评估某策略的实施效果时，如果找不到与实验组相似的对照组，可以通过这个方法对各个控制组进行线性组合，构造出一个虚拟的反事实参照组。

2. 理论知识

假设共有 $(J+1)$ 个地区，其中第 1 个地区受到了策略的干预，即实验组，其余的 J 个地区未受到策略的干预，即对照组。我们用 Y_{it}^N 代表对于地区 i，我们所关注的待解释

变量在 t 时刻的值，其中 $i = 1, 2, 3, \cdots, J+1$，$t = 1, 2, 3, \cdots, T$。T_0 是未受策略干预的时间片数量，$1 \leqslant T_0 \leqslant T$。用 Y_{it}^I 表示被策略干预地区的待解释变量在时刻 t 的值，当 $t \in 1, \cdots, T_0$，$i \in 1, \cdots, J+1$ 时，$Y_{it}^I = Y_{it}^N$。

我们用 $\alpha_{1t} = Y_{1t}^I - Y_{1t}^N$ 表示策略在被干预地区 J_1 的 t 时刻的效果，用 D_{it} 表示是否受到策略干预的虚拟变量，那么地区 i 在 t 时刻，待解释变量的值为 $Y_{1t}^I = Y_{1t}^N + \alpha_{1t} D_{it}$。

我们需要估计 $(\alpha_{1T_{0+1}}, \cdots, \alpha_{1T})$，由于 Y_{1t}^I 的值是可以直接观测到的，所以问题转化为估计 Y_{1t}^N。合成控制法使用如下的因子模型对 Y_{1t}^N 进行建模：

$$Y_{1t}^N = \delta_t + \theta_t Z_i + \lambda_t \mu_i + \varepsilon_{it}$$

δ_{it} 是未知的随时间变化的公共因子；Z_i 表示可观测的预测变量，它们不受策略干预，也不随时间变化；λ_t 是一个 $(1 \times F)$ 维的无法观测到的公共因子；μ_i 是 $(F \times 1)$ 维的无法观测到的地区效应项；ε_{it} 是均值为 0 的误差项。

在这样的模型框架下，我们考虑存在一个 $(J \times 1)$ 维向量 $\boldsymbol{W} = (w_2, w_3, \cdots, w_{J+1})'$，其中 $w_j \geqslant 0$ 且和为 1。向量中的每一项代表一个潜在对照组对应的权重系数，每一个向量对应一种潜在对照组的组合，同时也对应着一个虚拟的合成对照组。

下面我们将 $\boldsymbol{W}$ 代入合成控制法的因子模型，得到合成对照组的待解释变量的值：

$$\sum_{j=2}^{J+1} w_j Y_{jt} = \delta_t + \theta_i \sum_{j=2}^{J+1} w_j Z_i + \lambda_t \sum_{j=2}^{J+1} w_j \mu_i + \sum_{j=2}^{J+1} w_j \varepsilon_{it}$$

若存在 $\boldsymbol{W}^* = (w_2^*, \cdots, w_{J+1}^*)$ 使得：

$$\sum_{j=2}^{J+1} w_j^* Y_{j1} = Y_{11}$$

$$\sum_{j=2}^{J+1} w_j^* Y_{j2} = Y_{12}$$

$$\vdots$$

$$\sum_{j=2}^{J+1} w_j^* Y_{jT_0} = Y_{1T_0}$$

$$\sum_{j=2}^{J+1} w_j^* Z_j = Z_1$$

那么可以证明（在本书中，我们对此部分的证明不进行详细介绍）：当 $\sum_{t=1}^{T_0} \lambda_t' \lambda_t$ 是非奇异矩阵时，有

$$Y_{1t}^N - \sum_{j=2}^{J+1} w_j^* Y_{jt} = \sum_{j=2}^{J+1} w_j \sum_{s=1}^{T_0} \lambda_t (\sum_{n=1}^{T_0} \lambda_n' \lambda_n)^{-1} \lambda' s (\varepsilon_{js} - \varepsilon_{1s}) - \sum_{j=2}^{J+1} w_j^* (\varepsilon_{jt} - \varepsilon_{1t})$$

为了能用数值实现合成控制，我们需要定义合成的对照组和实验组之间的距离，并

找到策略干预前距离最小的 W^*。我们记策略干预前实验组的各个预测变量的平均值为向量 X_1，它是一个 $(K \times 1)$ 维的列向量。而各个对照组的策略干预前，预测变量的平均值为 X_0，它是一个 $(K \times J)$ 维的矩阵，其中第 j 列为第 j 个地区的相应取值。我们希望 X_0W 与 X_1 尽量相似，即经过加权后，虚拟的对照组可以与实验组预测变量的值尽量相似。由于不同的预测变量对待解释变量的预测能力是不同的，所以它们在距离函数中的比重也不同，因此最小化的距离函数为

$$\| X_1 - X_0W \|_V = \sqrt{(X_1 - X_0W)'V(X_1 - X_0W)}$$

其中，V 是一个 $(K \times K)$ 维的对角矩阵，对角线的元素非负，反映了各个预测变量的权重。那么我们获得的最优解 $W^*(V)$ 就是依赖 V 矩阵的。进一步，我们需要选择最优的 V，与此同时也就求得了最优的 W^*。我们用 Y_0 表示策略干预前各个对照组的待解释变量的值，Y_0 是一个 $(T_p \times J)$ 维的矩阵，$1 \leqslant T_p \leqslant T_0$，$Y_1$ 表示策略干预前实验组待解释变量的值，它是一个 $(T_p \times 1)$ 维的列向量，我们要选择 V 使得如下的距离函数取值最小：

$$\arg \min 1_{v \in V}[X_1 - X_0W^*(V)]'[X_1 - X_0W^*(V)]$$

通过以上方法得到的 W^* 对应的各个元素便是我们合成的虚拟对照组中各个潜在对照组的系数。综上可以发现，合成控制法是以数据驱动的思想来确定合成控制组权重的，这样避免了主观选择对照组带来的误差，使预测结果更加准确。

6.2.4 Causal Impact 方法

1. 背景介绍

现在我们了解了在无法进行 A/B 实验的前提下，如何使用回归模型以及合成控制法测试策略的效果。本节我们了解如何基于扩散回归及状态空间模型，使用贝叶斯结构时间序列模型构建科学的反事实对照组，从而准确分析实验策略带来的变化。

2. 历史方法回顾对比

进行真实市场中的非实验因果分析往往较为困难，市场数据通常并不满足随机实验设计的种种假设，具有信噪比较低、多重季节性波动以及受隐性变量影响的特征。

传统因果分析多是遵循随机实验设计的原理，多半基于地理（区位）维度进行随机实验，但真实市场通常不满足该实验假设，例如广告或商业活动常常线上线下多渠道同时推广，且覆盖全国大部分地区。此时，实验组中包含多个地区/渠道，异质性便成为需要被考虑的一个因素。

在缺少控制所有变量的对照组时，一般采用 DID 方法实现因果分析，通过分析实验对照组在实验前期与实验期观测统计量的差异，判定实验策略效果。DID 存在如下 3 种缺陷。

- DID 是基于 i.i.d（independent and identically distributed，独立同分布）假设的静态回归模型，尽管实验设计中具有时间相关成分，但当实验使用时间序列数据时，静态模型会有置信区间过窄、估计值过于乐观的问题。
- 大多数 DID 分析仅考虑实验前及实验后两个时间区间。实际上，实验效果会随时间改变，例如静态模型中并未考虑增长期及衰减期，因此会导致 DID 评估方法及结论有一定偏差。

与 DID 相反，状态空间模型使我们能够准确地考虑实验前后时间带来的影响，在完全贝叶斯时序参数处理中加入先验经验，并且灵活地适应多种变化的来源，包括当地趋势、季节性和同时期其他变量的影响。

3. Causal Impact 假设及核心思想

（1）贝叶斯结构化时间序列模型

结构化时间序列是状态空间模型对于时间序列数据的应用，可被简化为如下公式。其中，式（6-5）解释了可见序列 y^t 与隐藏状态 α^t 之间的关系，式（6-6）解释了隐藏状态 α 在前后时间 t 下的关系。

$$y_t = \mathbf{Z}_t^{\mathrm{T}}\alpha_t + \epsilon_t,\ \epsilon_t \sim N(0, \sigma_t^2) \tag{6-5}$$

$$\alpha_{t+1} = T_t\alpha_t + R_t\eta_t,\ \eta_t \sim N(0, Q_t) \tag{6-6}$$

其中 Z_t, R_t, T_t, Q_t 为模型参数，可使用次一级模型习得。

a. 同时自相关变量

隐藏状态 α^t 包含局部水平、局部趋势及季节性三部分。

1）局部水平 μt：$\mu t+1=\mu t+\delta t+\eta\mu, t$，其中 $\eta\mu, t \sim N(0, \sigma_\mu^2)$。

2）局部趋势 δt：$\delta t+1=D+\rho(\delta t-D)+\eta\delta, t$，其中 $\eta\delta, t \sim N(0, \sigma_\delta^2)$。

3）季节性 γt：$\gamma t+1=-\sum\limits_{s=0}^{S-2}\gamma_{t-s}+\eta\gamma, t$。

其中 μt 为现阶段 t 下隐藏状态的局部水平，相邻局部水平之间的差距可被局部趋势 δt 捕捉。因此 δt 可理解为现阶段状态在时间 t 维度下的斜率。相邻时间段的局部时间趋势可拆解为长期趋势和短期波动，其中 D 为长期斜率，ρ 为在长期趋势下的波动幅度。S 代表我们希望包含的季节性元素个数，例如若使用全年数据，期望包含春、夏、秋、冬的元素，则 $S=4$；若希望捕捉全年周粒度趋势，则 $S=52$。

b. 同时协变量

除了我们关注的变量 y 在时间维度上的波动，现实实验中还存在一些我们希望控制的变量，在回归及合成控制方法论中，我们会将这类外生变量放入模型，从而获得更纯粹的实验效果。在 Causal Impact 方法中，这类变量统称为同时协变量。

- 静态回归系数

若同时协变量对于 y 的影响不随时间变化，可使用静态回归系数拟合。在状态空间模型中可写作 $Z_t = \boldsymbol{\beta}^T X_t$，$\alpha_t = 1$。这类模型不包含时间的滞后性，所有的协变量均假设具有同时性。结合 Spike-and-slab Prior 方法，确定 $\boldsymbol{\beta}^T$ 使我们在不同的时间周期内不必使用同一组协变量，而是可以在不同的时间状态下使用不同的协变量组合，避免出现过拟合。

- 动态回归系数

反之，若同时协变量对于 y 的影响随时间变化，则需要使用动态回归系数拟合：$\boldsymbol{\beta}^T\mathbf{x}_t = \sum x_j, \beta_{j,t}$，$\beta_{j,t+1} = \beta_{j,t} + \eta_{\beta,j,t}$，$\eta_{\beta,j,t} \sim N(0, \sigma_{\beta j}^2)$，其中 $\beta_{j,t}$ 为第 j 个协变量在时间 t 下的回归系数，$\sigma_{\beta j}$ 为该协变量对应的随机过程的标准差。对应到状态空间模型中，则 $Z_t = x_t$，$\alpha_t = \beta_t$，$T_t = I_{J \times J}$，$Q_t = \text{diag}(\sigma_{\beta j_2})$。

若历史状态内，同时协变量对于 y 呈现稳定的影响，则建议使用静态回归系数，反之建议使用动态回归系数。

（2）参数估计及结果评估

结合以上因素构建好模型后，Causal Impact 方法使用 MCMC 结合 Spike-and-slab Prior 根据可见序列 y 进行参数估计，获得条件分布 $p(\alpha, \theta | \mathbf{y}_{1:n})$，$\theta$ 代表需要的所有参数向量，进而获得 $p(\alpha | \mathbf{y}_{1:n}, \theta)$ 及 $p(\theta | \mathbf{y}_{1:n}, \alpha)$。当我们获得参数及状态后，可仿真拟合出实验期的反事实时间序列的分布 $p(\tilde{\mathbf{y}}_{n+1:m} | \mathbf{y}_{1:n})$。最后通过 $y_t - \tilde{y}_t$，$t = n+1, \cdots, m$ 获得实验上线后每日真实时间序列与反事实对照组之间的差距，即每日实验影响。

（3）假设

对于非实验数据的因果推断，其结论多基于较强的假设。基于贝叶斯结构化时间序列的因果推断须满足如下假设。

- 实验效果可以通过对比自身时间序列以及自身不受干扰影响的一组控制时间序列进行解释。
- 实验干预期间，构建的反事实对照组与实验组时间序列的关系假设稳定。

与传统合成控制法不同，Causal Impact 方法的预测变量信息来源不仅包含了合成控制法已经考虑到的静态区位差异数据，并让它成为动态时序数据，还涵盖了实验对象在实验生效前的时间序列。不仅如此，基于贝叶斯框架，我们可以使用有关模型参数的先验知识作为数据来源。

6.3   全量评估方法的应用

本节会通过一些实际数据，对前几节介绍的方法进行实践。

6.3.1　使用回归建模方法对物流单量变化进行全量评估

1. 数据背景

本例采用的数据集来自巴西物流公司的真实数据库，可在 UCI 数据库（数据源名称：Daily Demand Forecasting Orders Data Set）中获取。该数据集共 60 条样本，包含 12 列自变量和 1 列因变量——每日处理的总订单数。

为了方便记录，我们将自变量依次命名为 $x_1 \sim x_{12}$，因变量命名为 y，变量解释如下所示。

x_1：Week_of_the_month {1.0, 2.0, 3.0, 4.0, 5.0}。

x_2：Day_of_the_week_（Monday_to_Friday）{2.0, 3.0, 4.0, 5.0, 6.0}。

x_3：Non_urgent_order integer。

x_4：Urgent_order integer。

x_5：Order_type_A integer。

x_6：Order_type_B integer。

x_7：Order_type_C integer。

x_8：Fiscal_sector_orders integer。

x_9：Orders_from_the_traffic_controller_sector integer。

x_{10}：Banking_orders_（1）integer。

x_{11}：Banking_orders_（2）integer。

x_{12}：Banking_orders_（3）integer。

y：Target_（Total_orders）integer。

isExp：人工添加一列是否上线全量方案的标签，0 代表未上线，1 代表全量上线（这列是我们人工构造的，原始数据中没有，前 30 天标记为 0，后 30 天标记为 1）。

说明：该数据集对于变量的解释较少，我们会在后续建立回归模型前设定一些关于数据背景的假设，以完善整个作业逻辑。另外，该数据集本身没有在中途上线一些改变因变量（处理订单量）的方案或策略，为了契合本节内容，我们人工添加了 1 列 0 ～ 1 变量 isExp 表示当日数据是否属于上线策略或方案的记录。

2. 编码与结果

本例使用 Python 进行编程，主要需要 Pandas、NumPy、Statsmodels、Matplotlib 库，请读者自行安装。加载相关库并读取数据，如代码清单 6-1 所示。

代码清单 6-1　加载依赖库及数据读取

```
# 加载库
import pandas as pd
```

```
import numpy as np
from statsmodels.formula.api import ols
import matplotlib.pyplot as plt

# 设定工作空间方便后续操作
import os
os.chdir('Users/me/Desktop/')

# 读取数据，数据初步审查（读取数据前已将列名处理为前一部分中的 x1～x12 及 y）
data = pd.read_csv('data.csv')
print(data.head())
```

我们有 30 天的实验期数据（即后 30 天全量上线策略期间）以及 30 天的对照期数据（未上线或上线前的常规阶段），样例数据如图 6-4 所示。

	x1	x2	x3	x4	x5	x6	x7	x8	x9	x10	x11	x12	isExp	y
0	1	4	316.307	223.270	61.543	175.586	302.448	0.000	65556	44914	188411	14793	0	539.577
1	1	5	128.633	96.042	38.058	56.037	130.580	0.000	40419	21399	89461	7679	0	224.675
2	1	6	43.651	84.375	21.826	25.125	82.461	1.386	11992	3452	21305	14947	0	129.412
3	2	2	171.297	127.667	41.542	113.294	162.284	18.156	49971	33703	69054	18423	0	317.120
4	2	3	90.532	113.526	37.679	56.618	116.220	6.459	48534	19646	16411	20257	0	210.517

图 6-4 部分案例数据

为了更符合全量实验的背景，我们假定实验阶段（后 30 天，isExp 为 1 时）该公司全面上线新的分发系统，会较大幅减少流水线空置的时间，提升订单处理效率，提高每日处理的订单总量，我们对实验期的 y 统一加上 50 单位的提升，将其记为 y_new。接下来对数据进行处理，如代码清单 6-2 所示。

代码清单 6-2 数据处理

```
# 对实验期的 y 加上 50 单位的提升，并加入一个服从标准正态分布的白噪声
data['y_new'] = data.y + data.isExp * 50 + np.random.normal(0, 1, 60)
```

在进行分析建模之前，我们先给出一些关于背景的假设，在假设的场景下进行完整分析：假设通过历史经验和行业理论，我们认为 $x6$ 和 $x9$ 对 y 的变动有着比较强的影响，故后续分析建模，我们只考虑 $x6$、$x9$ 对因变量 y 的影响。基于上述假定，我们进行一些数据探索，如代码清单 6-3～代码清单 6-5 所示，散点图如图 6-5～图 6-7 所示。

代码清单 6-3 $x6$ 与因变量的关系散点图

```
# 考察 x6 与因变量 y_new 之间的关系，用散点图描绘该关系
plt.scatter(data.x6, data.y_new)
```

```
plt.title('correlation of x6 and y_new')
plt.show()
```

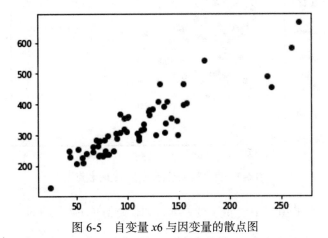

图 6-5   自变量 *x6* 与因变量的散点图

代码清单 6-4   *x9* 与因变量的关系散点图

```
# 考察 x9 与因变量 y_new 之间的关系，用散点图描绘该关系
plt.scatter(data.x9, data.y_new)
plt.title('correlation of x9 and y_new')
plt.show()
```

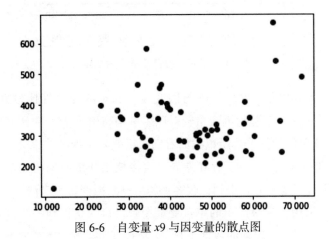

图 6-6   自变量 *x9* 与因变量的散点图

代码清单 6-5   *x6* 与 *x9* 的关系散点图

```
# 考察 x6 与 x9 之间的关系，用散点图描绘该关系
plt.scatter(data.x6, data.x9)
plt.title('correlation of x6 and x9')
plt.show()
```

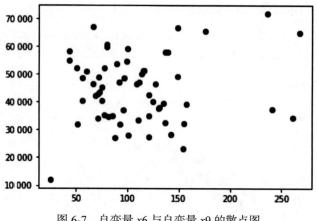

图 6-7　自变量 *x6* 与自变量 *x9* 的散点图

考察实验组、对照组之中 y_new 的差异，如代码清单 6-6、图 6-8 所示。

代码清单 6-6　考察实验组、对照组之中 y_new 的差异

```
# 考察实验组、对照组之中 y_new 的差异
diff = data.groupby('isExp').mean()[['y_new','x6','x9']].reset_index()
print(diff)
```

	isExp	y_new	x6	x9
0	0	288.817062	97.455161	49515.193548
1	1	363.742649	121.816586	39147.931034

图 6-8　实验组对照组自变量、因变量对比

根据图 6-6 ～图 6-8 可以发现，x6 与因变量 y_new 的相关性比较高，自变量 x6 与 x9 之间无明显线性关系。实验组因变量较对照组平均高出约 75。由于我们对实验组因变量人工加上了约 50 单位的提升，所以我们看到两组差异是偏高的，其中主要原因在于两组因变量对应的自变量（x6、x9）存在差异，直接使用两组差异明显是不合理的，正确的做法是控制两组自变量差异，得到比较客观的策略给因变量带来的影响。

实际上，我们采用上述最简单的单自变量场景，目的是得到一个核心本质思想：我们需要控制外生变量侦测实验期的数据（平均）是否有明显的向上或向下的变动。

如果不了解回归模型，就只能用直接差异作为结果，但不同的自变量对应不同的因变量，我们要剔除或者控制自变量对整个评估结果的影响，这就到了回归模型发挥作用的时刻。

在建模之前，我们通常会进行数据预处理（包括但不限于缺失值、异常值的处理）以

及数据形态的变换，如对数变换、分箱变换等。有时根据需要，我们也会对数据进行标准化或归一化处理。本节案例所用数据中无缺失数据，对于我们所使用的自变量和因变量也基本可以认为没有异常数据。至于标准化操作，可根据需求决定是否执行。如果不关注不同自变量对因变量影响程度的对比，可以不做标准化操作。本例中，我们考察的是 isExp，即实验策略对因变量的绝对影响能力，所以我们可以不进行标准化操作。当然，在不同场景下，读者可以根据具体需求和目标选择整个数据预处理的过程和方法。

构建回归模型代码如代码清单 6-7 所示我们暂不对模型和系数结果进行解读，先看一看模型的可用性。如图 6-9 所示，模型拟合优度（R-squared）为 0.854，这是一个比较不错的拟合优度，自变量解释了因变量 85% 的变动；模型的 F 检验（F-statistic）及其对应的 p 值 Prob（F-statistic）基本为 0，模型通过 F 检验，说明模型存在线性关系；模型系数通过 T 检验。图 6-9 中，我们可以看到残差的一些信息，例如残差的 Prob（JB）即正态性检验 p 值大于 0.05，在 5% 的显著性水平下不拒绝正态性原假设（从残差的偏度 Skew 和峰度 Kurtosis 分别比较接近 0 和 3，也可以基本得到残差正态性的结论）；Durbin-Watson 统计量（常称为杜宾 - 瓦特森统计量）值约 1.8，可以认为残差不存在自相关性。

代码清单 6-7　构建回归模型

```
model = ols('y_new ~ x6 + x9 + isExp', data=data)
est = model.fit()
print(est.summary())
```

```
                           OLS Regression Results
==============================================================================
Dep. Variable:                  y_new   R-squared:                       0.854
Model:                            OLS   Adj. R-squared:                  0.846
Method:                 Least Squares   F-statistic:                     108.9
Date:                Thu, 09 Jan 2020   Prob (F-statistic):           2.37e-23
Time:                        07:54:56   Log-Likelihood:                -301.13
No. Observations:                  60   AIC:                             610.3
Df Residuals:                      56   BIC:                             618.6
Df Model:                           3
Covariance Type:            nonrobust
==============================================================================
                 coef    std err          t      P>|t|      [0.025      0.975]
------------------------------------------------------------------------------
Intercept      91.0103     23.529      3.868      0.000      43.876     138.144
x6              1.5763      0.104     15.183      0.000       1.368       1.784
x9              0.0009      0.000      1.925      0.059   -3.65e-05       0.002
isExp          45.7781     11.474      3.990      0.000      22.792      68.764
==============================================================================
Omnibus:                        4.300   Durbin-Watson:                   1.784
Prob(Omnibus):                  0.117   Jarque-Bera (JB):                3.586
Skew:                           0.377   Prob(JB):                        0.166
Kurtosis:                       3.930   Cond. No.                     2.30e+05
==============================================================================
```

图 6-9　模型结果汇总表

如代码清单 6-8 所示，通过绘制残差分布图也可以基本得到残差的正态结论，回归方程残差分布图如图 6-10 所示。

代码清单 6-8　绘制回归方程残差分布图

```
# 绘制回归方程残差分布图
plt.hist(est.resid, bins=13)
plt.show()
```

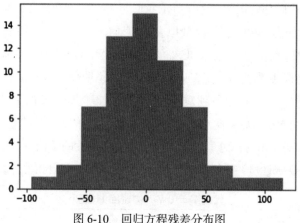

图 6-10　回归方程残差分布图

综上所述，该模型是一个通过了线性回归模型假定的模型，且解释度较高。接下来，我们了解如何解释这个模型，如何考察策略是否有收益，且收益是多少。

3. 模型解读及业务决策

回归方程系数如图 6-11 所示，接下来我们解读这个结果并根据这个结果，做出业务判断。

	coef	std err	t	P>|t|	[0.025	0.975]
Intercept	91.0103	23.529	3.868	0.000	43.876	138.144
x6	1.5763	0.104	15.183	0.000	1.368	1.784
x9	0.0009	0.000	1.925	0.059	-3.65e-05	0.002
isExp	45.7781	11.474	3.990	0.000	22.792	68.764

图 6-11　回归方程系数

图 6-11 中，自变量 $x6$ 的系数为 1.5763，对应 T 检验的 p 值为 0，该自变量对于因变量的影响作用是正向（同向）的，在 10% 的显著性水平下是统计显著的，说明在其他因素不变的情况下，外生变量 $x6$ 每变动一个单位，因变量每日处理订单总量 y 就会同向变动 1.5763 个单位。

同理，自变量 x9 的系数为 0.0009，对应的 T 检验的 p 值为 0.059，该自变量对于因
变量的影响作用是正向的，在 10% 的显著性水平下是统计显著的，说明在其他因素不
变的情况下，外生变量 x9 每变动一个单位，因变量每日处理订单总量 y 就会同向变动
0.0009 个单位。

接下来考察策略对因变量的影响，自变量 isExp 的系数为 45.778，对应的 T 检验的
p 值为 0，该自变量对于因变量的影响作用是正相关的，在 10% 显著性水平下是统计显
著的，说明在其他因素不变（此处即当外生变量 x6、x9 一定）的情况下，实验期（上线
提效策略时）因变量 y 较对照期（无提效策略时）而言，平均会高出 46 个单位。这说明
策略对每日处理订单量 y 有着显著的正向影响，是可以提升整体订单处理效率的策略。

6.3.2　使用 DID 方法评估恐怖主义对经济的影响

1. 数据背景

我们以西班牙巴斯克地区的恐怖主义冲突为例，利用 DID 方法研究冲突带来的经济
影响。在 20 世纪 70 年代初，巴斯克地区的人均 GDP 在西班牙 17 个地区中排第三。从
1975 年开始，巴斯克地区陷入有组织的恐怖活动之中，20 世纪 90 年代末，巴斯克地区
的人均 GDP 在西班牙排名降为第六。但是，在这期间内，西班牙整体经济呈下行趋势，
所以我们需要区分恐怖活动的单独效应。下面我们用 DID 方法评估 1975 年遭受恐怖活
动后巴斯克地区经济受到的影响。

在 R 语言中直接获取原数据，如代码清单 6-9 所示。变量含义：gdpcap 指人均
GDP，即我们所关注的待解释变量。在这一研究中，共选择了 13 个预测变量，包括投资
率、人口密度、产业结构、人力资本等。

代码清单 6-9　R 语言中获取样本数据

```
Library("Synth")
Library(SCtools)
Data("basque")
basque[85:89, 1:4]
```

部分案例数据如图 6-12 所示。

	regionno	regionname	year	gdpcap
85	2	Andalucia	1996	5.995930
86	2	Andalucia	1997	6.300986
87	3	Aragon	1955	2.288775
88	3	Aragon	1956	2.445159
89	3	Aragon	1957	2.603399

图 6-12　部分案例数据

2.对照地区选择

本案例数据共有 17 个地区可以作为对照组，其中 1955 ～ 1974 年为恐怖活动前的数据，1975 ～ 1997 年为恐怖活动后的数据，待解释变量是人均 GDP。 我们画出 1955 ～ 1997 年各个地区的人均 GDP，选取 1974 年及以前与巴斯克地区人均 GDP 趋势平行的阿拉贡地区作为对照组，如图 6-13 所示。

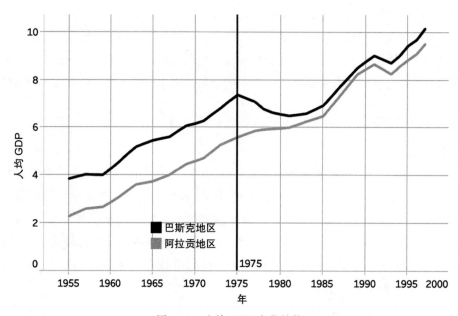

图 6-13   人均 GDP 变化趋势

如图 6-13 所示，1975 年后，巴斯克地区的人均 GDP 与阿拉贡地区的差距缩小了。下面，我们通过 DID 模型评估恐怖活动对于人均 GDP 的影响及显著性。对比 DID 模型的公式，y 是待解释变量人均 GDP，du 是分组的虚拟变量，巴斯克地区为 1，阿拉贡地区为 0，dt 是 1975 年前后的虚拟变量，1955 ～ 1974 年为 0，1975 ～ 1997 年为 1，$du \cdot dt$ 为二者的交互项。我们直接使用 R 语言中的 lm 函数计算交互项的系数及其显著性，如代码清单 6-10 所示（本例使用 Python 进行编码）。

代码清单 6-10   构建 DID 评估模型

```python
import pandas as pd
import numpy as np
import statsmodels.formula.api as smf
df = pd.read_csv("basque.csv",sep=',', header=0)
data=df[((df.regionname=='Basque Country(Pais Vasco)')|(df.regionname=='Aragon'))]
def is_test_region(x):
if x=='Basque Country(Pais Vasco)':
```

```
        return 1
else:
        return 0

def is_test_year(x)sorry :
if x>=1975:
        return 1
else:
        return 0

data['is_test_region']=data['regionname'].apply(lambda x: is_test_region(x))
data['is_test_year']=data['year'].apply(lambda x: is_test_year(x))
mod_fit = smf.ols(formula="gdpcap ~ year+ is_test_region+is_test_year +is_
        test_region:is_test_year", data=data).fit()
# 输出模型结构
mod_fit.summary()
```

如图 6-14 所示，交互项的系数为 -0.03，p 值远小于 0.05，说明恐怖活动对巴斯克地区人均 GDP 的负面影响是显著的。

Dep. Variable:	gdpcap	R-squared:	0.969
Model:	OLS	Adj. R-squared:	0.967
Method:	Least Squares	F-statistic:	630.8
Date:	Fri, 10 Jul 2020	Prob (F-statistic):	3.65e-60
Time:	00:36:25	Log-Likelihood:	-30.777
No. Observations:	86	AIC:	71.55
Df Residuals:	81	BIC:	83.83
Df Model:	4		
Covariance Type:	nonrobust		

	coef	std err	t	P>|t|	[0.025	0.975]
Intercept	-328.1451	12.097	-27.126	0.000	-352.214	-304.076
year	0.1689	0.006	27.436	0.000	0.157	0.181
is_test_region	1.5475	0.113	13.723	0.000	1.323	1.772
is_test_year	-0.1260	0.172	-0.734	0.465	-0.467	0.215
is_test_region:is_test_year	-0.9432	0.154	-6.117	0.000	-1.250	-0.636

Omnibus:	18.847	Durbin-Watson:	0.370
Prob(Omnibus):	0.000	Jarque-Bera (JB):	39.666
Skew:	0.756	Prob(JB):	2.44e-09
Kurtosis:	5.964	Cond. No.	6.22e+05

图 6-14　DID 模型结果

6.3.3　用合成控制法评估恐怖主义对经济的影响

我们仍旧以巴斯克地区的恐怖主义冲突为例，利用合成控制法研究冲突带来的经济影响。Abadie 和 Gardeazabal 在 2003 年使用合成控制法对本案例进行了研究，他们使用西班牙其他地区的线性组合构造合成控制地区，并使合成控制地区的经济特征与 20 世纪 60 年代末恐怖活动爆发前的巴斯克地区尽可能相似，然后把此后“合成巴斯克地区”的人均 GDP 与“真实巴斯克地区”的人均 GDP 进行对比，从而分析恐怖活动对经济的影响。

1. 数据背景

本案例数据可以直接在 R 语言中获得。

2. 合成对照组

首先，进行数据处理，我们使用 R 语言中的 dataprep() 函数对原数据进行处理，将需要的信息存储其中，如代码清单 6-11 所示。

代码清单 6-11　数据预处理

```
dataprep.out <- dataprep(
foo = basque,
predictors = c("school.illit", "school.prim", "school.med",
"school.high", "school.post.high", "invest"),
predictors.op = "mean",
time.predictors.prior = 1964:1969,
special.predictors = list(
list("gdpcap", 1960:1969 , "mean")is ,
list("sec.agriculture", seq(1961, 1969, 2), "mean"),
list("sec.energy", seq(1961, 1969, 2), "mean"),
list("sec.industry", seq(1961, 1969, 2), "mean"),
list("sec.construction", seq(1961, 1969, 2), "mean"),
list("sec.services.venta", seq(1961, 1969, 2), "mean"),
list("sec.services.nonventa", seq(1961, 1969, 2), "mean"),
list("popdens", 1969, "mean")),
dependent = "gdpcap",
unit.variable = "regionno",
unit.names.variable = "regionname",
time.variable = "year",
treatment.identifier = 17,
controls.identifier = c(2:16, 18),
time.optimize.ssr = 1960:1969,
time.plot = 1955:1997)
```

接下来，我们使用 R 语言中的 synth() 函数求出 W 和 V 得到合成的对照组，如代码清单 6-12 所示。

代码清单 6-12　合成对照组

```
synth.out <- synth(data.prep.obj = dataprep.out, method = "BFGS")
```

synth() 函数返回了一个列表对象，我们可以非常轻松地获得结果，例如可以直接使用 synth.out$solution.w 命令查询各个对照组的加权系数，也可以使用 synth.out$solution.v 命令查询各个预测变量的权重系数。

绘制合成控制的结果如代码清单 6-13 所示，绘制结果如图 6-15 所示。

代码清单 6-13　绘制合成控制的结果

```
path.plot(synth.res = synth.out,
    dataprep.res = dataprep.out,
    Ylab = "real per-capita GDP(1986 USD, thousand)",
    Xlab = "year",
    Ylim = c(0, 12),
    Legend = c("Basque country","synthetic Basque country"),
    Legend.position = "bottomright")
```

如图 6-15 所示，巴斯克地区及合成的对照组人均 GDP 在干预之前非常相似，而在恐怖活动冲击后出现了较为明显的差异。我们可以将二者绘制出来进行对比，如代码清单 6-14 所示，输出结果如图 6-16 所示。

代码清单 6-14　绘制人均 GDP 差异

```
gaps.plot(synth.res = synth.out,
    dataprep.res = dataprep.out,
    Ylab = "gap in real per-capita GDP(1986 USD, thousand)",
    Xlab = "year",
    Ylim = c(-1.5, 1.5),
    Main = NA)
```

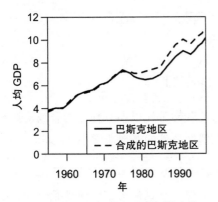
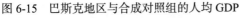
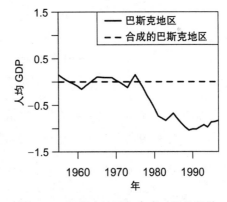

图 6-15　巴斯克地区与合成对照组的人均 GDP　　　图 6-16　巴斯克地区与合成对照组差异

如图 6-16 所示，在恐怖主义活动前，巴斯克地区的人均 GDP 与对照组的人均 GDP 的差异很小且均匀分布在 0 附近，但 1970 年后，二者的差异始终为负。

3. 安慰剂检验

从上文中可以看到，在 1970 年后，相对于合成的对照组，巴斯克地区的经济的确出现了负面的变化,那么这样的差异是偶然的吗?对此,我们可以使用医学中的安慰剂检验方式进行检验。将每一个对照地区作为实验地区,将其余对照地区和巴斯克地区作为潜在的对照组,用同样的方法进行合成控制并画图,如代码清单 6-15 所示,输出结果如图 6-17 所示。

代码清单 6-15   绘制合成控制结果图

```
tdf<-generate.placebos(dataprep.out ,synth.out)
plot.placebos(tdf = tdf, discard.etreme = TRUE, mspe.limit = 5, xlab = NULL,
    ylab = NULL)
```

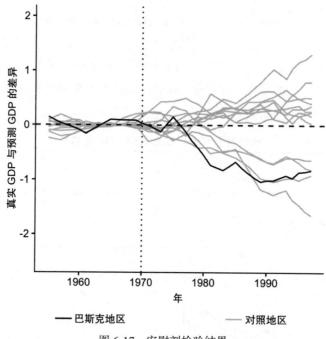

图 6-17   安慰剂检验结果

如图 6-17 所示,大多数地区与合成对照组的差异都比巴斯克地区与合成对照组的差异小,这说明 1970 年后巴斯克地区经济下行是偶然事件的概率非常小。

 合成控制方法作为一种全量评估的方法,通过数据驱动避免了主观选择带来的偏差。但如果策略干预前拟合的效果较差,则不建议使用该方法进行评估,否则会带来较大的误差。

6.3.4   用 Causal Impact 方法评估天气情况

1. 数据背景

现在我们了解了 Causal Impact 方法的理论以及假设,本节将讲解 Causal Impact 在实际场景中的应用。

作为一种全量评估的方法，Causal Impact 适用于非 A/B 实验场景的因果分析。以下案例数据来自 UCI，背景为北京市 2016 ～ 2019 年间 11 个站点每日 / 每小时的空气质量观测数据。

以下分析将使用 2016 年的数据，取每日 17 时的数据样本作为代表。由于无法获得实验 / 全量策略对所关注的因变量带来的效果，所以在 1 号观测站以及 5 号观测站 7 月真实场景数据中添加固定提升及白噪声（均匀添加均值为 5，标准差为 3.75 的正态分布数据）作为实验策略 A 导致的全量数据进行验证。

以下案例为 1 号观测站于 2017-07-01 后策略 A 对于 1 号观测站 PM2.5 水平的影响。

2. 数据准备

本次分析采用原始数据如表 6-2 所示，每一行表示一个观测站一天 17 时的聚合数据，其中包括 PM2.5、PM10、二氧化硫（SO_2）、二氧化氮（NO_2）、一氧化碳（CO）、臭氧（O_3）等空气成分浓度数据以及较为客观的，如温度、气压、降水量等因素。原始数据共包含北京市 11 个观测站点数据。

表 6-2　案例数据部分展示

PM2.5	PM10	SO_2	NO_2	CO	O_3	温度	气压	DEWP	降水量	风向
double	double	double	double	double	double	double	double	double	double	factor
180	214	48	150	3700	9	1.2	1017	−6.9	0	E
170	185	36	136	3100	11	2.5	1014.7	−5.4	0	ENE
187	188	14	100	2700	11	0.8	1018.2	−5.2	0	S
16	18	7	31	600	57	0.8	1024.9	−17.5	0	NNW
54	87	17	80	1400	16	−0.5	1023.6	−16.4	0	WSW
12	36	6	25	500	60	1	1026.3	−18.4	0	NW

数据读取及预处理如代码清单 6-16 所示。

代码清单 6-16　数据读取及数据预处理

```
#### 读入数据并定义我们重点关注的指标变量
data_causal<- read.csv("~/Downloads/book_use.csv")
target_list<-c(1.5)
y<-"PM2.5"
time<-"ymd"
data_causal$station_id<-as.numeric(data_causal$station)
data_causal$ymd<-as.Date(data_causal$ymd)
data_split<-data_split(data_causal,target_list,y,time)

data_target<-data_split$data_target
data_pool<-data_split$data_pool
```

```
#### 构建实验时间序列及对照时间序列
result_target<-pivot(data_in = data_target,null_replace=NA)
pivot_data_target<-result_target$pivot_data

result_pool<-pivot(data_in = data_pool,null_replace=NA)
pivot_data_pool<-result_pool$pivot_data

#### 实验组时间序列/对照组时间序列缺失值处理（本例因为缺失值占比较低，所以使用均值填充）

for(i in 2:dim(pivot_data_target)[2]){

    for (j in 1:dim(pivot_data_target)[1]){
        pivot_data_target_use[j,i]<-ifelse(is.na(pivot_data_
            target[j,i])==TRUE,
            mean(pivot_data_target[,i],na.rm = TRUE),pivot_data_target[j,i])
    }
}

for(i in 2:dim(pivot_data_pool)[2]){

    for (j in 1:dim(pivot_data_pool)[1]){
        pivot_data_pool_use[j,i]<-ifelse(is.na(pivot_data_
            pool[j,i])==TRUE,mean
            (pivot_data_pool[,i],na.rm = TRUE),pivot_data_pool[j,i])
    }
}

pivot_data_target_use<-pivot_data_target
pivot_data_pool_use<-pivot_data_pool
#### 对于实验阶段添加实验项及扰动
pivot_data_target_use[which(months(as.Date(pivot_data_target_use$date_vector))
    =="July"),c("station_1","station_5")]<-
  pivot_data_target_use[which(months(as.Date(pivot_data_target_use$date_vector
    ))=="July"),c("station_1","station_5")]+rnorm(n=31,mean=5,sd=3.75)

pivot_data_target[which(months(as.Date(pivot_data_target$date_vector))=="July"
    ),c("station_1","station_5")]
pivot_data_target_use[which(months(as.Date(pivot_data_target_use$date_vector))
    =="July"),c("station_1","station_5")]

data_use<-cbind(y=pivot_data_target_use[,c("station_1")],pivot_data_
    pool[,c(2:dim (pivot_data_pool_use)[2])])
```

以上代码将原始数据处理成目标变量（本例中为 PM2.5 浓度）透视表，每列代表一个观测该变量的时间序列。

将数据拆分为实验城市与反事实对照组备选城市两个部分。缺失值已被均值填充，处理缺失值的常见做法是剔除含缺失值样本，用中位或众数填充，或使用前一天与后一天的均值填充，这里不赘述具体步骤，结果样例如表 6-3 所示。

表 6-3 缺失值填充后数据

y	station_10	station_2	station_3	station_4	station_6	station_7	station_8	station_9
double	double	double	double	double	double	double	double	double
180	191	130	147	204	193	209	201	64.39205
170	254	188	247	208	259	290	228	375
187	217	204	253	199	237	234	147	148
16	12	9	8	17	18	7	13	6
54	52	12	10	52	66	20	45	13
12	9	14	11	9	15	3	13	12

3. 选择变量构建反事实对照组时间序列

对于 Causal Impact 方法，我们可以在已有数据较为有限的情况下输入全部数据，使用 R 语言软件包中默认的数据构建时间序列，也可以在可使用构造对照组数据较多的情况下，使用 Causal Impact 支持 R 语言软件包（"bsts"）自行创建合适的反事实对照序列。

4. 使用对照城市拟合本城市对照时间序列

构建数据框 data_use，如代码清单 6-17 所示。此时，数据框的第一列为本次实验组的时间序列，其余列为其他备选城市时间序列。

代码清单 6-17 选取实验期数据

```
#### 使用 7 月数据作为实验期
data_use<-data_use[c(1:213),]
pre_period<-c(1,182)
post_period<-c(183,213)
summary(data_use)
```

使用 R 语言软件包默认构建时间序列方式，如代码清单 6-18 所示。

代码清单 6-18 构建时间序列

```
city_default<-CausalImpact(data_use,pre.period = pre_period,post.period =
    post_period)
plot(city_default)
summary(city_default)
```

与默认模型相比，使用自建模型的自由度更大，可自由选择用于构建反事实对照组的变量，且我们能清晰地了解到各变量对于反事实对照组的贡献程度。也可以添加合适的季节性参数优化模型，并且通过比较，添加或减少变量，获得更好的模型，从而优化预测效果。构建模型如代码清单 6-19 所示。

代码清单 6-19 构建模型

```
data_use<-data_use[c(1:213),]
#### 实验期实验组实际结果暂存 post.period.response 中
```

```
#### 之后实验期结果设为缺失
data_use$y[c(183:213)]<-NA

#### 贝叶斯模型自建 local linear trend
ss<-AddLocalLinearTrend(list(),data_use$y)

#### 设置季节性为 7 天一个周期, 最多包括变量个数为 1、2、3; 此处模型的变量个数可通过
    expected.model.size 调控
ss<-AddSeasonal(ss,data_use$y,nseasons = 7)
model1<-bsts(y~.,
    state.specification = ss,
    niter = 100,
    data=data_use,
    expected.model.size=1)

model2<-bsts(y~.,
    state.specification = ss,
    niter = 100,
    data=data_use,
    expected.model.size=2)

model3<-bsts(y~.,
    state.specification = ss,
    niter = 100,
    data=data_use,
    expected.model.size=3)
#### 以图 6-18 为例验证 bsts 中增加变量个数是否对最终模型误差有所帮助
CompareBstsModels(list("model1"=model1,
                    "model2"=model2,
                    "model3"=model3),
                colors=c("black","red","blue"))

plot(model2,"coef")
summary(model2)
#### 使用构建好的模型并分析效果
result_with_model<-CausalImpact(bsts.model = model1,post.period.response=post.
    period.response)
```

1）model1 中使用一个变量拟合，model2 中使用两个变量拟合，model3 中使用 3 个变量拟合。如图 6-18 所示，model2 较其他模型拥有最小的累计一步预计误差，因此建议使用 model2，两个变量即可较好地拟合所需的反事实时间序列。

2）model3 与 model2 相比，多添加了一个可选择变量，但是并没有优化模型的预测效果，反而增大了模型的一步预测误差。所以我们在拟合反事实对照组时，需要选择合适的变量个数，变量并非越多越好，我们需要根据数据表现，选择合适的变量构建更为准确的模型。在选择变量个数时，可使用累计一步预计误差作为模型评估标准。

如图 6-18 所示，当模型包含两个变量构建反事实对照时间序列时，模型预测效果最

优。因此，我们选用 model2 中最重要的变量单独作为反事实对照组模型的输入变量，或者直接将 model2 接入 Causal Impact。

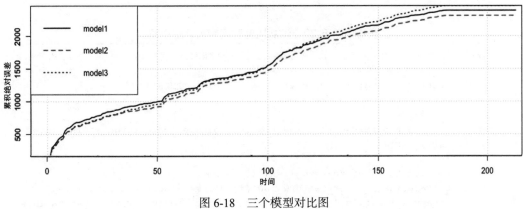

图 6-18　三个模型对比图

图 6-18 解释了如何完成模型最优变量个数筛选。如图 6-19 所示，在给定最优变量个数的情况下（2 个变量）确定模型使用的变量，本例中为 4 号、2 号观测站的 PM2.5 浓度时间序列。除此之外我们还可以发现，除其他观测站数据对于目标变量的表述效果较好之外，目标观测站气压及 PM10 浓度同样可用于描述目标变量 y。

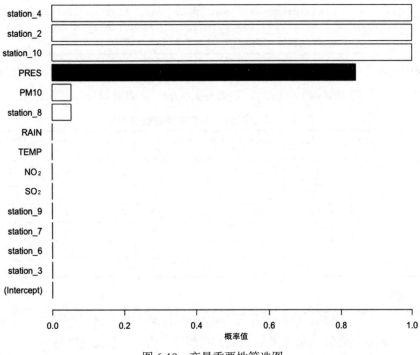

图 6-19　变量重要性筛选图

5. 使用本城市其他不受影响特征拟合本城市对照时间序列

通过改变输入数据源，我们可以改变构建反事实对照组的变量，如代码清单 6-20 所示。

代码清单 6-20　添加实验时间序列外生变量

```
#### 添加实验时间序列外生变量（本例选用 station_1 除 PM2.5 浓度以外的数值型变量作为外生变量
考虑）
inter_feature_list<-c('time','station_id','PM10','PRES')


data_inter_feature_raw<-data_target[,which(colnames(data_target) %in% inter_
    feature_list)]

for(i in 1:length(inter_feature_list)){
    if(colnames(data_inter_feature_raw)[i]=='time'||colnames(data_inter_
        feature_raw)[i]=='station_id'){data_inter_feature_raw[,i]<-data_inter_
        feature_raw[,i]}else{
        data_inter_feature_raw[,i]<-as.numeric(as.character(data_inter_
            feature_raw[,i]))
    }
}

names(data_inter_feature_raw)[names(data_inter_feature_raw) == "time"] <-
    "date_vector"
pivot_data_pool<-merge(pivot_data_pool,data_inter_feature_raw[which(data_
    inter_feature_raw$station_id==1),which(colnames(data_inter_feature_
    raw)!='station_id')],by="date_vector",all.x = TRUE)
```

在回归模型中我们验证过，压力及 PM10 浓度为影响 PM2.5 浓度的主要因素，添加压力及 PM10 浓度作为本城市的特征，如表 6-4 所示，预测结果可以更加稳定。

表 6-4　用于构建反事实对照组数据样例

y	station_10	station_2	station_3	station_4	station_6	station_7	station_8	station_9	PM10	PRES
double	double	double	double	double	double	double	double	double	double	double
180	191	130	147	204	193	209	201	64.39205	214	1017
170	254	188	247	208	259	290	228	375	185	1014.7
187	217	204	253	199	237	234	147	148	188	1018.2
16	12	9	8	17	18	7	13	6	18	1024.9
54	52	12	10	52	66	20	45	13	87	1023.6
12	9	14	11	9	15	3	13	12	36	1026.3

6. 结果解读

以图 6-20 为例，虚线折线表示根据 Bayesian 模型预测的时间序列，实线表示实际值，阴影区域表示预测值的 95% 置信区间，虚线竖线表示实验上线时间。

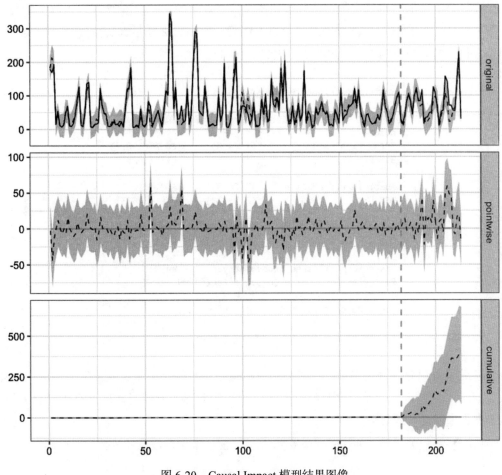

图 6-20　Causal Impact 模型结果图像

- original：预测数据与真实数据的对比，图 6-20 中实线为真实数据，虚线为预测数据，阴影部分为预测值的 95% 置信区间。
- pointwise：预测数据与真实数据的 diff 值，虚线为 diff 值的绝对值，阴影部分为 diff 的 95% 置信区间。
- cumulative：策略上线后累积的 diff 值，虚线为 diff 值的绝对值，阴影部分为 diff 的 95% 置信区间。

一般可以用两种方式检验 Bayesian 模型的质量：（1）实验上线前 original 中实线在预测值 95% 置信区间内波动；（2）实验上线前 pointwise 中 diff 的置信区间完全覆盖 0 点，且分布在 0 点两侧。

输出模型结果如图 6-21 所示，观测站 1 在策略上线前，城市组合对于目标变量的拟合效果较好。实验站点真实数据均分布在模型拟合效果的 95% 置信区间内，故实验期内反事实对照组的预测是比较准确的。策略上线后，使用目标变量真实数据与反事实对照组差异描述策略带来的提升：PM2.5 浓度显著相对提升 7.3%。

```
Posterior inference {CausalImpact}

                         Average        Cumulative
Actual                   78             2430
Prediction (s.d.)        67 (4.8)       2062 (150.2)
95% CI                   [57, 76]       [1757, 2352]

Absolute effect (s.d.)   12 (4.8)       368 (150.2)
95% CI                   [2.5, 22]      [78.4, 673]

Relative effect (s.d.)   18% (7.3%)     18% (7.3%)
95% CI                   [3.8%, 33%]    [3.8%, 33%]

Posterior tail-area probability p:     0.00502
Posterior prob. of a causal effect:    99.4985%

For more details, type: summary(impact, "report")
```

图 6-21   模型输出结果

若后续资源允许，我们可以在实验结束后持续监控模型效果，验证实验结束、模型效果后续影响稳定后，模型预测的反事实对照组较实际实验组时间序列有无显著差别，从而严谨地验证实验效果。

另附一些相关代码，如代码清单 6-21 所示（前文案例中涉及的函数构造代码）。

代码清单 6-21   函数构造代码

```r
## 数据预处理 ( 本段代码可删除 )
data_split<-function(data_causal,target_list,y,time)
{
    ## data_causal 为原始数据
    ## target_list 为实验区位列表  此例中为 1
    ## y 为我们关心的变量名称，此例中为成交率 PM2.5
    ## time 为原始数据中时间变量名称，此例中为 ymd
    data_raw <- data_causal

    data_raw$station_id<-as.character(data_raw$station_id)
    data_raw$y<-data_raw[,which(colnames(data_raw)==paste(y))]
    data_raw$time<-data_raw[,which(colnames(data_raw)==paste(time))]
    data_raw$y<-as.numeric(as.character(data_raw$y))
    data_raw$time<-as.character(as.Date(data_raw$time))

    date_vector<-as.character(sort(unique(as.Date(data_raw$time)),decreasing =
```

```
        FALSE))
    ind<-seq(1:length(date_vector))
    time_ref<-data.frame(cbind(date_vector,ind))
    time_ref$date_vector<-date_vector
    time_ref$ind<-ind

    rm(date_vector,ind)

    city_list<-sort(unique(data_raw$station_id),decreasing = FALSE)
    city_ref<-paste("station_",city_list,sep='')
    city_dic<-as.data.frame(cbind(city_list,city_ref))
    city_dic$city_list<-as.character(city_dic$city_list)
    city_dic$city_ref<-as.character(city_dic$city_ref)
    rm(city_list,city_ref)

    data_target<-data_raw[which(data_raw$station_id %in% target_list),]
    data_pool<-data_raw[-which(data_raw$station_id %in% target_list),]

    data_out<-list()
    data_out$data_target<-data_target
    data_out$data_pool<-data_pool
    data_out$city_dic<-city_dic
    data_out$time_ref<-time_ref
    data_out
}

pivot<-function(data_in,null_replace=NA)
{

    city_list<-sort(unique(data_in$station_id),decreasing = FALSE)
    date_vector<-as.character(sort(unique(as.Date(data_in$time)),decreasing =
        FALSE))

    data<-as.data.frame(date_vector)
    data$date_vector<-as.character(data$date_vector)
    for(i in 1:length(city_list))
    {
    temp<-data_in[which(data_in$station_id==city_list[i]),]
    for (j in 1:length(date_vector))
    {
        data[j,(i+1)]<-ifelse(
            is.null(temp[which(temp$time==date_vector[j] ),'y']),
            null_replace,
            temp[which(temp$time==date_vector[j] ),'y'])
        }
        colnames(data)[i+1]<-paste("station_",city_list[i],sep="")
        data[,i+1]=as.numeric(data[,i+1])
    }
    missing<-vector()
```

```
missing_rt<-vector()

for(i in 1:length(city_list))
{
    for (j in 1:length(date_vector))
    {
    missing[j]<-ifelse(is.na(data[j,(i+1)]),1,0)
    }
    missing_rt[i]<-sum(missing)/length(date_vector)
}
names(missing_rt)<-colnames(data)[2:length(colnames(data))]
data_out<-list()
data_out$pivot_data<-data
data_out$missing_rt<-missing_rt
data_out$time<-date_vector

data_out
}
```

6.4   本章小结

在实际业务中，我们总会碰到实验成本极高的场景，只能在全量上线方案后的一段时间内做出评估，看清其效果。全量评估场景无法像实验设计一样，控制外生因素对待考察指标的影响，因此，需要借助一些方法对变量进行控制，例如使用回归模型控制主要的外生变量，或者加入时间序列因素，得到一组基线值，与实际值进行比对，这些方法本质上都是通过模型完成实验设计中"控制变量"的工作。本章主要介绍了回归模型、DID、合成控制、Causul Impact方法，读者可以针对自己的场景选择适合的方法。当然，除去这些方法，也有其他全量评估的方式，核心都是在全量场景下完成控制变量的任务，只有这样，才能做到与实验设计一样的效果，看清策略本身的效果，屏蔽其他因素的影响。

第二部分

实验设计和分析技术

　　实验研究广泛应用于众多互联网企业，特别是在一些大型互联网企业中，实验研究已经非常成熟和系统化。Facebook 一些数据科学家在 2012 年年初，用了一周时间面向 68.9 万个用户做了一个实验，通过调整用户每天看到的内容，观察社交网络上的信息是否会影响用户情绪，最后发表论文，让我们看到了 Facebook 用户行为实验研究的冰山一角。Google 更是专门建立了 Google 实验室（Google Labs）面对大量线上实验与资源分配问题，搭建了重叠实验框架，更多、更好、更快地做好线上实验，推动实验研究迈上一个新的台阶。

　　不仅大型企业，在普通企业中也普遍存在着实验诉求，如果想知道新的调整方案是否能达到预期，就需要通过科学的实验设计来验证，这便是本书第二部分将要介绍的内容。

第 7 章
如何比较两个策略的效果

王玉玺

在日常工作中，我们常常希望通过优化策略、改进产品设计来提升用户黏性、增加用户购买意愿。遇到新的产品是否优于旧的产品、推行的新策略效果怎样等问题时，可使用 A/B 实验进行分析。A/B 实验的原理是在模拟实验的环境下，通过科学的分组、监控和评估，验证策略是否有效，从而为决策提供科学、有效的指导。

7.1 正确推断因果关系

探索因果关系是实验方法的根本目的，本节将介绍我们熟悉的相关关系和因果关系的异同点，澄清混淆二者的谬误。

7.1.1 相关性谬误

在概率论和统计学中，相关（或称相关系数）表示两个随机变量之间线性关系的强度和方向。相关性在探索性的研究中是很重要的，它在实践中预示了某种关系，指明了研究的方向。而在实际应用中，通常也会将相关性作为因果关系的表征。例如随着折扣额度提升，用户购买商品的频次增加，则可以认为是折扣导致消费者购买意愿的提升，但实际上是这样吗？相关性是因果关系的前提，但并不是所有的相关性都有因果关系，相关并不意味着因果。

在相关性谬误的经典例子中，美国商业中心收入和计算机专业博士的数量显现出了极高的相关性，图 7-1 展现了 2000 年至 2009 年间，美国各大商业中心收入与计算机专业博士数量的曲线，可以看出这两条曲线走势基本一致，相关系数达到了 0.9978。但这不能证明两个现象之间存在因果关系，实际上两者的相关关系可能由于其他变量（例如经济增长、竞争强度等）导致，甚至也有可能完全是因为巧合。

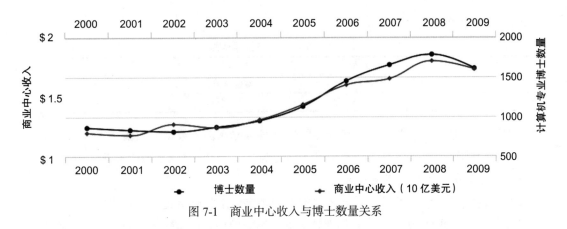

图 7-1　商业中心收入与博士数量关系

因果关系在很多应用场合都是核心关注点，例如产品的优化方案中，更醒目的 Call to Action 按钮是否会促进用户下单？什么样的评价页面用户更愿意配合？解决这些问题都需要验证因果关系，而这也正是 A/B 实验大展身手的地方。

实际上，因果关系是一个事件（即"因"）和另一个事件（即"果"）之间的关系，其中后一事件被认为是前一事件的结果。一般来说，因果还可以指一系列因素（因）和一个现象（果）之间的关系，对某个结果产生影响的任何事件都是该结果的一个因素。

A/B 实验也称为完全随机实验，是一种科学地进行统计因果推断的研究方法，它和其他统计研究方法（如观察性研究）的主要区别在于可以通过有针对性的实验，简单高效地对考察因素和变量间的因果关系进行科学推断。A/B 实验要研究的是逻辑上的因果关系，而不是先有鸡还是先有蛋这种近乎哲学的因果关系。确切地说，我们通过实验要证明的是某个因素是否会对某个现象或结果产生作用。

7.1.2　潜在结果和因果效果

首先明确一下统计学上因果关系的定义。在实验背景下，我们讨论的因果关系是某个刺激（因）所产生的结果（果），作用的目标是参加实验的个体。如果实验组的个体没有接受刺激（实际上并不存在），则产生的结果为潜在结果。之所以称为潜在结果，是因为每个个体最终只会出现一个结果并被观察，也就是当个体受到刺激之后，其对应的结果只有一个，潜在结果是观察不到的。

举个例子，假设你今天去超市购买苹果，恰好遇到超市促销活动，苹果打 8 折，仅此一天。本来你只想买 2 个苹果，但是知道有促销折扣之后，觉得机会难得，决定买 4 个苹果。在这一场景下，本来想买 2 个苹果就是潜在效果，实际购买 4 个苹果就是实际效果，因此，这次促销活动对你的影响就是增加购买 2 个苹果，或者购买量提升了

100%，计算过程如表 7-1 所示。

表 7-1　潜在结果与因果效果

样本	潜在结果	实际结果	因果效果
	没有促销策略	有促销策略	
你	购买 2 个苹果	购买 4 个苹果	多购买 2 个苹果

实际上，对于商家而言，能够获得的信息只有你在促销策略的刺激之下购买了 4 个苹果，而不知道在没有促销策略的情况下你会购买多少苹果（潜在效果），所以商家没有办法有效估计促销策略的影响效果。

你可能会想，商家可以把我上次在没有促销策略下的购买记录当作潜在结果（实际上这不是潜在结果），从而可以获得促销策略的影响效果。但实际上，因为上次购买苹果的你和这一次购买苹果的你并不是"同一个你"，所以上一次购买的结果并不能作为潜在结果。例如上一次购买的时候你比较口渴，觉得需要多买几个苹果，最终买了 4 个苹果。但在这一次购买的时候你没有感到口渴，所以并不想买那么多苹果，2 个就可以满足现在的需求了（没有策略的情况下）。因此，在这种情况下如果将上一次购买作为潜在结果，商家在评估策略效果的时候就会认为促销影响为 0，即促销策略无效，而实际上这是一个错误的估计结果，计算过程如表 7-2 所示。

表 7-2　错误潜在结果

样本	潜在结果	实际结果	因果效果
	没有促销策略	有促销策略	
你（上一次购买）	购买 4 个苹果		没有多购买苹果（错误因果）
你（本次购买）	购买 2 个苹果	购买 4 个苹果	多购买 2 个苹果（实际因果）

产生这一错误的原因是对于商家而言，没有办法获得一个完美的潜在结果，无论用多么相似的情境来类比潜在结果，都有可能因为两种情境的差异导致估计结果出现误差。那么商家应当如何评估促销策略的效果呢？

实际上，对于个体而言，我们确实没有办法获得一个"你"的完美潜在结果，但是，我们可以通过评估两组相似的人的平均结果来评估促销策略的效果，这就是 A/B 实验的思想。通过随机分组得到实验组和对照组，可以认为这两组的平均表现是完全无差异的，所以对实验组应用促销策略时，对照组的表现就是实验组的潜在结果，这便解决了单个个体潜在结果缺失的问题。

7.2　运用 A/B 实验进行策略比较

本节将从实验方法的理论出发，阐述 A/B 实验的思想及基本原理，同时对 A/B 实验的特点进行梳理和总结。

7.2.1　什么是 A/B 实验

A/B 实验也被称为分离式组间实验或对照实验，广泛应用于科研领域（药物测试）。随着商业领域产品和活动的精细化运营，尤其是互联网行业中，A/B 实验也受到了越来越多的关注。简单描述 A/B 实验在产品优化中的应用方法：在产品正式迭代发布之前，为同一个目标制定方案，将用户流量对应分成几组，在保证每组用户特征相同的前提下，让用户分别看到不同的产品或者活动策略（可以是策略 1 与策略 2，也可以是实验组或对照组），根据几组用户的真实数据反馈，科学地帮助产品经理进行决策。

7.2.2　为什么应用 A/B 实验

A/B 实验可以让个人、团队和公司根据用户行为结果不断改进用户体验，并且了解为什么修改某些元素会影响用户行为。A/B 实验不是一次性的，我们可以持续使用 A/B 实验，以不断改善用户体验。

例如某团队希望提高某一营销活动的转化率，为了实现这一目标，团队将尝试对宣传文案和页面的整体布局进行 A/B 实验。每次测试只针对一个变化，这样做有助于确定这些变化对访问者的行为产生何种影响，最终结合实验结果改进营销方案。

只要目标明确，并且有合理的假设，产品开发人员和设计人员就可以使用 A/B 实验准确地分析新产品 / 功能对用户体验的影响。

此外，通过 A/B 实验估计消费者的行为，能够真正了解吸引消费者的因素。基于 A/B 实验的结果优化产品和活动策略，可以提升消费者忠诚度。

1）A/B 实验有助于营销人员更好地了解消费者：A/B 实验可以为营销人员提供大量消费者行为数据，营销人员进行的实验越多，他们对于消费者行为模式的了解就会越深刻，从而能够更加精准、科学地开展营销活动。

2）A/B 实验有助于发现提高消费者忠诚度的方法：通过 A/B 实验可以了解营销策略对消费者的吸引力。值得注意的是，由于 A/B 实验可以应用于互联网行业的大部分渠道，所以也可以通过多元化的渠道增强消费者与品牌的沟通和联系。

7.2.3　A/B 实验的基本原理

A/B 实验的基本原理是控制变量法，设指标数值 $=F$（｛隐变量列｝、｛显变量列（含方案变量）｝）。指标的数据表现是由函数 F 和多个变量共同决定的，所以指标数值变化不能简单地归结于方案的差异，特别是其中还有很多我们无法控制的隐变量施加了影响，例如前文所述的潜在结果。只有在隐变量全部相同的情况下，我们才能将最终结果的差异归结于方案变量。

那么我们只有知道 *F* 和所有的变量才能下结论吗？不是的，有更加简便的解决方法。我们可以将两个方案中的其他变量保持一致，那么 A、B 方案的指标数值差异就只能归结为方案版本的差异。A/B 实验就是利用控制变量的思想，保证各个产品方案针对同质人群（特征分布相同）在同一时间进行实验，确保除方案变量外其他变量一致，因而判定指标差异是方案版本不同造成的，从而选择最优版本上线。

A/B 实验的应用方式决定了它拥有三大特性：先验性、并行性和科学性。

- 先验性：A/B 实验其实是一种"先验"的实验体系，属于预测性结论，与"后验"的归纳性结论差别巨大。
- 并行性：A/B 实验会同时在线实验两个或两个以上方案，这样做的好处在于保证了每个版本所处环境的一致性，便于更加科学、客观地对比方案优劣。同时，也节省了验证的时间，无须在验证完一个版本之后再测试另一个。
- 科学性：这里强调的是流量分配的科学性。A/B 测试的正确做法是将相似特征的用户均匀分配到实验组中，确保每个组用户特征的相似性，避免出现数据偏差，使得实验的结果更有代表性。

7.3 A/B 实验应用步骤

本节将从实际应用的角度介绍 A/B 实验的具体步骤以及操作过程中应当注意的问题。

7.3.1 明确实验要素

1. 明确实验目标

在实验开始前我们需要了解实验的具体要素，包括如下几项。

- 实验目的：通过改变操纵因子，考察操纵因子与因变量之间的因果关系，例如折扣券对于用户通过 App 浏览并下单的影响。
- 实验单元：实验中操纵因子发生完全改变涉及的对象，例如在折扣券对于 App 浏览 – 下单率的影响的实验中，实验单元为打开 App 首页的用户。
- 操纵因子：操纵因子就是实验分析中的自变量，而在上述实验场景中，操纵因子就是折扣券。
- 操纵因子水平：操纵因子在实验中设置的水平，即操纵因子可能的取值。因此，操纵因子水平决定了实验组的数量，例如在上述实验中，操纵因子水平为是否有折扣券，所以只有一个实验组，即发放折扣券的用户，而对照组则是空白对照，即无折扣券的用户。实际上，操纵因子水平可以有多个，当实验目标为折扣大小对于 App 浏览 – 下单率的影响时，操纵因子水平可以是不同折扣，这样就有了多个实验组。

- 因变量：实验单元上可测量得到的随操纵因子变动的变量。在上述实验场景中，因变量为用户 App 浏览 – 下单率。

- 效能：由于操纵因子变动导致因变量的变动，例如折扣组用户对比无折扣组用户 App 浏览 – 下单率提升 3%，其中，3% 为本实验得到的效能。

此外，实验中还涉及背景因子、偏执因子以及混淆因子等要素，这些要素会影响实验效能，而在实践中可以通过不同的实验方法（如 RCB 实验）对以上影响进行控制。

2. 确定核心指标

核心指标是衡量实验组是否优于对照组的重要指标，明确核心指标有助于我们在复杂的指标大盘结果中找到重点，快速做出决策。特别是在同时订阅多个指标时，有些指标正向，有些负向，这时候应该重点关注核心指标，舍弃不太重要的指标。

3. 提出假设

A/B 实验的本质是假设检验，它首先对实验组和对照组的关系提出了某种假设，然后计算这两组数据的差异并确定该差异是否存在统计上的显著性，最后根据上述结果对假设做出判断。A/B 实验的原假设是两组没有差异，备择假设是两组有差异，所谓有无差异是对于这个实验的指标而言的。

如何理解假设检验呢？假设检验是依据反证法思想，首先对总体参数提出某种假设（原假设），然后利用样本信息判断这个假设是否成立的过程。

假设检验的目标是拒绝原假设，核心是证伪。一般来说，我们选择某一个假设可以有两种思考过程：一种是基于满意法的思考，也就是找到那个看上去最可信的假设；另一种是证伪法，即剔除那些无法被证实的假设。满意法存在着一个严重问题，即人们会在没有对其他假设进行透彻分析的情况下就坚持其中一个假设，对于大量反面证据视而不见。而证伪法避免专注于某一个答案而忽视其他答案，减少犯错误的可能性。证伪法的思考过程类似陪审团审判，首先假定一个人无罪，然后收集证据证明他有罪，如果有足够证据证明他有罪，就拒绝他无罪的假设。

在 A/B 实验中，我们希望选出实验组和对照组中的更优方案。因此 A/B 实验的估计量不再是 p，而是 p_2-p_1（实验组和对照组的转化率之差）。原假设是 $p_2-p_1=0$（即两者没差别），因为只有当你怀疑实验组和对照组不一样时，才有做实验的动机，所以我们支持的备择假设是 $p_2-p_1 \neq 0$（两者有差别）。如果 $p_2-p_1 \neq 0$，我们还需要确定这种差异是否具有统计上的显著性以支撑我们全量上线实验组的方案。

7.3.2   实验设计

1. 估计最小预期提升

在进行 A/B 实验之前，我们需要建立一个心理预期，比如当实验组比对照组至少提升 2% 的效果时，才认为实验组的方案有实际价值，若没达到预期提升，实验组方案就不值得被采纳。最小预期提升（MDE）是指在实验前需要确定的实验预期提升的百分比，最小预期提升用于衡量一个实验到底有没有实际价值，只有当实验检测到的效果差异在 MDE 的标准之上时，我们才认为实验组的方案有实际价值，而最小样本量也是基于MDE 计算的。

2. 预估样本量

A/B 实验需要满足最小样本量的要求，以保证测试相对准确（第一类错误 α）和达到足够的统计功效（第二类错误 β）。样本量计算公式：

$$n = \frac{2\sigma^2(z_{1-\alpha/2} + z_{1-\beta})^2}{\Delta^2}$$

其中，

Δ：样本均值预期最小提升。

σ^2：样本方差，在比率指标情况下 $\sigma^2 = p \times (1-p)$，其中，$p$ 为样本某一比率（如转化率）。

α：第一类错误概率，一般取值为 0.05。

β：第二类错误概率，一般取值为 0.1 或 0.2。

z：正态分布累计概率为 x 时对应的分位数。

例如：如果实验的核心指标是用户浏览–下单率，我们需要观察这个指标过去一段时间的历史数据，给出它们的基础转化率。观察前两周的数据，得出用户浏览–下单率大约为 67% 左右，实验预期下单率提升 2%，显著性水平和统计功效通常取 0.05 和 0.1。

根据以上参数，得出这个实验每组所需最小样本量：

$$n = \frac{2 \times [0.67 \times (1-0.67)](1.96 + 1.28)^2}{(0.02)^2} = 11605$$

3. 预估实验时长

有了实验每组所需最小样本量后，还需要知道每天大约有多少样本量进入实验，从而估算实验时长。

如果一个实验的核心指标是用户浏览–下单率（浏览用户数 / 下单用户数），那么这个实验的实验对象就是用户，实验周期内有过 App 使用行为的用户数就是这个实验的样本量。

如果一个实验的核心指标是 App 浏览 – 下单率（浏览频次 / 下单数），那么实验周期内 App 总共被打开的次数是这个实验的样本量，这里需要特别注意。

在这个例子中，核心指标是 App 浏览 – 下单率，所以实验周期内的用户数是这个实验的样本量。

已知实验目标人群过去两周平均每日打开 App 的次数约为 50000 次，若分成 4 组做实验，每组流量不一致，则需要保证流量最小的那组达到最小样本量的需求。举个例子，如果流量最小的那组占总流量的 20%，那么流量最小的组平均每日打开 App 的次数约为 50000 × 20%=10000。由于每组所需最小样本量为 26000，则实验天数为 26000 ÷ 10000 ≈ 3 天。由于周天数会影响实验效果，所以建议实验取整周时间，将实验周期定为一周，同期避免其他可能的活动和实验干扰。

4. A/A 实验

在开始 A/B 实验之前，我们需要先进行与实验周期等长的 A/A 实验。所谓 A/A 实验，就是实验组和对照组上线一模一样的策略，用来检测分组方式本身带来的实验组与对照组的差异，给 A/B 实验两组差异提供基线参考。这里需要注意的是，A/A 实验和 A/B 实验的时间最好一致，这样才能进行后期分析对比（比如 A/B 实验是从周三开始，A/A 实验也最好从周三开始）。如果 A/A 实验的结果也是显著的，说明实验方式本身会造成差异，因此 A/B 实验的结果应当结合 A/A 的结果做校正分析。如果 A/A 实验的结果不显著，那么 A/B 实验的结果无须校正。

7.3.3　实验过程监控

1. 数据检查

实验开始之后，为了保证实验进程的有效性，需要定期检查实验数据。举例来说，如果一个实验的指标计算时间为 6 月 1 日至 6 月 8 日，那么 6 月 2 日就会产出 6 月 1 日的数据，此时需要做一些数据检查。

（1）检查分组是否均匀

举个例子，如果实验监控的指标是 App 下单率，那么实验周期内打开 App 的次数就是这个实验的样本量。对于平均划分流量的实验，我们可以检查实验组和对照组每天打开 App 的次数是否近似。一般来说，在样本量足够的情况下，10% 的差异就可能说明流量分配的随机性存在问题，比如实验分为 4 组，配置的流量比例分别是 21%、38%、24% 和 17%，需要检查实际打开 App 的次数是否基本符合这个比例。

（2）检查是否有异常数据

实际场景下，受特殊天气、节假日、大型活动或者其他运营活动的影响，可能某天的数据不太正常。这里推荐把每天的数据绘制成折线图，方便快速发现问题。此外，在实验过程中也需要检查指标结果是否符合预期，例如心理预期是下单率40%～50%，如果实验结果与心理预期差距较大，应当检查数据计算方式是否与预期方法有差异，确保实验指标的可靠性和有效性。

2. 实验结束标准

进行 A/B 实验时很容易犯的一个错误就是看到实验结果可信就立即停止实验。这个做法是错误的，对于很多实验来讲，实验前段时期的显著性是在显著和不显著之间波动的，特别是对于 UI 改版，这种用户有直观感知的运营方案，实验组的任何改变都会引起用户的特别注意，因此需要足够的样本量和更长的实验周期涵盖实验前期的波动，直到显著性趋于平稳。此外，如果实验过程中出现异常事件，例如异常天气等，可能需要延长实验周期以获取更多有效样本。

7.4　A/B 实验案例

本节将以电商产品展示页面版本迭代为例介绍 A/B 实验的全过程。

7.4.1　实验场景介绍

1. 业务背景

某电商电子商城展示页的产品数较少，希望通过展示页改版增加产品的展示数，提高转化率。

2. 业务目的及期望

希望通过电子商城改版增加产品的展示机会，提升用户整体点击转化率。如图 7-2 所示，左边为实验组一次展示两件商品，右边为对照组一次仅展示一件商品。

实验组（一次展示两张图片）　　对照组（一次仅展示一张图片）

图 7-2　实验组与对照组

7.4.2　实验方法设计

1. 实验目标及实验元素

- 实验目标：相对于电子商城改版前的对照组，提升实验组用户平均点击率。
- 实验单元：打开 App 首页的用户。
- 操纵因子：实验组展示改版后的电子商城首页，展示的产品更多，对照组展示改版前的首页。
- 操纵因子水平：电子商城首页是否改版。
- 因变量：电子商城产品点击率（基于次数的点击率 PV 和基于人数的点击率 UV）。

2. 实验样本量及周期

统计周期为 2019.09.06 ～ 2019.09.12。

以广告点击转化率为主要观测指标，平均 PV 转化率约为 5%，预测提升度为 2pp，显著性水平 $\alpha = 0.05$，功效系数 $\beta = 0.9$，计算可得单组样本量为

$$n = \frac{2 \times [0.05 \times (1-0.05)](1.96+1.28)^2}{(0.02)^2} = 2493$$

3. A/A 对比结果

随机选取上线用户划分为实验组和对照组（各组选取人数大于 2493），在实验前需要对实验人群的 A/A 变化进行考察，A/A 随机性检验结果如表 7-3 所示。

表 7-3　A/A 对比结果

组别	样本量	PV 点击率	PV 显著性	UV 点击率	UV 显著性
对照组	2498	5.13%	不显著	8.35%	不显著
实验组	2528	5.27%		8.40%	

从 A/A 对比结果来看，统计周期为 2019.09.06 ～ 2019.09.12 时，该实验整体点击率 PV、UV 均没有显著差异，即按该样本进行分组能够有效避免其他隐变量的影响。

7.4.3　实验效果评估

1. 评估方法

A/B 实验结束后，样本量达到实验预期提升所需数量，对购买量、点击率或转化率等进行显著性检验，计算公式如下。

$$z = \frac{\overline{x}_B - \overline{x}_A}{\sqrt{\dfrac{S_A^2}{n_A} + \dfrac{S_B^2}{n_B}}}$$

式中，

A：对照组。

B：实验组。

$\bar{x}_A$：对照组样本均值。

$\bar{x}_B$：实验组样本均值。

S_A^2：对照组样本方差。

S_B^2：实验组样本方差。

n_A：对照组样本数。

n_B：实验组样本数。

当 z 值大于 1.96 时，代表检验指标的 p 值小于 0.05，依据小概率事件原理，证明检验指标有显著差异。

需要指出的是，在比较两组样本率指标的时候（如男生占比、转化率、购买率等），公式中的 $\bar{x}_A$ 和 $\bar{x}_B$ 应转换为 P_A 和 P_B，其中，P_A 代表 A 组的某比率指标、P_B 代表 B 组的某比率指标。而两组的方差为

$$S_A^2 = P_A \times (1 - P_A)$$
$$S_B^2 = P_B \times (1 - P_B)$$

2. 评估结果

A/B 实验的统计周期为 2019.09.23~2019.09.30。在实验中，主要的观察指标为电子商城首页改版前后，用户整体点击转化率以及产品购买情况，具体结果如表 7-4 所示。

表 7-4   A/B 实验结果

组别	样本量	PV 点击率	PV 显著性	UV 点击率	UV 显著性
对照组	2498	6.08%	显著	8.35%	显著
实验组	2528	9.73%		11.95%	

实验组、对照组整体 PV 点击转化率分别为 9.73% 和 6.08%；整体 UV 点击转化率分别为 11.95% 和 8.35%，从统计性检验结果可以看出：

$$z = \frac{0.097 - 0.061}{\sqrt{\dfrac{0.097 \times (1 - 0.097)}{2528} + \dfrac{0.061 \times (1 - 0.061)}{2498}}} = 4.47 > 1.96$$

$$z = \frac{0.120 - 0.084}{\sqrt{\dfrac{0.120 \times (1 - 0.120)}{2528} + \dfrac{0.084 \times (1 - 0.084)}{2498}}} = 4.23 > 1.96$$

新的页面设计能够有效提升用户的点击率，且 PV 和 UV 均有显著提升，从而证明了新设计的效果。

7.5　本章小结

本章介绍了 A/B 实验的相关内容。A/B 实验是探索因果关系的方法，在数据分析的过程中我们常常会被相关关系误导，认为"相关"即"因果"，从而导致一系列谬误。而 A/B 实验通过随机分组的方法，将策略或者新产品的潜在效果与实际效果进行对比，帮助我们科学、有效地比较两个策略的效果。

第 8 章
提高实验效能

刘未名、杨凯迪

8.1 控制实验指标方差的必要性和手段

在第 7 章，我们了解了如何通过 A/B 实验对比两种策略的效果。但是在实践中，难免会遇到一些解释不清或者不知道如何解决的问题。

数据分析师小明在进行一项策略评估时，发现实验策略将用户复购率提升了 1%。通过 A/B 实验进行假设检验后，发现结果并不显著，业务方说："我们之前的策略迭代效果很不理想，产品、运营、策略等团队都对这次的实验结果给予了厚望，但是为什么效果还是不显著呢，是不是实验设计有问题？"小明听完后心想："今天晚上估计又走不了了。"

周五下午，运营部的小王对小明说："最近公司推出了一个新产品，老板想对平台上的所有用户进行实验，观察新产品的使用频次是否有显著提升，并且需要观察这种功能是否有更适用于某类用户的可能性，尤其是对于活跃度较低的沉默用户，分类的效果一定要看清楚。但是时间紧、任务重，你看看是不是按照所有的 N 类生命周期赶紧设计出 N 个实验，最好下周就能出结果。"小明听完后心想："这么麻烦的实验，估计周末又要加班了，要不然 N 组实验根本无法完成最基本的实验设计，而且沉默用户的活跃度很低，策略效果一定很微弱，这个实验做出来能显著吗？真是压力大。"

上面两个案例本质上反映的是同一类问题，只是深度和应用点不同。首先，实验的对象可能本身差异很大，比如高频用户和低频用户的行为可以说是完全不同的，在外卖场景中，高频用户的下单天数可能达到每周 5 天，而低频用户的下单天数可能每周小于 1 单。在互联网公司的大数据背景下，实验对象内部存在结构差异的情况非常常见，而对于这些业务视角的结构差异，在数据层面就可以描述为不同实验对象观察指标的差异。也就是说，在还没有开始做实验的时候，实验对象间的差异已经很大了。这时候，我们可以用观察指标的方差代表实验对象的差异。

然而，实验效果可能因为表现得不够明显，就观察不到了。这是为什么呢？我们可以从统计分析的角度进行解释：我们先回顾一下第 7 章双样本 T 检验中用到的样本量计算公式 $n = \dfrac{2\sigma^2(z_{1-\alpha/2} + z_{1-\beta})^2}{\Delta^2}$，可以发现，当策略的最小可检测提升量（MDE）保持不变时，实验样本方差（s^2）越大，计算出来的样本量需求（N）就越大，实验结束后假设检验得到的 p-value 较大，很容易发生不能拒绝原假设的情况。所以，如果在实验设计的过程中减少不必要的实验样本方差，就可以使实验设计更加有效，让之前被背景噪音淹没的策略差异更容易被检测出来。

大多数情况下，我们对实验对象有较多的了解，可以利用这些先验知识减少实验样本之间的差异。在分析外卖用户的案例中，假设本次实验的目的是提升用户购买的频次，并且我们知道用户之间购买频次的差异（也就是频次的方差）会非常大，想要控制、缩小它，数据分析师只需要根据外卖用户的历史频次，将样本粗略地分成高频用户、低频用户两大类，按照同样的比例进行实验组和对照组的 AB 分组，将所有区组的实验组（高频用户区组的 A 组和低频用户区组的 A 组）合并到一起作为本次实验的实验组，将两种用户的 B 组合并作为对照组，就可以将高频 / 低频的差异从假设检验的过程中剥离开，让实验结果更显著。

上述方法其实就是随机区组实验的雏形，在随机分流的阶段可以理解为分层抽样，将高频 / 低频的差异从假设检验的过程中剔除的方法叫作方差分析，它是 T 检验方法的进阶和推广，下文将结合案例进行详细介绍。

8.2　用随机区组设计控制实验指标方差

当我们知道实验对象在某个因素上的结构差异可能会影响实验结果，但可以控制的时候，可以先将实验单元根据这些影响因素分成若干同质的样本区组，然后分别在这些区组进行相同比例的随机分流，再将分流后的多个实验组、对照组组合为实验组和对照组，最终完成实验。

那么随机区组实验和简单 A/B 实验有什么区别呢？简单地把实验对象分成一个组就能让实验结果变得更显著吗？什么样的特征可以作为区组进行实验单元的分割呢？接下来我们从原理层面逐一解决这些问题。

8.2.1　利用随机区组实验降低方差

在简单的 A/B 实验中，实验单元的差异可以被分为两部分：一部分是由实验带来的实验组、对照组的平局差异，叫作组间差异；另一部分是实验单元自身随机性带来的差异，叫作组内差异。当组间差异较大、组内差异较小时，在假设检验中可以很容易地观察到显著的实验效果；反之，当实验的组间差异不够大，但组内差异很大的时候，实验评估中用到的假设检验就不显著了。

在随机区组实验中，除了在分流时按照区组采用分层抽样外，其他的实验设计和简单 A/B 实验并无太大不同。但是，这时实验单元间的差异可以被分为三部分：①由实验带来的差异（组间差异），这部分差异并不会因为分层抽样而改变；②在组内差异中，由于采用基于分组的分层随机抽样，产生了分组之间的差异；③因为实验单元的总差异不会随着分流方式和分层方式的变化而改变，所以将分组之间的差异分开后，剩下的实验单元的组内差异就缩小了。

综上，在相同的策略效果下，影响策略效果判断的背景噪音更小了，随机区组实验可以比简单的 A/B 实验更容易得到统计上显著的效果。

另外，在简单 A/B 实验中，当我们确定本次实验的最小可观测提升幅度后，就可以计算本次实验所需的最小样本量。当这个样本量大于实际可使用的样本数时，我们可以利用随机区组实验降低实验样本的方差，即公式中的 σ，最小样本数自然会下降。而反过来看，数据分析师不用等到实验样本量需求过大、无法满足时再使用随机区组实验，只要能通过业务上的经验和数据进行分析，利用上述方法减小方差，就可以使用随机区组的实验。

随机区组实验对于数据分析师有两个意义：一个是可以在简单 A/B 实验样本量不够的情况下，继续进行实验；另一个是可以节约样本量需求和项目预算，在有限的资源分配下做更多的实验。更进一步地，任何能够控制方差、降低方差的方法，都有助于减少对实验样本数量的需求，产出更高效的实验设计和更准确的实验评估，随机区组实验只是其中最直观、最好操作的一种思路，后面章节会介绍更多控制方差的方法。

8.2.2 随机区组实验的特征选择

抽象地说，每一个实验都有它的观测变量，那么只要是对观测变量的变化有显著作用，并且不受本次策略影响的特征，都可以作为区组候选，然后再从中选择效果较好、不会有很强相似性的特征作为本次实验的区组。这里的效果可以用基于线性回归模型的方差分析来衡量，例如在没有进行实验时，这个特征对于观测变量历史值的变化的影响。然而如果有两类很相似的特征，它们的共线性很强，则不建议同时作为区组进行实验设计，否则会给后续的实验评估带来很多麻烦。

举个例子，某运营策略的目的是通过发补贴的方式提高用户的消费金额（GMV），那么数据分析师就可以依据历史影响用户消费的因素建模分析。业务经验告诉我们，高频 / 低频用户、白天活跃 / 夜间活跃用户的 GMV 是不同的，所以我们可以利用历史数据，在回归方程中验证高频 / 低频用户、白天活跃 / 夜间活跃用户的 GMV 是否具有明显差别，最终将两个标签的笛卡儿乘积作为最终随机区组实验的分组方式。

8.3 随机区组实验应用步骤

1. 明确实验目标及背景

在进行实验设计时，需要从业务的角度思考本次实验的实验因子是什么，在业务上的含义及作用点在哪里，之后根据相应的变化选取合适的实验观察指标。

2. 实验设计

我们可以利用业务经验以及历史数据进行验证，寻找可能减少样本方差的特征，然后通过回归方程找到区组特征候选，最终确认区组方式，并按照随机区组缩小后的方差计算实验每组需要的最小样本数。在实验流量满足最小样本数的前提下，按照分层抽样的方式进行实验组、对照组的分流，然后用与 A/B 实验类似的方式配置相应的实验策略。

3. 实验过程监控

在分流完成后，我们需要对分流数据进行 A/A 实验，即用统计的方法验证本次分组在每个分层上确实是两组同质、均匀的样本。采用多元回归方程，将实验组、对照组没有实验策略的时间段作为回归数据，加入实验 / 对照分组标签以及之前找到的区组标签。如果发现实验组 / 对照组标签对于实验观测指标没有显著的区别，则可认为本次实验的样本随机分流成功，A/A 实验通过。

4. 实验评估中用到的方差分析的基本原理

（1）简单 A/B 实验的方差分析

接下来，我们利用简单 A/B 实验学习方差分析。方差分析是一种比较两组或多组样本均值的统计方法，通过将样本的方差分解，利用 F 检验分析不同样本组的均值差异。我们在实验分析中收集的数据如表 8-1 所示。

表 8-1 实验数据样例

组别	实验组	对照组
样本 1	53	51
样本 2	57	54
样本 3	55	53
样本 4	47	47
样本 5	53	52

（续）

组别	实验组	对照组
样本 6	60	48
样本 7	47	50
样本 8	43	44
样本 9	53	48
样本 10	45	48
样本 11	49	44
样本 12	41	47
平均值	50.25	48.83

注意，数据样例中每个组 12 个样本，这里为了展示方便列为两列，但每一个样本都是独立的，不存在实验组、对照组样本配对的问题。

在进行实验分析时，我们首先需要构建统计模型。对于简单 A/B 实验来讲，除了用双样本 T 检验实验的统计分析之外，我们也可以利用线性回归方程的方法解决问题。也就是说，可以在实验单元的维度，建立以下实验评估方程：

$$Y = \alpha + \beta \times \exp + \varepsilon$$

其中，Y 为每一个实验单元的实验观察指标；α 为截距项，一般可以认为是对照组的观察指标平均值；exp 表示实验单元是否属于实验组的哑变量，在简单 A/B 实验中，exp 的取值就是 1（实验组）或 0（对照组）；β 为策略效果，是实验组实验单元的 Y 与对照组 Y 取值的差异的平均值；ε 为残差，表示方程其他项不能解释的实验单元观察指标的波动。

我们可以利用最小二乘法解这个线性回归方程，得到的系数就是实验组与对照组的平均差异。不过可以预见到，本次拟合结果的 R^2 一定不会很高，因为我们忽略了很多重要的决定因素，能够解释观察指标的变量只有 α 和 β 两个系数。但是在实验评估中，我们并不需要通过方程准确地知道每一个实验单元的观察变量，只需要知道本次实验的提升量在统计意义上的提升是否显著。从回归方程的角度看，就是 exp 哑变量前面的系数 β 的取值是多少，是否显著、不为 0。

接下来，我们回顾一下 A/B 实验中的统计假设。实验分析中使用的假设检验的原假设和备择假设分别是

$$H_0: \ \mu_1 = \mu_2 = \cdots = \mu_k$$
$$H_a: \ 存在 i, j 使得 \mu_i \neq \mu_j$$

这里我们只有实验组、对照组两个组别，所以 $k=2$，每组样本数为 12，所以 $n=12$。对于上述统计假设，我们需要用 F 检验进行统计计算，需要利用方差表得出计算结果，如表 8-2 所示。

表 8-2　方差表

方差来源	自由度 (df)	离均差平方和 (SS)	平均离均差平方和 (MS)	F	p-value
组间差异	$k-1$	SST	MST=SST/$(k-1)$	MST/MSE	
组内差异	$k(n-1)$	SSE	MSE=SSE/$[k(n-1)]$		
总差异	$kn-1$	TSS			

方差表的第二列为自由度，对于 k 组实验样本来说，组间差异的自由度为 $k-1$，同理可推得组内差异的自由度为 $k(n-1)$，总体样本的自由度为 $kn-1$，和组间差异、组内差异自由度之和一致。

方差表的第三列为离均差平方和，SST 和 SSE 分别为组间差异带来的离均差平方和和组内差异带来的离均差平方和，计算公式为

$$\text{SST} = \sum_{i=0}^{k-1} n(\bar{Y}_{i.} - \bar{Y}_{..})^2, \quad \text{SSE} = \sum_{i=0}^{k-1} \sum_{j=0}^{n-1} (Y_{ij} - \bar{Y}_{i.})^2$$

$$\text{TSS} = \text{SST} + \text{SSE}$$

其中 Y_{ij} 表示第 i 组第 j 个样本，i 的取值为 1（实验组）或者 0（对照组），$\bar{Y}_{i.}$ 为第 i 组样本的均值，同理，$\bar{Y}_{..}$ 为所有样本的均值。

方差表的第四列为平均离均差平方和，MST、MSE 的计算比较简单，这里不再赘述。

将上述公式都计算完成后，我们就可以得到 F 统计量的值和对应的 p-value，当假设检验拒绝原假设时，我们认为本次策略的差异是显著的。结合上面两步求得的系数取值、F 检验、p-value 以及显著性，我们就可以对简单 A/B 实验的实验结果和显著性有量化的分析结果。

细心的读者会发现，TSS = SST + SSE 这个公式就是将样本之间的差异拆解为组内差异和组间差异的量化描述，并且在最终的 F 检验公式中，出现的 MST/MSE 也与之前实验分析中提到的一样，将策略产生的差异和样本自身的差异进行比较。因为在双样本的情况下，F 检验会退化为 T 检验，所以在简单 A/B 实验中，采用双样本 T 检验和方差分析方法得到的结果是一致的。

（2）随机区组实验的方差分析方法

可能有读者会问，既然得到的结果和 T 检验一样，那么为什么还要用相对比较麻烦的方差分析呢？这是因为方差分析框架对于随机区组实验等更加复杂的实验设计有更好的支持。依然以 8.2 节的数据为例，不过这次我们事先知道实验样本可以分为多个小组，具体数据如表 8-3 所示。

表 8-3　更新版实验数据样例

组别		实验组	对照组
区组 1	样本 1	53	51
	样本 2	57	54

（续）

组别		实验组	对照组
区组 1	样本 3	55	53
	样本 4	47	47
区组 2	样本 5	53	52
	样本 6	60	48
	样本 7	47	50
	样本 8	43	44
区组 3	样本 9	53	48
	样本 10	45	48
	样本 11	49	44
	样本 12	41	47
平均值		50.25	48.83

那么在进行实验分析时，我们使用的回归模型需要扩展为

$$Y = \alpha + \beta_1 \times \exp + \beta_2 \times \text{Block} + \varepsilon$$

其中，β_1 就是简单 A/B 实验中的 β，新加入一个代表区组的类别变量 Block。如果实验中的区组只有两个，那么 Block 变量的取值也只能是 0 和 1，β_2 也就是一个单纯的回归系数；如果有多个区组，那么 β_2 和 Block 就各自代表了一个一维向量，回归方程系数的个数还会继续增加。

我们的实验分析统计假设并没有改变，因为只是实验设计改变了，而背后的策略原理和想要验证的业务结论都没有变化，所以实验假设依然是

$$H_0:\ \mu_1 = \mu_2 = \cdots = \mu_k$$
$$H_a:\ 存在 i、j 使得 \mu_i \neq \mu_j$$

所以，再加入区组之后，方差分析中的方差表扩展为表 8-4。

表 8-4   扩展版方差表

方差来源	自由度（df）	离均差平方和（SS）	平均离均差平方和（MS）	F	p-value
组间差异	$a-1$	SST	MST=SST/$(a-1)$	MST/MSE	
Block	$b-1$	SS_{Block}			
组内差异	$(a-1)(b-1)n$	SSE	MSE=SSE/$[(a-1)(b-1)n]$		
总差异	$n-1$	TSS			

关于 SST、SSE、SS_{Block} 的计算会因为加入了区组而变得麻烦一些，但是基本思路是一致的：

$$\text{SST} = \sum_{i=0}^{a-1} b \cdot n (\overline{Y}_{i..} - \overline{Y}_{...})^2$$

$$SS_{Block} = \sum_{i=0}^{a-1} \sum_{j=0}^{b-1} n(\bar{Y}_{ij.} - \bar{Y}_{i..})^2$$

$$SSE = \sum_{i=0}^{a-1} \sum_{j=0}^{b-1} \sum_{k=0}^{n-1} (Y_{ijk} - \bar{Y}_{ij.})^2$$

$$TSS = SST + SS_{Block} + SSE$$

和简单 A/B 实验类似，根据案例数据情况，我们只有实验组、对照组，即 $a=2$；区组数为 3，即 $b=3$；每个区组内有 4 个实验对象，即 $n=4$；Y_{ijk} 中的 i 取值分别为 1（实验组）、0（对照组），j 取值为用户分组（0、1、2），k 的取值范围为 0 ~ 5。$\bar{Y}_{i..}$ 指的便是实验组或者对照组的样本均值，$\bar{Y}_{ij.}$ 则指实验组或者对照组中，第 j 个区组的样本均值。

通过观察我们发现，当前实验的总差异 TSS 被分解为三个部分：组内差异、组间差异和区组间差异。其中组间差异的计算并没有因为加入区组而产生变化，但是由于样本差异中的一部分是由区组带来的，所以这部分差异被 SS_{Block} 单独剥离，组内差异则从原来的 *TSS − SST* 下降到了 $TSS - SST - SS_{Block}$。对于 MSE 来说，在区组选择合理的情况下，分子（SSE）的减小幅度会大于分母（自由度）减小的幅度，所以 MSE 会变小，F 统计量会变大。因此采用随机区组的实验设计并不会影响策略效果，而是通过降低方差的形式让策略效果更容易显著。

另外，虽然表格里没有写，但是大家可能已经发现了，在 Block 那一行的平均离均差平方和是空的，没有列统计指标和公式。我们其实可以仿照组间差异的 MST 计算相应的统计值，并且除以 MSE 后形成另一个 F 统计量进行假设检验，只不过这个检验的业务含义不是实验元素是否有差异，而是 Block 代表的区组之间是否有显著差异，这一点可以作为评价特征衡量 Block 的显著程度。

8.4　随机区组实验案例介绍

接下来我们通过一个案例，结合 Python 代码，了解随机区组实验具体的分析流程。首先我们引用 NumPy、Pandas 和 Statsmodels 等若干包的相关模块，如代码清单 8-1 所示。

代码清单 8-1　包的引用

```
import numpy as np
import pandas as pd
from statsmodels.regression.linear_model import OLS, GLS
import statsmodels.formula.api as smf
import statsmodels.api as sm
```

8.4.1 背景介绍

假设通过向用户发送优惠券的方式，提高用户在未来一段时间使用某产品的概率，以达到优化用户 GMV 的目的。（这种方式称为提频策略，以下简称策略。）我们依然使用 8.3 节案例中的数据作为用户在发放优惠券之后 7 天的 GMV，将表 8-3 重复 5 次作为案例建模的数据。

8.4.2 基本设计

实验目的：相对于没有策略，有策略覆盖的用户 GMV 有显著提升。

实验单元：用户。

操纵因子：实验组用户有提频策略的优惠券，对照组没有策略。

操纵因子水平：是否被策略命中。

因变量：用户未来 7 天的 GMV。

8.4.3 随机区组实验相关的设计

业务先验知识告诉我们，用户标签（user_tag）是影响策略效果的重要因素。不过某个标签对实验是否有效，需要经过验证后才能判断，即利用方差分析的思路，利用非实验期的历史数据，观察标签对于 GMV 是否有显著影响，如果有，这个标签就可以加入回归方程参与实验设计，如代码清单 8-2 所示。

代码清单 8-2　历史数据验证

```
model_block = smf.ols(formula='gmv_his ~ C(user_tag)', data=df_his_data)
results_block = model_block.fit()
df_anova=sm.stats.anova_lm(results_block, typ=1)
format_dict={'PR(>F)':'{:,.2%}'.format}
df_anova.style.format(format_dict)
```

df_his_data 是一个存有用户历史数据的 Pandas 包的 DataFrame，数据结构为每个用户一行，有 3 列分别为用户 ID、用户标签和历史 GMV。将数据利用上述代码进行线性回归：

$$\text{GMV}_{历史} = \alpha + \beta \times \text{user\_tag} + \varepsilon$$

建模后，直接将方差表调整格式后输出。本次实验采用对照组的数据作为历史数据的模拟值，最终得到结果，如表 8-5 所示。在实际场景下，数据分析师应该采用真实的历史数据，这样才能够准确地衡量标签的有效性。

表 8-5 对照组建模结果方差表

	df	sum_sq	mean_sq	F	PR (>F)
C(user_tag)	2	205.883	102.917	15.7483	0.00%
残差	57	372.5	6.53509	nan	nan%

结果显示，user_tag 对历史 GMV 有很强的解释能力，p-value<0.001，所以我们把标签加入区组进行分层的随机抽样。在这个简化的案例里，我们暂时加入这一个指标就够了，在真实的环境中，可能需要加入多个区组以保证方差降低的效果足够好。

8.4.4 效果评估

对于实验期的真实数据，我们需要建立基于随机区组实验的回归方程，并根据方差表进行实验统计分析。回归方程的形式为

$$GMV = \alpha + \beta_1 \times exp + \beta_2 \times user\_tag + \varepsilon$$

实验评估方程如代码清单 8-3 所示，回归方程结果如表 8-6 所示。

代码清单 8-3 实验评估方程

```
model = smf.ols(formula='gmv ~ C(exp) + C(user_tag)',data=df_data)
results = model.fit()
results.summary()
```

表 8-6 回归方程结果

	coef	std err	t	P>|t|	[0.025	0.975]
Intercept	51.4167	0.738	69.623	0.000	49.954	52.879
C(exp)[T.T]	1.4167	0.738	1.918	0.058	−0.046	2.879
C(tag)[T.1]	−2.5000	0.904	−2.764	0.007	−4.291	−0.709
C(tag)[T.2]	−5.2500	0.904	−5.804	0.000	−7.041	−3.459

在输出上述回归结果以后，计算方差表，如代码清单 8-4 所示，实验数据建模结果方差表如表 8-7 所示。

代码清单 8-4 实验评估方差表

```
df_anova = sm.stats.anova_lm(results, typ=1)
format_dict ={'PR(>F)':'{:,.2%}'.format}
df_anova.style.format(format_dict)
```

表 8-7 实验数据建模结果方差表

	df	sum_sq	mean_sq	F	PR (>F)
C(exp_group)	1	60.2083	60.2083	3.67991	5.75%
C(user_tag)	2	551.667	275.833	16.8588	0.00%
残差	116	1897.92	16.3614	nan	nan%

综上，我们可以得到一些基本的统计结论：策路对于用户 GMV 有显著提升，效果为平均提升 1.42 元，95% 置信区间为 [0.47，0.79]，这部分提升统计检验比较显著（p-value=0.058）。

数据分析师的工作不应止步于此，在最终的输出结果中，也应反映出这些统计指标在业务上具体代表的含义，比如 1.42 元相当于所有用户自然产生的人均 GMV 的比例是多少，策略自身又花费了多少补贴，这部分补贴的效率（ROI）又是多少。

如果不采用随机区组实验，会发生什么情况呢？我们继续用代码模拟，使用同样的数据，但是实验设计不同（这里简单地替换为不同的回归方程），如代码清单 8-5 所示。

代码清单 8-5 不采用区组设计的建模

```
model = smf.ols(formula='gmv ~ C(exp)', data=df_data)
results = model.fit()
df_anova = sm.stats.anova_lm(results, typ=1)
format_dict={'PR(>F)':'{:,.2%}'.format}
df_anova.style.format(format_dict)
```

最终输出结果如表 8-8 所示。

表 8-8 实验数据不采用区组设计的建模结果方差表

	df	sum_sq	mean_sq	F	PR (>F)
C(exp_group)	1	60.2083	60.2083	2.90032	9.12%
残差	118	2449.58	20.7592	nan	nan%

我们可以看到，由于没有加入用户区组，实验样本的组内差异较大，方差表中的 SSE、MSE 相比随机区组实验评估方法有较大的提升，最终导致 F 检验的显著性变差。所以，随机区组实验是一个更加有效的实验设计和评估方法。

8.5 随机区组实验的常见问题

1. 方差分析的使用前提有哪些？

因为方差分析是基于线性回归模型的分析方法，所以线性回归模型的假设、方差分析大多都需要遵循以下假设。

- 自变量之间独立。
- 自变量与残差项独立。
- 方差齐性。
- 残差正态性。

另外，由于线性回归方程基本都是对连续变量的均值进行建模，所以如果实验的对象是转化率或者其他非正态分布的指标，就需要用到其他模型进行分析。

2. 随机区组的个数越多越好吗?

不是的。

首先,区组的好处是可以降低方差,让 F 检验更显著,也就是减少 F 统计量的分母 MSE,而 $MSE = \dfrac{TSS - SST - SS_{Block}}{df_{residual}}$,只有当区组可以在不显著减小 $df_{residual}$ 的同时保证 SS_{Block} 足够大,才能让 MSE 减小,否则区组可能会无效,这样的问题容易发生在一些分类较多的标签上,我们可以利用案例中区组验证部分的代码识别类似的问题。

另外,区组与区组之间可能不是完全独立的,比如用户活跃度和用户生命周期就是强相关的指标,生命周期中的成熟期用户基本都是活跃度分类中的活跃用户,这样的标签如果同时放入线性回归模型,就会出现自变量之间不独立的多重共线性问题,方程系数的标准差会变为不可信,生产的置信区间的宽度通常也是偏小的,从而让整个分析方程变得不可靠。这部分线性模型的前提假设会在 Statsmodels 包解方程的过程中做检查和相应的输出,建议数据分析师可以在实验前使用历史数据进行一次模型的模拟计算,观察是否有类似情况出现,如果有,则需要在实验前对区组进行取舍或者组合变换。

3. 随机区组实验的回归方程的 R^2 越高越好吗? 是否能证明策略有效果?

R^2 的值高虽然是一件好事,但是不代表策略效果好。

首先,策略效果的"好坏"是由回归系数 β 的取值和显著性决定的,值越大说明策略效果越明显,显著性越高证明这个效果在统计意义上相比样本的随机波动越显著。

R^2 代表了回归方程对因变量的解释程度,并且由 R^2 公式(根据方差分析中的记号规则, $R^2 = \dfrac{SST + SS_{Block}}{TSS} = 1 - \dfrac{SSE}{TSS}$)可知,当我们利用随机区组实验降低实验样本的组内差异时,必然会减小 SSE,在样本总方差不变的情况下, R^2 一定会变大,因此 R^2 可以作为验证随机区组实验设计的一个辅助指标。但是我们不必追求 R^2 达到 70% 或者更高的水平,比如 8.4.4 节案例中的回归方程的 R^2 只有 24%,但是已经能够有效地检测出策略效果。

8.6 本章小结

本章继续第 7 章中对于 A/B 实验的介绍,讲述了随机区组这种更加有效的实验设计方法。该方法可以在实验流程改动较小的情况下,得到比 A/B 实验更加显著的结果。另外,本章介绍的方差分析方法,不仅是一种实验量化评估手段,更是一种有助于理解样本间差异的思路,便于读者理解更加复杂的实验设计和实验分析方法。

第 9 章
特殊场景下的实验设计和分析方法

李依诺、刘未名、杨凯迪

在前两章，我们学习了 A/B 实验以及在 A/B 实验的基础上增加分区的随机区组实验。在可以分流并且实验组不会相互影响的场景下，这两种实验设计确实是非常好用的。但是在一些商业场景中，随机分流的实验组和对照组之间会相互影响，有时候我们甚至无法分流实验对象。面对这种特殊场景，我们该怎么做呢？本章会介绍四种实验设计，它们分别对应一种特殊场景下的实验需求。

9.1 解决分流实验对象之间的干扰

网络效应是 A/B 实验的大敌。我们这里讨论的网络效应不同于经济学上的网络效应（越多用户加入，产品 / 服务的价值越大），而是类似溢出效应和组间干扰，实验单元的实验结果不仅取决于个体本身，还会受其他实验单元的影响。

举例来说，在社交网络中，一个用户观看广告后的点击行为会影响另一个用户看到的广告。我们想对比两套广告推荐系统对于广告点击量的影响，如果仅仅将用户随机分流做 A/B 实验，实验组用户和控制组用户的广告点击行为会互相影响，这样实验得到的结果会有偏差。

不存在网络效应的假设被称为个体处理稳定性假设，我们往往需要在开始实验设计的时候评估是否存在网络效应，如果已经得到 A/B 实验数据了才发现存在网络效应，就只能尽可能剥离出未受污染的实验组和控制组得出无偏的实验结果，这样做十分麻烦而且并不是每次都能有分析方法来救场的。所以一般在设计实验时，数据分析师就应提前判断业务场景中是否存在网络效应，再针对业务场景设计相应的实验。

本节介绍如何运用随机饱和度实验[⊖]规避网络效应带来的实验偏差。随机饱和度实验

还具备另外一些优点，例如能够测量溢出效应的大小以及实验饱和度对于处理效应和溢出效应的影响。

9.1.1 使用随机饱和度实验减少实验对象之间的影响

随机饱和度实验的本质是一个分流实验，但不同于 A/B 实验一步随机分流实验组与控制组，在随机饱和度实验中，需要经过两步才能随机分流控制组与实验组。在实验中，先将实验对象以簇的形式选取出来，每一簇实验对象要分布均匀并且簇与簇之间相互独立。之后随机给这些独立相似的簇分配实验饱和度，饱和度范围是 [0,1]。最后依据每个簇的实验饱和度，对簇中的实验对象进行分配处理。表 9-1 给出了一个随机饱和度实验的示例。

表 9-1　随机饱和度实验示例

簇 1	簇 2	簇 3	簇 4
100 个样本，没有样本接受处理	100 个样本，期望 25 个样本接受处理	100 个样本，期望 50 个样本接受处理	100 个样本，期望 75 个样本接受处理
饱和度 0%	饱和度 25%	饱和度 50%	饱和度 75%

首先选取 4 个分布均匀且独立的簇，之后给簇随机分配饱和度。如簇 3 被分配的饱和度是 50%，其中的 100 个样本会按照 50% 的概率随机分配处理。簇 1 被分配的饱和度是 0%，其中的 100 个样本将不会被分配处理。

由于簇之间相互独立且均匀分布，簇与簇之间的实验对象可以直接进行比较。如果存在实验饱和度为 0 的簇，此簇中的实验对象可视为无污染的控制组。如果存在实验饱和度为 1 的簇，此簇中的实验对象可视为无污染的实验组。如果同时存在实验饱和度为 0 和 1 的簇，那么仅通过比较这两组簇中的实验对象就可得出无偏差的处理效应，如式（9-1）所示。

$$Y_{ic} = \beta_0 + \beta_1 \cdot T_{ic} + \Phi \cdot X_{ic} + \varepsilon_{ic} \tag{9-1}$$

式中，Y_{ic} 指在第 c 个簇里的第 i 个单位的实验结果，T_{ic} 指在第 c 个簇里的第 i 个单位是否接受了处理，X_{ic} 是第 c 个簇里的第 i 个单位的协变量，用于减小 ε 的方差。通过拟合式（9-1），β_1 估计了全量处理效应。在这样的设计下，可以看出式（9-1）和随机区组设计十分类似。确实如此，式（9-1）中的 X 便是随机区组设计的区组。实际上，除了式（9-1）中的每一个实验单元都来自一个簇，且实验单元是否接受处理由两层随机结果决定以外，其他部分都和随机区组设计一致。但也正是由于实验组和控制组来自独立的簇，在稳定性假设不成立的场景下，式（9-1）可以无偏估计出全量处理效果，而随机区组实验却不行。

如果没有实验饱和度为 0 和 1 的簇，也可以通过假设实验饱和度和处理效应的线性

关系，运用线性模型对比不同实验饱和度对于实验指标的影响，并通过模型估计处理效应的大小。这里要用到的线性模型可以写作

$$Y_{ic} = \beta_0 + \beta_1 \cdot T_{ic} + \delta_1 \cdot (T_{ic} \cdot \pi_c) + \Phi \cdot X_{ic} + \varepsilon_{ic} \qquad （9\text{-}2）$$

式中 π_c 指第 c 个簇的处理饱和度，β_1 解释了唯一处理效果，即整个簇内只给一个实验对象分配处理的期望处理效果。δ_{ic} 解释的是处理饱和度与实验处理的交互影响效果。这里估计出的全量处理效应为 $\beta_1 + \delta_1$。有些读者可能会感到奇怪，为什么不用实验饱和度为 0 和 1 的簇直接估计，而要借助线性关系假设呢？道理很简单，因为有时业务场景要求不能有实验饱和度为 0 或者 1 的簇。比如某个预计有益的产品想尽早全量上线以惠及更多的顾客，于是不能有实验饱和度为 0 的簇；或者某个有风险的产品只能采用小流量测试，因此不能有实验饱和度为 1 的簇。有时我们想估测组间影响，同样需要多个处理饱和度的簇，于是将式（9-2）做如下修改。

$$Y_{ic} = \beta_0 + \beta_1 \cdot T_{ic} + \beta_2 \cdot S_{ic} + \delta_1 \cdot (T_{ic} \cdot \pi_c) + \delta_2 \cdot (S_{ic} \cdot \pi_c) + \Phi \cdot X_{ic} + \varepsilon_{ic} \qquad （9\text{-}3）$$

S_{ic} 指在第 c 个簇里的第 i 个单位，是否为在处理饱和度不为 0 的簇里的控制对象。在式（9-3）中，$\beta_1 + \delta_1$ 估计了全量处理效应的大小，同时 δ_2 代表实验饱和度与溢出的交互影响效果。β_2 的作用是进行一次线性关系检验，因为处理饱和度为 0 时，实验组对于控制组的溢出效应也应为 0。那么什么时候我们也会关注溢出效应的大小呢？举个简单的例子，某电商集团的补贴策略是针对某个特定人群的，这个策略会刺激补贴人群消费，这个人群增加消费可能会对其他人群产生带动作用，如果我们希望量化这个带动作用，就可以通过测量溢出效应进行估计。

假如个体粒度的协变量在模型中的效果不好，可以尝试做簇粒度的模型，式（9-1）可以写作

$$Y_c = \beta_0 + \beta_1 \cdot T_c + \Phi \cdot X_c + \varepsilon_c \qquad （9\text{-}4）$$

其中 Y_c 是簇 c 的实验结果，T_c 指簇 c 是否接受处理，X_c 是簇 c 的协变量。同样，式（9-4）的处理效果还是通过 β_1 来估计。

9.1.2　随机浓度实验的设计流程

随机饱和度实验的设计流程可以抽象为以下 3 个步骤。

- 确定场景中独立同分布簇的存在形式，例如地区、时间片等。
- 确定实验需要以及可以支持的饱和度集合，并随机给簇分配饱和度。
- 按簇被分配的饱和度随机给簇中的实验对象分配处理。

在随机饱和度实验中，簇的选择非常多，根据不同的商业场景，可以分为地区、时

间片，等等。数据分析师在设计实验的时候需要从多个维度进行考量，选出最优的划分方案。在很多商业场景中，地区、日期之间的差异巨大且不好控制。对于同一策略或产品，一线城市、二线城市的用户反应不同，商业区、居民区的用户反应不同，周中、周末的用户反应也不同。因此找到独立且实验对象分布均衡的簇是一件很不容易的事。这里我主要介绍两种分簇的方式：按地区聚类和按时间切分。

1. 地区聚类

地区聚类是基于地理信息进行的。在地理上存在意义的商业场景都可以运用地区聚类，比如外卖、酒店、交通等。以外卖场景为例，我们可以将一个城市切分成大量矩形格子，任意坐标都可以对应到这套坐标系的格子内。

在这样的系统内，每一个外卖订单的发单地点和骑手接单地点的坐标都可以对应到格子内。外卖场景下网络效应的体现之一就是骑手抢单，因为外卖订单的接单时间受其他外卖订单接单时间的影响。假如我们把这些矩形格子聚成几簇，保证每个簇内的订单都是被簇内的骑手接单的，没有骑手跨簇接单，那么这些簇就是相互独立的，可以用于随机饱和度实验。在实际情况下，我们可能无法找到完全独立的簇，但是当跨簇接单的比例下降到一定值的时候，我们可以接受独立性的假设。

另一方面，聚类出的簇与簇之间可能分布得不是很平均，这时我们可以增加分簇的数量，再在簇的基础上随机分组，以此增加订单分布的平均度，但是增加分簇数量的同时，无可避免地会增加跨簇接单率，因此实验设计者需要在分簇平均性和跨簇接单率之间做一个平衡。

2. 时间切分

时间切分是地理聚类之外的另一个选择。还是以外卖业务场景为例，我们可以将时间切分成时间片，例如 1 个小时、2 个小时或者 1 天。假设时间片与时间片之间是互相独立的。当然，在实际场景中，时间片越小，相关性就越大。通过控制背景变量和在分析时加入协变量可以控制时间片之间的分布平均度。

饱和度池的选择取决于业务需要，一般来说，只要满足饱和度种类大于或等于 2，就满足实验的最低需求了。当然多一些饱和度可以更好地估计实验饱和度的溢出效应，但是更多的饱和度会产生更多样本量的需求，这之间的平衡需要实验设计者根据实际情况把握。饱和度池的选择有时也和业务需求相关，比如有些场景业务不允许有 0 饱和度或者 1 饱和度的簇。

9.1.3 随机浓度实验评估方法及案例

本节我们介绍一个基于模拟数据的例子，如代码清单 9-1 所示，数据如表 9-2 所示。

模拟数据中有 4 个互相独立且同分布的簇，分别被给予了 0%、25%、50%、75% 的实验饱和度。代码中实验指标为 y，是否接受实验的虚拟变量为 t，是否为实验簇内控制对象的虚拟变量为 s，簇对应的实验饱和度为 pi，$x1$ 是一个协变量。在这个例子中，假设我们的目的是估计全量处理效应以及饱和度在 0 到 1 之间的溢出效应。

代码清单 9-1　随即饱和度实验示例

```python
    import pandas as pd
import numpy as np

# 4 clusters
# saturations: 0, 0.25, 0.50, 0.75
np.random.seed(10)

t1 = np.array([0]*100)
t2 = np.random.choice([0,1], 100, p=[0.75, 0.25])
t3 = np.random.choice([0,1], 100, p=[0.5, 0.5])
t4 = np.random.choice([0,1], 100, p=[0.25, 0.75])
t = np.concatenate((t1,t2,t3,t4))
s1 = np.array([0]*100)
s2 = abs(t2 - 1)
s3 = abs(t3 - 1)
s4 = abs(t4 - 1)
s = np.concatenate((s1,s2,s3,s4))
pi = np.array([0]*100 + [0.25]*100 + [0.5]*100 + [0.75]*100)
x1 = 0.5 + np.random.random(400)/2
error = np.random.random(400)
intercept = np.array([np.random.randint(1,4)]*400)
y = intercept + 1.1*t + 1.5*t*pi + s*pi + 0.7*x1 + error

data = pd.DataFrame({"t":t, "s":s, "pi":pi,"x1":x1, "t_pi":t*pi, "s_pi":s*pi,
    "y":y})
```

表 9-2　模拟实验数据表头

	t	s	pi	x1	t_pi	s_pi	y
0	0	0	0.0	0.845887	0.0	0.0	1.960426
1	0	0	0.1	0.594515	0.0	0.0	1.836481
2	0	0	0.0	0.901504	0.0	0.0	2.036457
3	0	0	0.0	0.757382	0.0	0.0	2.528245
4	0	0	0.0	0.878643	0.0	0.0	1.771725

在这个例子中，我们不仅关注全量处理效应，同时也想估计溢出效应，因此我们选择套用式（9-3），回归结果如图 9-1 所示。

通过回归分析，我们可以发现 s 是不显著的。如 9.1.1 节介绍的，s 在这里的作用是一个溢出效应的线性关系检验，s 不显著说明溢出效应的线性关系是成立的。去除 s 后重新拟合一次模型，回归结果如图 9-2 所示。

```
                        OLS Regression Results
===============================================================================
R-squared:                     0.903  Adj. R-squared:              0.902
F-statistic:                   737.5  Prob (F-statistic):       1.74e-197
Log-Likelihood:              -66.467
===============================================================================
                 coef    std err         t      P>|t|      [0.025     0.975]
-------------------------------------------------------------------------------
const          1.5189      0.076    19.965      0.000       1.369      1.668
t              1.0098      0.084    11.968      0.000       0.844      1.176
s              0.0230      0.065     0.353      0.724      -0.105      0.151
t_pi           1.5711      0.128    12.290      0.000       1.320      1.822
s_pi           0.8459      0.132     6.431      0.000       0.587      1.105
x1             0.7298      0.096     7.623      0.000       0.542      0.918
```

图 9-1　回归结果

```
                        OLS Regression Results
===============================================================================
R-squared:                     0.903  Adj. R-squared:              0.902
F-statistic:                   923.9  Prob (F-statistic):       5.72e-199
Log-Likelihood:              -66.530
===============================================================================
                 coef    std err         t      P>|t|      [0.025     0.975]
-------------------------------------------------------------------------------
const          1.5214      0.076    20.112      0.000       1.373      1.670
t              1.0054      0.083    12.063      0.000       0.842      1.169
t_pi           1.5710      0.128    12.303      0.000       1.320      1.822
s_pi           0.8841      0.075    11.777      0.000       0.736      1.032
x1             0.7324      0.095     7.682      0.000       0.545      0.920
```

图 9-2　修改后的回归结果

模型中的变量都是显著的，全量处理效应等于 t 和 t_pi 的系数相加，即 $1.0054 + 1.5710 = 2.5764$。故在处理全量上线在全体对象的时候，y 会提高 2.5764。在 50% 处理饱和度下，溢出效应为 $0.5 \times 0.8841 \approx 0.4421$，即控制组的 y 会提高 0.4421。

本节我们介绍了网络效应及其对实验的影响，并且学习了如何应用随机饱和度实验满足存在网络效应的实验场景。随机饱和度实验的难点在于找出互相独立且分布平均的簇。除了本节介绍的地区和时间簇类型以外，簇在不同的场景下还有不同的存在形式，数据分析师可结合实际情况进行选择。

9.2 Switchback 实验和评估方法

9.2.1 不能使用随机分流策略的情况

有一些互联网公司在多边市场中扮演着交易中间人的角色，比如外卖平台匹配食客、餐厅和送餐员三方的需求。平台可以通过产品策略优化这个匹配过程，这时就不能仅依靠随机分流的 A/B 实验了，原因有以下两点。

- 产品策略会对每一个匹配结果产生影响，单独对匹配的一方进行基于用户 id 的随机分流无法测算其对另外一方的影响以及双方互相影响的叠加效果。
- 匹配类型的产品策略一般都是全局优化的结果，一次匹配结果的变化可能会对同时刻及后续一段时间内其他的匹配产生影响，一般把这个影响当作市场中多个参与方之间的"网络效应"。正是由于网络效应的存在，数据分析师无法在匹配关系的层面进行随机分流。

综上，数据分析师需要在不会对匹配策略产生干扰的情况下切分实验组和对照组，达到实验对比的目的。

9.2.2 Switchback 实验的基本原理

Switchback 实验基于一些不受网络效应干扰的特征对实验样本进行切分，然后把切分的结果按照某种方式分配给实验组和对照组。实验组和对照组会在某一个特征上来回切换，以达到在没有策略时，实验组、对照组的表现在统计上无差异（A/A 实验通过），在进行匹配策略的实验时，网络效应产生的干扰也非常小。

在外卖平台的业务场景中，数据分析师可以利用空间和时间进行实验组和对照组的区分，我们称时间维度和空间维度的组合为时空切片，数据分析师需要以时空切片作为分析对象进行实验设计和建模评估。

请注意，时空切片不是随便切分的。首先，网络效应会从以下两方面影响 Switchback 实验设计和时空切片的可靠性。

1. 空间维度

在食客下单较多、送餐员送不过来的时候（供不应求），改变策略会影响时空切片的供需结构，如果空间维度划分得不够大，也会影响周边切片的供需结构，延长食客拿到外卖的预估时间，影响平台的业务指标。对于食客下单较少、送餐员较多的供过于求场景同理。

2. 时间维度

上一个时间段的策略可能会对下一个时间段产生影响。如果时间维度划分得不够大，受策略的影响，上一个场景变成了供不应求的情况，就会延长接下来的时空切片内食客拿到外卖的预估时间。在供过于求的场景同理。

那么，空间和时间维度的切分间隔是越大越好吗？答案自然是否定的。当切片的间隔选取过大时，数据分析师可用的总样本数就会减少。由于业务的限制，实验周期一般不会很长，在较短的周期内，样本之间的差异就会很大。这两点会极大影响 Switchback 实验的灵敏度和 A/A 实验的结果，所以我们需要从时空切片的生成方法和实验评估的方法两个方面提升 Switchback 实验的整体效率。

9.2.3　Switchback 实验中关于时空切片的聚类方法

1. 利用跨片率衡量网络效应

根据上面对于时间、空间维度网络效应的描述，数据分析师可以将其量化为一个指标，表示食客、餐厅和送餐员处于不同时空切片的比例，即跨片率。无论是从时间维度还是空间维度，如果某种时空切片的切分方法能使得平台所有匹配的跨片率足够低，我们就可以认为每一次匹配结果都是由同样的匹配算法实现的，实验组、对照组之间的网络效应会较小。

2. 利用统计方法进行时间维度的切分

数据分析师可以利用简单穷举的方式，如每 15 分钟切分一次、每半小时切分一次、每 1 小时切分一次，解决时间维度的后续影响。利用统计方法，我们可以找到在本次食客和送餐员的匹配中，送餐员是否已经接到上一个时间段匹配订单的概率，这个在时间维度上的跨片率越小越好。

3. 利用谱聚类进行空间维度的切分

如何找到跨片率最小的空间维度的切分方法呢？我们可以把每一次匹配的结果抽象为一个网络图模型。

首先，我们将城市地图按照一定的规则切分为小格子，常见的切分方式是将城市切分为无缝衔接的六边形格子，格子的边长可以依据业务分析的颗粒度来选择，范围是 100m ～ 5km。然后，我们把每一次匹配中送餐员、餐厅和食客的位置，离散到每一个格子中，作为图的顶点。最后，我们就可以把匹配的结果作为边反映在图上，包括食客、餐厅、送餐员 3 个顶点间的连接，每增加一次匹配，相应顶点之间边的权重加 1。所以，在遍历了一个完整周期所有的匹配后，我们可以构建一个城市匹配的无向网络图。

我们希望找到跨片率最小的切分方案，就用到了在无向网络图的谱聚类算法。谱聚类算法的原理其实就是找到在切分完成后，每一个子图（时空切片聚类）内部连接稠密、外部连接稀疏的切分方法，自然就对应到了减少跨片率这个业务指标上。具体的算法逻辑本书不做介绍，感兴趣的读者可以查阅算法相关的资料。

4. 如何评价时空切片的效果

我们找到合适的方式划分时空切片，自然就可以利用跨片率这个指标检测网络效应。跨片率并不是越小越好，最极端的情况就是整个城市是一片，此时跨片率为 0，但是可供实验的样本量为 1，无法进行实验。

9.2.4　Switchback 实验的评估方法

接下来我们利用 Kaggle 上公开的芝加哥出租车数据来模拟 Uber、Lyft 等网约车平台司机乘客匹配策略的实验场景，通过实例学习 Switchback 实验的评估方法。

该数据集包含了 2013 ～ 2019 年芝加哥大部分出租车的订单信息，包括起 / 终点经纬度、订单开始时间等。因为出租车是乘客和司机线下匹配的，所以我们暂时在乘客附近的随机位置放置司机，模拟网约车平台在线匹配司机和乘客的过程。为了简单化处理过程，我们将 1 天切分为 24 个小时，作为时间维度的切分方式。

对于空间维度，首先选取 2019 年 10 月的订单数据，并按照经纬度 0.01 度将城市粗略地切分为正方形的格子，将订单的起点离散化。再模拟司机会从周边若干格子按照一定的比例匹配给乘客，效果分别如图 9-3、图 9-4 所示。

然后，我们利用 Python 的 NetworkX 包，生成城市正方形格子的邻接矩阵，再利用 Sklearn 包的谱聚类算法产生城市空间的聚类，不同的聚类参数对应的订单跨片率结果如图 9-5 所示，为了不产生过大的网络效应，我们暂时选择聚类数为 20、跨片率为 12.5% 的切分方式。在合并了订单数占比小于 1% 的长尾切片后，最终合并为 7 类切片的效果如图 9-6 所示。

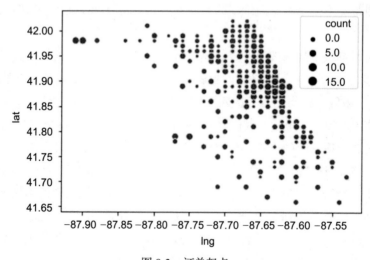

图 9-3　订单起点

最后，我们利用 2019 年 11 月的数据进行实验状态的数据模拟。

首先，假设策略会对订单数产生影响，那么实验评估回归方程就可以写作：订单数 $= \alpha + \beta \times \exp$，不过由于时空切片自身的量级差异较大，一方面空间内每一个切片的面积和密度不同，另一方面，时间维度的白天和夜间、周一到周日乘客叫车的行为也差异巨大，所以最终我们加入上述变量控制订单数的方差，回归方程变为：订单数 $= \alpha + \beta_1 \times \exp + \overrightarrow{\beta_2} \times \overrightarrow{\text{weekday}} + \overrightarrow{\beta_3} \times \overrightarrow{\text{hour}} + \epsilon$，其中 weekday 和 hour 代表一周 7 天和一天 24 小时的哑变量组合。

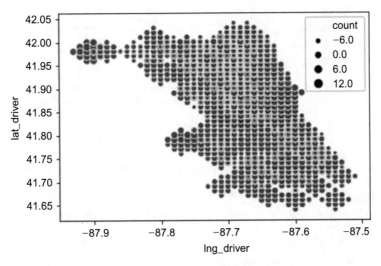

图 9-4　司机匹配时的位置

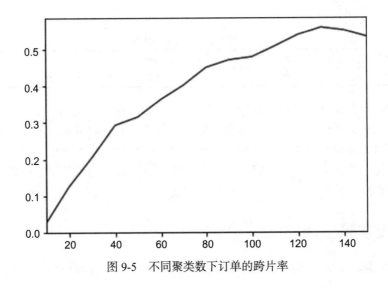

图 9-5　不同聚类数下订单的跨片率

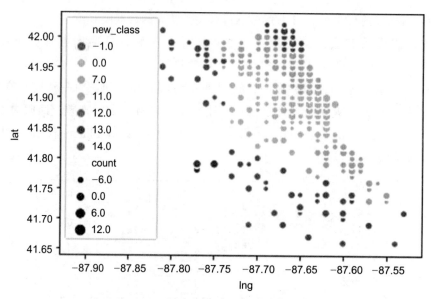

图 9-6　聚类数为 20 时的去尾后聚类效果

之后，将上述利用 10 月历史数据得到的聚类结果套用在 11 月的数据上，我们会得到一份时间维度为天的时空切片（24 小时 ×7 个空间切片）的数据。我们按照 1∶1 的比例随机划分实验组和对照组，利用 bootstrap 方法对于 MDE 分别为 1%、2%······10% 的情况下，各模拟 100 次实验，统计回归方程中 exp 系数为正的次数作为本次实验设计的 power 值，可以认为 power 取值需要大于 0.8。通过表 9-3 所示的模拟结果可知，本次基于时空切片的 Switchback 实验设计中，在 power=0.8 的统计假设下，可以测量 MDE ≥ 4% 的策略实验。

表 9-3　Power Analysis 模拟结果

MDE	1%	2%	3%	4%	5%	6%	7%	8%	9%	10%
Power	0.57	0.7	0.78	0.84	0.93	0.93	0.99	0.99	0.98	1.00

Switchback 实验设计可以在实验组和对照组互相干扰，不能直接进行 A/B 实验时，为我们提供一种分析思路。其原理是利用历史数据推测未来的情况，用历史数据的规律将实验样本事先分成一些聚类，再利用这些聚类进行实验设计和分析。换句话说，如果历史上用户间的联系和未来（实验期）用户间的联系相关性非常低，就不能使用本节介绍的方法进行实验分析了。

9.3　交叉实验

交叉实验是将全集随机切分为若干实验单元，使每一个实验单元先后接受多种策略，在短时间内得到策略效果的一种方法。交叉实验的优势首先是解决了 A/B 实验同一时间段只能评估一种策略浪费时间成本的问题；其次，交叉实验背后的理论评估方法（方差分析）较 A/B 实验所需的样本量相对少一些；最后，这种每个实验单元均被相同策略影响的实验方式也可以有效避免实验单元之间个体差异导致统计精度较低的问题。

因此可以说交叉实验是一种重复对不同实验单元组实施实验的设计方案，实验过程中每一个实验单元都会在不同阶段命中不同的策略，其核心思想是每个实验单元都作为自己的对照组进行评估计算。

9.3.1 交叉实验的基本概念

与所有实验的要求类似，交叉实验同样要求样本分流的随机性，即样本随机划分为 N 组，随机分配策略。

除此之外，由于交叉实验的特殊性，还存在对序列以及时间周期的要求，其中序列表示每一个实验单元命中策略的先后顺序，时间周期表示实验单元策略的生效时段。需要注意的是，每个策略在不同实验单元的生效时段应该一致。

由于实验设计为同一实验单元依次命中不同策略，所以上一个时间周期的策略效果会影响下一个时间周期的策略效果，这种影响在交叉实验中叫作延滞效应，在两个策略之间增加几日空白期可以避免延滞效应，空白期即为消除期。

上述基本概念都是交叉检验设计时需要考虑到的，接下来我们通过实验设计矩阵进一步了解交叉实验。

9.3.2 常见的交叉实验设计矩阵

“序列”与“周期”这两个基本概念的排列组合决定了实验设计矩阵的均匀及平衡特性。

将样本集随机分为两组，分别对两组实验单元在不同时段投放不同策略，使两组实验单元中每例研究对象先后接受两种策略，最后将结果进行对照，这就是 2×2 交叉矩阵的实验过程，如表 9-4 所示。

表 9-4 2×2 交叉实验设计矩阵

Design 1	第一周期	消除期	第二周期
序列 AB	A	无策略	B
序列 BA	B	无策略	A

2×2 交叉矩阵中策略 A 和策略 B 在实验序列中出现的次数相等，在实验周期内出现的次数也相等，因此 2×2 交叉矩阵又称为均匀交叉实验设计矩阵。另一个均匀交叉实验

设计矩阵的典型代表是数学益智游戏"数独",数独式的实验设计矩阵也称为拉丁方阵,拉丁方阵是标准的均匀交叉实验。均匀交叉实验的特性表现为每个实验策略在每个周期及每个序列里仅出现一次,如表9-5所示。

表9-5 均匀交叉实验设计矩阵

Design 2	第一周期	第二周期	第三周期	第四周期
序列 ABCD	A	B	C	D
序列 BCDA	B	C	D	A
序列 CDAB	C	D	A	B
序列 DABC	D	A	B	C

拉丁方针除均匀交叉实验设计外还满足平衡实验设计的要求,平衡实验设计的特性为每个策略在其他策略前出现的次数相等,拉丁方阵中每个策略在其他策略前出现的次数均为1。

在平衡实验设计之上,交叉实验设计衍生出了强平衡实验设计的概念,其特性表现与平衡实验设计相似但更严苛,除了策略在其他策略前出现的次数相等之外,还要求策略在其本身之前出现的次数与在其他策略之前出现的次数一致。如表9-6所示,策略ABCD在其他策略包含其本身前面都出现了一次。

表9-6 强平衡实验设计矩阵

Design 3	第一周期	第二周期	第三周期	第四周期	第五周期
序列 ABCDD	A	B	C	D	D
序列 BDACC	B	D	A	C	C
序列 CADBB	C	A	D	B	B
序列 DCBAA	D	C	B	A	A

既满足均匀特性又满足平衡特性的实验设计矩阵称为强均衡实验设计矩阵,特性为每种策略在序列、周期中出现的次数相等且在其他策略(包含其本身)前出现的次数也相等,如表9-7所示。

表9-7 强均衡实验设计矩阵

Design 4	第一周期	第二周期	第三周期	第四周期
序列 ABBA	A	B	B	A
序列 BAAB	B	A	A	B
序列 AABB	A	A	B	B
序列 BBAA	B	B	A	A

不同的特性在策略评估中表现出了什么差异呢?下面我们计算不同实验设计矩阵的拟合函数,研究不同矩阵评估误差对策略结果造成的影响。

9.3.3　交叉实验评估及矩阵误差说明

在交叉实验设计的基本概念中有提到序列一致性、周期一致性、延滞效应等概念，交叉实验设计的评估是以方差分析为背景进行的，存在如下拟合函数。

$$Y_{ijk} = \mu_i + \rho_j + \nu_k + \lambda + e_{ijk}$$

其中 μ、ρ、ν、λ 分别表示观测指标值、周期影响、序列影响以及延滞效应。实验设计中我们认为不同序列、不同周期、不同策略会对实验单元产生不同的效果，且上一策略可能会对一下策略产生影响。若实验设计不满足序列、周期一致性，将会产生误差；不满足平衡设计，将会产生延滞效应。接下来将以 ABB|BAA（周期均匀，序列不均匀，强平衡实验）为例，介绍误差的来源计算。ABB|BAA 实验设计矩阵形式如表 9-8 所示。

表 9-8　交叉实验设计矩阵示例

Design 5-1	第一周期	第二周期	第三周期
序列 ABB	A	B	B
序列 BAA	B	A	A

根据拟合函数计算得到对应的观测指标值，如表 9-9 所示。

表 9-9　交叉实验设计矩阵示例的观测指标值

Design 5-2	第一周期	第二周期	第三周期
序列 ABB	$\mu_A + \nu + \rho_1$	$\mu_B + \nu + \rho_2 - \rho_1 + \lambda_A$	$\mu_B + \nu + \rho_3 - \rho_2 + \lambda_B$
序列 BAA	$\mu_B - \nu + \rho_1$	$\mu_A - \nu + \rho_2 - \rho_1 + \lambda_B$	$\mu_A - \nu + \rho_3 - \rho_2 + \lambda_A$

分别得出 AB 策略效果的期望值如下：

$$E(\widehat{\mu_A}) = \frac{1}{3}\left(\overline{Y_{ABB,\,1}} + \overline{Y_{BAA,\,2}} + \overline{Y_{BAA,\,3}}\right) = \mu_A + \frac{1}{3}(\lambda_A + \lambda_B + \rho_3 - \nu)$$

$$E(\widehat{\mu_B}) = \frac{1}{3}\left(\overline{Y_{ABB,\,2}} + \overline{Y_{ABB,\,3}} + \overline{Y_{BAA,\,1}}\right) = \mu_B + \frac{1}{3}(\lambda_A + \lambda_B + \rho_3 + \nu)$$

通过计算 AB 差异期望值 $E(\widehat{\mu_A} - \widehat{\mu_B})$ 可得 AB 策略的效果如下：

$$E(\widehat{\mu_A} - \widehat{\mu_B}) = E(\widehat{\mu_A}) - E(\widehat{\mu_B}) = \mu_A - \mu_B - \frac{2}{3}\nu$$

综上可知，满足周期一致性要求可避免周期误差，满足序列一致性要求可避免序列误差，强平衡实验设计可避免延滞效应的影响。

上述实验设计矩阵中的均匀实验设计、平衡实验设计以及强均衡实验设计均可避免周期及序列误差，其中强均衡实验设计可以避免延滞效应。强平衡实验可以避免延滞效应，但存在序列误差。

以表 9-4 所示的 2×2 交叉实验设计矩阵为例，假设 washout period 设置合理，即

$\lambda_A = \lambda_B = \lambda$, 指标值如表 9-10 所示。

表 9-10 2×2 交叉实验设计矩阵的观测指标值

Design 1	第一周期	第二周期
序列 AB	$\mu_A + v + \rho$	$\mu_B + v - \rho + \lambda_A$
序列 BA	$\mu_B - v + \rho$	$\mu_A - v + \rho + \lambda_B$

即，$\mu_{AB} = \mu_A - \mu_B + 2\rho$，$\mu_{BA} = \mu_B - \mu_A + 2\rho$，此时可用 T 检验计算显著性差异。

多于 2×2 维度的交叉实验设计还须借助 ANOVA+GLM 的方法评估各因素的影响，延滞效应变量的自由度（维度）应为策略数 −1。

9.3.4 交叉实验评估案例

本节案例数据来自 Robert O. Kuehl 所著 *Design of Experiments* 一书中 16.1 节的案例。研究人员想要评估三种食品对小公牛体内中性洗涤纤维（NDF）水平的影响，实验样本共计 12 头小公牛，随机分配每两头小公牛为一个序列，共计 6 个序列，实验设计方案如下，其中 A、B、C 代表三种不同的食品方案。

1. 实验方案

- 实验目的：通过实验得到不同食品对小公牛体内中性洗涤纤维的影响水平。
- 实验单元：每两头小公牛为一个序列，子样本为每一头小公牛的数据。
- 实验因子：食品 A、食品 B、食品 C。
- 实验观测指标：中性洗涤纤维。

2. 实验策略

实验策略如表 9-11 所示。

表 9-11 小公牛实验设计矩阵

	第一周期	第二周期	第三周期
序列 1	A	B	C
序列 2	B	C	A
序列 3	C	A	B
序列 4	A	C	B
序列 5	B	A	C
序列 6	C	B	A

小公牛实验的矩阵设计方式满足周期一致性（每个周期中 A、B、C 各出现 2 次）、序列一致性（每个序列中 A、B、C 各出现 1 次）以及平衡性（每个策略在其他策略前各出现 2 次），即此实验方案可以避免周期误差、序列误差。

将实验数据根据周期、序列、策略、观测指标及子样本等维度处理为如表 9-12 所示的形式。

表 9-12　小公牛实验数据示例

周期（PER）	序列（SEQ）	饮食方案（DIET）	小公牛编号（STEER）	中性洗涤纤维（NDF）	延滞效应变量（Carryover Effect）
1	1	A	1	50	0
1	1	A	2	55	0
1	2	B	1	44	0
1	2	B	2	51	0
1	3	C	1	35	0
1	3	C	2	41	0
1	4	A	1	54	0
1	4	A	2	58	0
1	5	B	1	50	0
1	5	B	2	55	0
1	6	C	1	41	0
1	6	C	2	46	0
2	1	B	1	61	1
2	1	B	2	63	1
2	2	C	1	42	2
2	2	C	2	45	2
2	3	A	1	55	3
2	3	A	2	56	3
2	4	C	1	48	1
2	4	C	2	51	1
2	5	A	1	57	2
2	5	A	2	59	2
2	6	B	1	56	3
2	6	B	2	58	3
3	1	C	1	53	2
3	1	C	2	57	2
3	2	A	1	57	3
3	2	A	2	59	3
3	3	B	1	47	1
3	3	B	2	50	1
3	4	B	1	51	3
3	4	B	2	54	3
3	5	C	1	51	1
3	5	C	2	55	1
3	6	A	1	58	2
3	6	A	2	61	2

将处理好的数据带入方差分析框架或调用 Python 包即可实现结果评估，如代码清单 9-2 所示。

代码清单 9-2   交叉实验设计数据模拟

```
from statsmodels. forrmula.api import ols
from statsmodels.stats .anova import anova_lm
data_lm =ols(' NDF ~C(PER) + C(SEQ) + C(DIET) + C(Carryover Effect)',data =
    data).fit()
data_anova = smn.stats .anova_lm(data_lm,tp= 2)
format_dict= {'PR(> F)':'{, .3%}'format}
data_anova.style. format( format_dict)
```

运行上述代码可得序列、周期、饮食对 NDF 的影响结果，如表 9-13 所示。

表 9-13   小公牛实验方差分析结果表

	sum_sq	df	F	PR(>F)
C(PER)	81.1667	2	3.52526	4.574%
C(SEQ)	325.342	5	5.65214	0.140%
C(DIET)	448.275	2	19.4696	0.001%
C(Carryover Effect)	18.375	2	0.79807	46.179%
残差	276.292	24	Nan	Nan%

通过上述结果可以看出，食物对小公牛体内中性洗涤纤维水平的影响非常显著。接下来可以采用计算最小均方误差的方式比较不同食品之间的差异是否显著，以获得可以更好地增加小公牛体内中性洗涤纤维的饮食方案，如代码清单 9-3 所示。

代码清单 9-3   交叉实验设计中实验策略的影响分析模拟

```
from statsmodels stats .multicomp import( pairwise_ tukeyhsd , MultiComparison)
MultiComp = MultiComparison( data[' NDF'],data[' DIET'])
print(MultiComp.tukeyhsdO.summary())
```

运行上述代码，可得不同饮食方案的影响差异如表 9-14 所示。

表 9-14   不同饮食方案的均方误差值

均值多重比较结果，显著性水平 $\alpha=0.05$					
group 1	group 2	均值差	置信区间下限	置信区间上限	是否拒绝原假设
A	B	−3.25	−8.5225	2.0225	False
A	C	−9.50	−14.7725	−4.2275	True
B	C	−6.25	−11.5225	−0.9775	True

综上，饮食方案 C 的小公牛体内中性洗涤纤维水平最高。

交叉实验设计适用于无法切片的全量可逆策略的效果评估，因为同一实验单元先后接受多种策略的实验，所以有效节约了时间成本，减少了样本量需求。同一实验单元先后做策略比较，避免了实验单元个体差异及实验时间先后因素的影响，提高了统计精度。

目前统计学上无法较好地衡量延滞效应的影响，需要实验设计人员对策略的影响周期有深入了解，合理制定消除期避免延滞效应带来的影响。同时由于实验单元组需要依次接受策略，策略属性需要可逆转且实验单元样本状态保持稳定。

交叉实验的内部评估原理依然是方差分析，交叉实验设计的创新点在于不同实验设计矩阵可以有效避免误差。

9.4　强约束条件下的实验方法

如果一个强约束条件的商业场景中，实验对象既不能分流又不能轮转，实验该如何进行呢？本节我们先介绍强约束条件存在的场景，然后学习应对强约束条件场景下的多基线实验方法。

9.4.1　强约束条件场景

既不能分流又不能轮转是一个比较极端的场景，但是并不少见，甚至在一些商业场景中很常见。例如，想验证一个教学方法对于学生在重要考试上的效果，用分流实验就不是一个很好的选择，因为教育需要对学生保证公平，而教学方法又不能来回轮转。这样的场景下，分流实验和轮转实验都不是一个很好的选择。能不能分流往往是出于对公平、道德甚至是法律角度的考量。分流实验的核心是区别对待实验组和控制组，然而在一些情况下，我们无法区别对待实验对象，即使实验组和控制组是随机划分的。此外，实验能不能轮转往往考虑的是实验在时间上会不会有残留效应，如果上一个时间段实验对实验对象的影响被携带进下一个时间段，实验处理在时间段之间就会受到污染，导致无法运用轮转实验。

9.4.2　多基线实验设计的解决思路

多基线实验设计是一种单案设计。单案设计最大的特点是每一个实验对象既是控制组又是实验组，只不过在时间上是互斥的，即每一个实验对象都会在不同时间段上接受处理或是保持成为控制对象。相比于之前介绍的轮转设计，多基线实验设计只翻转一次控制组和实验组，但包含多个实验对象。

多基线实验设计包含少量实验对象，在一段时间内对实验对象重复测量实验指标，实验前期所有实验对象都是控制组，之后在一些时间点给予实验对象一些处理，并在之后的实验中保持给予处理。处理的时间点对于每个实验对象而言是随机的，并且每个对象可以有不同的时间点。在实验结束后，每个实验对象的处理效果可以通过对比处理前后的实验指标来估计，并且通过假设检验的方式检验处理效果的显著性。图 9-7 是 S.G.Ziegler 在 "The Effects of Attentional Shift Training on the Execution of Soccer Skills: A Preliminary Investigation"（选自 *Journal of Applied Behavior Analysis* 杂志 27 期 551 页）一文中展示的足球运动员接受注意力转移训练前后的效果。实验有 4 名足球运动员参加，每名运动员都会接受 24 次测试，每次测试满分 12 分。在实验中，每名运动员在接受训练前先进行几次测试，在测试结果稳定后，于图中竖虚线处依次接受训练，之后继续进行测试。可以看出训练后的得分有肉眼的提高。这是一个典型的多基线实验设计，实验的数据可以后续进行假设检验，具体方法我们会在后文中介绍。

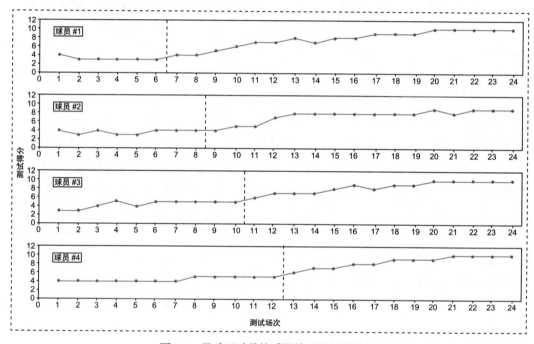

图 9-7　足球运动员接受训练后的得分结果

在多基线实验设计中，每个实验对象都会接受处理，也就没有了分流一说。同时在时间上，每个实验对象只是从没有处理到给予处理翻转一次，也就没有了轮转，从而实现了不用分流也不用轮转的实验设计。多基线实验设计一般不需要很多样本，但也要注意不要因为样本量太小而无法达到目标的实验效能，同时实验效能还受重复测度次数和处理时间选择池等其他因素影响。

9.4.3　多基线实验的设计流程

多基线实验设计流程主要有以下两步。

- 通过模拟和背景研究，估算实验所需对象数量以及重复测度次数和可以用于接受处理的时间窗口。
- 随机确定每个实验对象接受处理的时间。

多基线实验的效能受多方因素的影响，如实验对象数量、实验重复测度次数和可以用于接受处理的时间窗口时长。这些对于实验效能的影响可以通过模拟来估计，一般来说，样本量越大，实验重复测度次数越多，接受处理的时间窗口越长，实验效能越大。预估实验效能的代码如代码清单 9-4 所示。

代码清单 9-4　多基线实验设计实验效能计算代码

```python
import numpy as np

def get_data(coln, rown, ranges, weight_vector):
    ...
    return data # 包含预计的每个实验对象的每次测度实验结果


p_values = []
for rep in range(100):
    data = get_data(coln, rown, ranges, weight_vector)
    statistic_list = []
    for i in range(rown):
        switch = switch_schedule[i]
        statistic_ai = np.mean(data[i][:switch])
        statistic_bi = np.mean(data[i][switch:])
        statistic_i = statistic_bi - statistic_ai
        statistic_list.append(statistic_i)
    statistic_T = np.array(statistic_list).dot(weight_vector)

    statistics = []
    n_trails = 100
    for i in range(n_trails - 1):
        switch_schedule_i = np.random.choice(ranges, rown)
        statistic_list_i = []
        for j in range(rown):
            switch = switch_schedule_i[j]
            statistic_ai = np.mean(data[j][:switch])
            statistic_bi = np.mean(data[j][switch:])
            statistic_i = statistic_bi - statistic_ai
            statistic_list_i.append(statistic_i)
        statistic = np.array(statistic_list_i).dot(weight_vector)
        statistics.append(statistic)
    p_value = sum(statistic_T > statistics)/n_trails
    p_values.append(p_value)
power = sum([x > 0.95 for x in p_values])/100
print(power)
```

在代码中,我们定义了一个 get_data() 函数,其作用是在每次模拟中输出一组贴近预计实验数据的数据。这个函数可以输入一些历史数据以及我们设计的实验重复测度次数、实验对象样本量、接受处理的窗口期、实验对象权重等信息,使得模拟数据尽可能贴近真实。这组数据反映出我们对于处理效果的预期,即实验期的数据加上处理效果。之后我们会用这组数据进行分析以测试是否能得到显著结果,并重复这一过程多次,本例代码中设定为重复 100 次。最后输出的数字就是实验在目前的参数设定下的实验效能,如果小于目标可以考虑增大样本量、实验重复测度次数或扩大接受处理的时间窗口,如果大于目标可以考虑减小样本量、实验重复测度次数或减小接受处理的时间窗口。

9.4.4 多基线实验的评估方法和案例

下面我们介绍一个基于模拟数据的多基线实验设计案例,首先进行数据模拟,如代码清单 9-5 所示。

代码清单 9-5 多基线实验设计数据模拟

```python
import pandas as pd
import numpy as np
import matplotlib.pyplot as plt
%matplotlib inline

np.random.seed(18)

combined_sample = pd.DataFrame()
fig, ax = plt.subplots(2,2,figsize=(20,10))
switch_schedule = []
c = 0
for i in range(2):
    for j in range(2):
        rep = 20 # 测量次数
        group = [c]*rep # 实验对象编号
        c = c + 1
        n = np.random.randint(5, 15) # 在 5 到 14 之间随机选取处理时间
        switch_schedule.append(n)
        intercept = np.array([np.random.randint(1,4)]*rep)
        x1 = np.array([0]*n + [1]*(rep-n))
        x2 = np.random.random(rep).round(4)
        error = 0.5*np.random.random(rep).round(4)
        y = intercept + 0.5*x1 + 2*x2 + error # 假设 y 有两个协变量: x1, x2

        sample = pd.DataFrame({"x1":x1, "x2":x2, "y":y, "group": group})
        combined_sample = pd.concat((combined_sample, sample)) # 组合成实验数据

        # 做图
        ax[i,j].plot(range(1,rep+1), y, marker = 'o')
```

```
ax[i,j].vlines(x = n-0.5, ymin=0, ymax=6, linestyles="dashed")
ax[i,j].set_xticks([1,5,10,15,20])
ax[i,j].set_ylabel("y")
```

在模拟数据中，我们有 4 个实验对象，它们实验结果的权重一致，分别被重复测度了 20 次，每个实验对象开始接受处理的时间窗口都是 [5,14]，接受处理的时间分别为 $\{8,6,9,6\}$。本次实验要观测的指标是 y，处理虚拟变量是 x_1，并且有一个我们认为存在的协变量 x_2。在实验开始前，我们预计处理上线后 y 值会被提高。如图 9-8 所示，纵轴是 y，横轴是重复测量次数，虚线左边是控制期，右边是控制期，即有处理的时期。

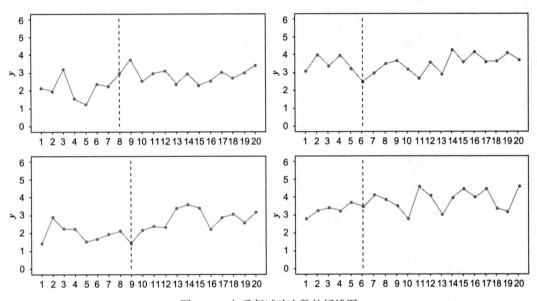

图 9-8　y 与重复试验次数的折线图

从图 9-8 来看，4 个实验对象在给予处理后，实验指标 y 略有提高但不明显。我们用单边随机检验来检验这组数据处理上线前后 y 的大小，处理上线后 y 指标比处理上线前高了 0.5740，但是不显著，检验过程如代码清单 9-6 所示。在代码中，我们先计算了 4 组加权平均的处理效应，然后随机抽取开始接受处理的时间，并以此计算 4 组的加权平均的处理效应。重复这个过程 99 次，再包括最早计算的真实的处理效应，计算真实的处理效应在这 100 组数据中，能够高于多大占比的处理效应，这个计算的结果就是 P 值，可以用于判断真实处理效应的显著性。

代码清单 9-6　多基线实验设计随机检验应用案例

```
data = []
combined_sample = combined_sample.reset_index()
```

```
for i in range(4):
    data.append(combined_sample[combined_sample.group==i]['y'])
p_values = []
coln = 20
rown = 4
ranges = np.arange(5, 15)
weight_vector = [0.25, 0.25, 0.25, 0.25] # 4个实验对象的实验结果权重相等

statistic_list = []
for i in range(rown):
    switch = switch_schedule[i]
    statistic_ai = np.mean(data[i][:switch])
    statistic_bi = np.mean(data[i][switch:])
    statistic_i = statistic_bi - statistic_ai
    statistic_list.append(statistic_i)
statistic_T = np.array(statistic_list).dot(weight_vector)

statistics = []
n_trails = 100
for i in range(n_trails - 1):
    switch_schedule_i = np.random.choice(ranges, rown)
    statistic_list_i = []
    for j in range(rown):
        switch = switch_schedule_i[j]
        statistic_ai = np.mean(data[j][:switch])
        statistic_bi = np.mean(data[j][switch:])
        statistic_i = statistic_bi - statistic_ai
        statistic_list_i.append(statistic_i)
    statistic = np.array(statistic_list_i).dot(weight_vector)
    statistics.append(statistic)
p_value = 1 - sum(statistic_T > statistics)/n_trails
print(p_value)
```

虽然之前计算的结果并不显著，但是这里我们要用到一个小技巧：因为 x_2 是 y 的协变量，所以可以先用 x_2 解释一部分 y 的方差，即 $\hat{y} = \beta_0 + \beta_1 \cdot x_2$。再用回归的残差，也就是 y 剩余没有被解释的方差做单边随机检验。如图 9-9 所示，用回归后的剩余残差替换 y。可以发现，处理上线后残差的提升很显著，这也是用 x_2 剥离了一部分 y 的方差的结果。

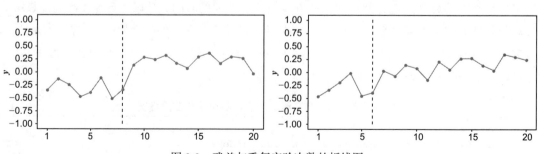

图 9-9　残差与重复实验次数的折线图

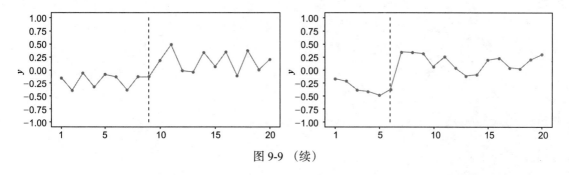

图 9-9　（续）

用图 9-9 中的残差数据再做单边随机检验，处理上线后的 y 指标依然比处理上线前高 0.5740，但是 p 值为 0.01，实验结果显著。

9.5　本章小结

本章介绍的 4 种实验设计都可以在存在网络效应的场景中进行有效的实验，它们在不同的场景下有不同的优势。

实验设计是为了达成实验目的而存在的，不同的实验场景有不同的需求，除了上述 4 种实验设计外，还有非常多的实验设计以应对不同的实验需求。

第三部分
自助式数据科学平台 SQLFlow

SQLFLow 是蚂蚁金服开源的一款机器学习工具，自 2019 年 4 月开源以来，在业界引起了广泛的关注。SQLFLow 的目标是将 SQL 引擎和 AI 引擎连接起来，仅须几行 SQL 代码就能描述整个应用或者产品背后的数据流和 AI 构造，让业务人员可以像调用 SQL 一样简单调用 AI。在 2019 年阿里云栖大会上，阿里巴巴集团副总裁兼开源技术委员会负责人、Caffe 之父贾扬清将 SQLFlow 确立为阿里构建飞天 AI 平台战略中最重要的 7 个云边端一体的高性能训练和推理引擎框架之一。

本部分第 10 章将带领读者了解 SQLFlow 的工作原理和使用方式；第 11 章将重点介绍数据科学界广泛关注的可解释模型的重要性及常用方法；第 12 章将介绍数据科学领域另一大常见的业务需求——业务模式识别，带领读者熟悉常见的模式识别方法，并以实战案例展示 SQLFlow 的应用。

第 10 章
SQLFlow

陈祥

10.1　SQLFlow 简介

SQFlow 利用 SQL 语言构建机器学习和深度学习，致力于"Make AI as simple as SQL"，愿景是推进人工智能大众化、普及化，也就是只要懂商业逻辑就能用上人工智能，让懂业务的人能自由地使用人工智能。SQLFlow 具备三大核心要素，即数据描述商业逻辑、AI 赋能深度数据分析和易于使用。

SQLFlow 致力于帮助业务提升效能，SQLFLow 支持的模型库较为丰富，主要模型包括 DNN 神经网络预测模型、Shap+XGBoost 可解读模型、基于自编码器的无监督聚类模型、基于 LSTM 的时间序列模型等，更多详细内容可查看 SQLFlow 官方模型库，地址：https://github.com/sql-machine-learning/models。

10.1.1　什么是 SQLFlow

人工智能作为近 10 年里极具代表性的技术突破，已经广泛应用于各行各业。无论是图像处理技术在安全监控、自动驾驶领域内的成功落地，还是自然语言处理技术在智能客服、内容生成等领域获得的巨大进步，都预示着人工智能将在未来给社会的发展带来无限可能。

与此同时，在人工智能落地的过程中也面临着一系列实际问题，最常见的就是相关人才需要极为丰富的知识储备，例如高等数学、统计学、概率论以及熟练的编程技能。与此同时，在知识和技能相互融合的过程中还需要对业务逻辑拥有深度理解，才可以保证技术能够带来真实可靠的业务提升。

这些要求无疑提高了人工智能赋能业务的门槛，同时也制约了人工智能产业的发展速度。SQLFlow 正是为了解决上述问题诞生的，它容易上手，方便使用，支持多种数据来源和机器学习框架，能够快速地将想法落地，成为开发者的开发利器。

SQLFlow 是由滴滴数据科学团队和蚂蚁金服合作开源的一款连接数据和机器学习能力的分析工具，旨在抽象出从数据到模型的研发过程，同时配合底层的引擎适配及自动优化技术，使得具备基础 SQL 知识的技术人员也可以完成大部分的机器学习模型训练、预测及应用任务。

SQLFlow 希望通过简化和优化整个研发过程将机器学习的能力赋予业务专家，从而推动更多的人工智能应用场景被探索和使用。

10.1.2　SQLFlow 的定位和目标

将 SQL 与 AI 进行连接的这个想法并非 SQLFlow 独创。Google 在 2018 年发布的 BigQueryML、TeraData 的 SQL for DL 以及微软基于 SQL Server 的 AI 扩展，同样旨在打通数据与人工智能之间的连接障碍，使数据科学家和分析师能够通过 SQL 语言实现机器学习功能并完成数据预测和分析任务。

与上述各个系统不同的是，SQLFlow 着力于连接更广泛的数据引擎和人工智能技术框架，并不局限于某个公司产品内的封闭技术。更为重要的是，SQLFlow 是一个面向全世界开发者的开源项目，只要是对这一领域感兴趣的开发者都可以参与其中，项目的组织者希望借助开发者和使用者的力量共同建设社区，促进这一领域的健康发展。

作为连接数据引擎和 AI 引擎的桥梁，SQLFlow 目前支持的数据引擎包括 MySQL、Hive 和 MaxCompute，支持的 AI 引擎不仅包括业界流行的 TensorFlow，还包括 XGBoost、Scikit-Learn 等传统机器学习框架，如表 10-1 所示。

表 10-1　SQLFlow 支持的数据引擎和 AI 引擎简介

数据引擎	简　介
MySQL	MySQL 是瑞典 MySQL AB 公司开发的关系型数据库管理系统，现属于 Oracle，是目前应用最广泛的关系型数据库管理系统之一
Hive	Hive 是基于 Apache Hadoop 构建的数据仓库分析系统，用户可以利用 Hive SQL 分析和存储分布式文件系统中的数据
MaxCompute	MaxCompute 是一种快速、可完全托管的 TB/PB 级数据仓库解决方案，面向用户提供了完善的数据导入方案以及多种经典的分布式计算模型，能够帮助用户快速地解决海量数据计算问题，有效降低了企业成本并保障了数据安全
AI 引擎	简　介
TensorFlow	TensorFlow 是谷歌出品的端到端开源机器学习平台，拥有一个包含强大工具和丰富社区资源、富有生命力的生态系统，同时兼顾研究领域和工业环境的需求，是当下最强大的深度学习框架之一
Scikit-Learn	Scikit-learn 是基于 Python 的开源机器学习库，基于 NumPy 和 SciPy 等科学计算库实现，并支持向量机、随机森林、梯度提升树、K 均值聚类等多种机器学习算法

（续）

AI 引擎	简　介
XGBoost	XGBoost 是梯度提升树（Gradient Boosting Machine，GBM）的 C++ 实现，能够自动利用 CPU 的多线程并行，同时在算法上加以改进以提升精度效果
SHAP	Shapley Value 由美国洛杉矶加州大学罗伊德·夏普利教授提出，用于解决合作博弈的贡献和收益分配问题。SHAP（SHapley Additive exPlanation）是在合作博弈论的启发下，通过计算模型预测值在各特征之间分配的 Shapley Value 评估特征重要性的模型解释工具

10.1.3   SQLFlow 的工作原理

本节我们使用 Docker 镜像中的 Iris 案例来说明 SQLFlow 的工作原理。

Iris 数据集也称为鸢尾花数据集，是机器学习领域常用的分类实验数据集。该数据集包含 150 个数据样本，分为 3 类，每类包含 50 个样例，每条样例包含花萼长度、花萼宽度、花瓣长度和花瓣宽度。数据集通过这 4 个属性判断鸢尾花样例属于山鸢尾（setosa）、杂色鸢尾（versicolour）、维吉尼亚鸢尾（virginica）中的哪一类。

我们预先将数据存储至 iris.train 表中，前 4 列表示训练样例的特征，最后一列代表训练样本的标签。

分类模型以 DNN 分类器为例。DNN 分类器默认具有双隐藏层，每层的隐藏节点数均为 10，分类数为 3，默认优化器和学习率分别为 Adagrad 和 0.1，损失函数则默认配置为 tf.keras.losses.sparse_categorical_crossentropy。

从 iris.train 表中获取数据并训练对应 DNN 分类器模型的训练语句如代码清单 10-1 所示。

代码清单 10-1   基于 iris 数据集训练 DNN 分类器

```
SELECT * FROM iris.train
TO TRAIN DNNClassifer
WITH hidden_units = [10, 10], n_classes = 3, EPOCHS = 10
COLUMN sepal_length, sepal_width, petal_length, petal_width
LABEL class
INTO sqlflow_models.my_dnn_model;
```

SQLFlow 解析接收到的 SQL 命令，其中 SELECT 语句传递给对应数据引擎获取数据，而 TRAIN 和 WITH 语句则分别指定了使用的模型种类、模型结构和训练所需的超参数，COLUMN 和 LABEL 部分分别用于训练的各特征列名称和标签列名称。

SQLFlow 将 TRAIN 和 WITH 语句中的内容解析为对应的 Python 程序，整体流程如图 10-1 所示。

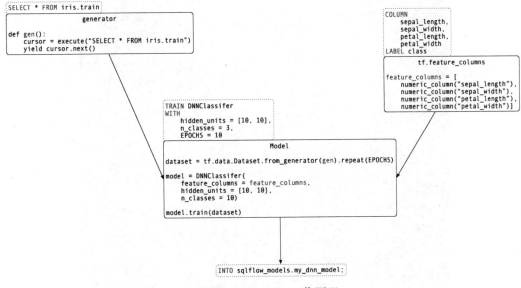

图 10-1　SQLFlow 工作原理

10.2　设置 SQLFlow 运行环境

为了方便用户使用，SQLFlow 在 Docker Hub 中维护了基于最新代码的镜像。镜像中默认集成 MySQL 作为数据存储引擎，Jupyter Notebook 作为前端使用界面，通过简单的命令就可以启动一个 SQLFlow 个人环境，用户可以在其中尝试和熟悉命令，也可以设置不同配置以适应工业环境的需求。

10.2.1　通过 Docker 使用 SQLFlow

Docker 是 DotCloud 公司于 2013 年 3 月以 Apache 2.0 授权协议开源的容器引擎，旨在帮助开发者实现更轻量级的环境迁移、更便捷的持续部署和维护生产环境。

开发者可以在容器中打包应用及依赖并发布和部署到任何机器上。得益于 Docker 使用的分层存储和镜像技术，应用开发过程中的日常管理维护工作变得更加简单。

1. 安装 Docker

安装 Docker 的细节超出了本书讨论的范畴，读者可以参考 Docker Community Edition（https://docs.docker.com/install/）根据自己的实际情况进行安装。

2. 拉取镜像

Docker 安装就绪后，通过 docker pull sqlflow/sqlflow 命令拉取 SQLFlow 最新镜像，默认标签为 latest，如图 10-2 所示。

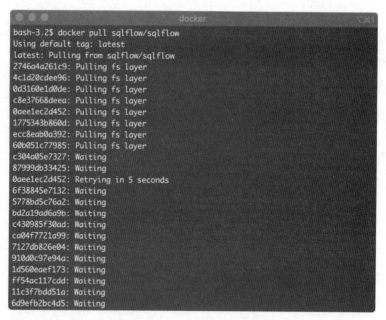

图 10-2   拉取 Docker Hub 上最新 SQLFlow 镜像

3. 创建容器

拉取镜像后，用户可以执行 docker run -it -p 8888:8888 sqlflow/sqlflow 命令启动容器，默认端口为 8888，如图 10-3 所示。

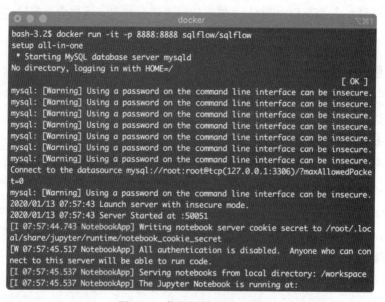

图 10-3   依据镜像启动容器

用户在等待容器启动完成后，可以在浏览器打开 http://localhost:8888/tree? 进入 Jupyter 主页面。在主页面可以看到镜像中已经内嵌了部分案例供用户使用，如图 10-4 所示。

图 10-4   通过浏览器打开 Jupyter 主页面

4. 案例讲解

这里我们以 iris-dnn.ipynb 为例进行说明。该案例旨在通过训练 DNN 分类器模型实现在 iris 数据集上的分类效果。

（1）探查表结构

执行 DESCRIBE 语句，获取数据库中表相关的元信息，如图 10-5 所示。

```
In [1]: %%sqlflow
        DESCRIBE iris.train;

Out[1]:
           Field      Type    Null  Key  Default  Extra
    0   sepal_length   float   YES             None
    1   sepal_width    float   YES             None
    2   petal_length   float   YES             None
    3   petal_width    float   YES             None
    4      class      int(11)  YES             None
```

图 10-5   探查表结构

（2）探查训练数据

SELECT...FROM...LIMIT... 是标准的 SQL 语句，SQLFlow Server 在判定该语句为标准语句后会透传给后端的数据引擎，如图 10-6 所示。

通过该语句可以大致了解表中数据的格式、取值分布等情况，便于及早发现数据格式相关的问题。

（3）训练模型

如图 10-7 所示，TO TRAIN 语句用于描述需要训练的模型种类，用户可以在这里声明需要使用的库和模型种类。WITH 语句用于指定模型训练过程中需要的模型参数和相关超参数，例如模型隐层数（layers）、隐层节点数（hidden units）、优化器（optimizer）、损失函数（loss function）、批大小（batch_size）、迭代次数（epochs）等。具体的参数需要配合具体的模型种类进行声明和使用。

```
In [2]: %%sqlflow
        SELECT *
        FROM iris.train
        LIMIT 5;

Out[2]:
            sepal_length  sepal_width  petal_length  petal_width  class
        0       6.4           2.8          5.6           2.2        2
        1       5.0           2.3          3.3           1.0        1
        2       4.9           2.5          4.5           1.7        2
        3       4.9           3.1          1.5           0.1        0
        4       5.7           3.8          1.7           0.3        0
```

图 10-6 通过 SELECT 语句查看数据样例

```
In [3]: %%sqlflow
        SELECT *
        FROM iris.train
        TO TRAIN DNNClassifier
        WITH
          model.n_classes = 3,
          model.hidden_units = [10, 10],
          train.epoch = 100
        COLUMN sepal_length, sepal_width, petal_length, petal_width
        LABEL class
        INTO sqlflow_models.iris_dnn_model;

Out[3]: Evaluation result: {'accuracy': 0.36363637, 'average_loss': 1.0724732, 'loss': 1.0724732, 'global_step': 11000}

        Done training
```

图 10-7 根据训练数据集进行模型预测

COLUMN 语句用于指定参与训练的表中各数据列的名称。LABEL 语句用于指定在监督学习中所需的标签列名称。INTO 语句用于指定训练完成后将模型存储在数据引擎中所需的表名。

（4）模型预测

如图 10-8 所示，TO PREDICT 语句用于指定预测结果需要写入的表名和预测的列名。USING 语句用于指定进行预测所需的模型。

```
In [4]: %%sqlflow
        SELECT *
        FROM iris.test
        TO PREDICT iris.predict.class
        USING sqlflow_models.iris_dnn_model;

Out[4]: Done predicting. Predict table : iris.predict
```

图 10-8 使用模型进行预测

（5）探查预测结果

通过 SELECT 语句可以查看预测结果，如图 10-9 所示。

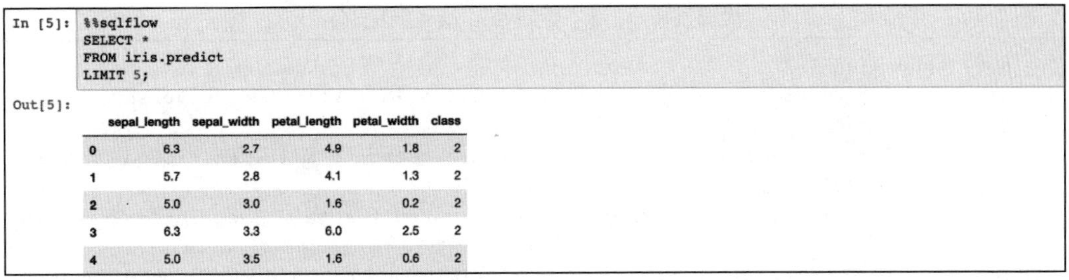

```
In [5]: %%sqlflow
        SELECT *
        FROM iris.predict
        LIMIT 5;
```

Out[5]:

	sepal_length	sepal_width	petal_length	petal_width	class
0	6.3	2.7	4.9	1.8	2
1	5.7	2.8	4.1	1.3	2
2	5.0	3.0	1.6	0.2	2
3	6.3	3.3	6.0	2.5	2
4	5.0	3.5	1.6	0.6	2

图 10-9　探查预测结果

除此之外，sqlflow/sqlflow:latest 镜像中还集成了其他样例，如图 10-10 所示。
- 基于 IMDB Movie Review 数据集的 imdb-stackedbilstm 样例。
- 基于 Boston Housing 数据集的 housing-xgboost 模型训练 / 预测样例。
- 基于 Boston Housing 数据集的 housing-analyze 模型可解释性样例。
- 基于 Credit Card Fraud Detection 数据集的 fraud-dnn 模型训练样例。

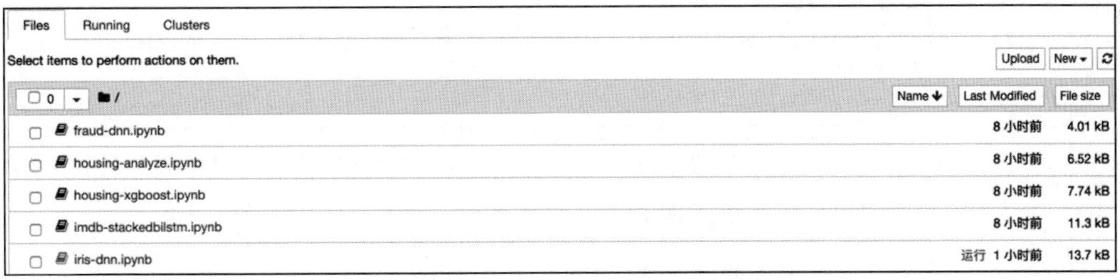

图 10-10　镜像中集成的其他样例

通过 Docker 使用 SQLFlow 的详细介绍可以参考 Run SQLFlow Using Docker 进行了解，地址为 https://sql-machine-learning.github.io/sqlflow/doc/run/docker/。

10.2.2　环境配置

本节介绍如何配置 SQLFlow 的运行环境，我们将从使用者的角度理解 SQLFlow 的内部流程。这里以 Ubuntu 16.04 作为案例环境。

1. 更新系统软件列表，安装相关工具

Ubuntu 系统中的 /etc/apt/sources.list 文件用于保存软件更新的源服务器地址。由于网络延迟较高，用户访问量多，国内用户通过默认源服务器进行软件更新和安装的速度一般较慢，因此建议在 sources.list 文件中添加其他可靠源地址（如公共镜像源地址或公司内镜像仓库地址）加快更新和安装的速度。这里以阿里云镜像源地址为例，如代码清单 10-2 所示。

代码清单 10-2　更新 sources.list 文件

```
sudo echo '\n\
deb http://mirrors.aliyun.com/ubuntu/ bionic main restricted universe
    multiverse
deb http://mirrors.aliyun.com/ubuntu/ bionic-security main restricted universe
    multiverse
deb http://mirrors.aliyun.com/ubuntu/ bionic-updates main restricted universe
    multiverse
deb http://mirrors.aliyun.com/ubuntu/ bionic-proposed main restricted universe
    multiverse
deb http://mirrors.aliyun.com/ubuntu/ bionic-backports main restricted
    universe multiverse
deb-src http://mirrors.aliyun.com/ubuntu/ bionic main restricted universe
    multiverse
deb-src http://mirrors.aliyun.com/ubuntu/ bionic-security main restricted
    universe multiverse
deb-src http://mirrors.aliyun.com/ubuntu/ bionic-updates main restricted
    universe multiverse
deb-src http://mirrors.aliyun.com/ubuntu/ bionic-proposed main restricted
    universe multiverse
deb-src http://mirrors.aliyun.com/ubuntu/ bionic-backports main restricted
    universe multiverse
' > /etc/apt/sources.list
```

更新 sources.list 文件后需要执行 apt-get update 命令才会生效，同时更新软件源中软件列表信息。更新完成后安装 curl 等相关工具，如代码清单 10-3 所示。

代码清单 10-3　更新文件并安装相关依赖

```
sudo apt-get update
sudo apt-get install -y curl wget bzip2 unzip git
```

2. 安装 protobuf

Protocol Buffers 是一种轻便高效的结构化数据存储格式，支持 Java、Python、Go、C++ 等多种语言。在解析速度上比 XML 更快，同时序列化后占用空间更小，扩展性和兼容性更加优秀。

SQLFlow 目前依赖 protobuf 3.7.1 版本，用户可以根据系统环境下载对应的安装包，地址为 https://github.com/protocolbuffers/protobuf/releases/tag/v3.7.1。

基于 Ubuntu 环境我们选择 protoc-3.7.1-linux-x86_64.zip，下载完成后解压缩至 /usr/local 目录下，如代码清单 10-4 所示。

代码清单 10-4　Ubuntu 环境下安装 protobuf

```
wget -q https://github.com/protocolbuffers/protobuf/releases/download/v3.7.1/
    protoc-3.7.1-linux-x86_64.zip
```

```
sudo unzip -qq protoc-3.7.1-linux-x86_64.zip -d /usr/local
rm protoc-3.7.1-linux-x86_64.zip
```

3. 配置 Java 和 Maven 环境

设置环境变量 JAVA_HOME 和 MAVEN_OPTS 并安装，如代码清单 10-5 所示。

代码清单 10-5 设置环境变量

```
export JAVA_HOME=/usr/lib/jvm/java-8-openjdk-amd64
export MAVEN_OPTS="-Dorg.slf4j.simpleLogger.log.org.apache.maven.cli.transfer.
    Slf4jMavenTransferListener=warn"
sudo apt-get install -y openjdk-8-jdk maven
```

4. 配置 Python 环境

Conda 是一款开源的软件包及环境管理系统，最初用来帮助数据科学家解决令人头疼的包管理和环境管理问题，后经过发展逐渐成为当前主流的 Python/R 包管理系统，目前支持 Windows、macOS 和 Linux 等系统。Conda 虽然是使用 Python 编写的，但它可以管理包括 Python 在内的任何语言编写的项目。用户可以利用 Conda 进行环境管理，执行环境中相关依赖的安装、运行和更新，并且迅速切换环境以满足不同的开发需求。

Miniconda 是 Conda 的一个小型发行版，相较 Anaconda 拥有全面且略复杂的功能而言，Miniconda 只包含 Python 和一些常用的工具，如 pip、zlib 等，从而节约了安装时间，提高了使用的自由度。

这里推荐使用 Miniconda 为 SQLFlow 构建 Python 环境，如代码清单 10-6 所示。

代码清单 10-6 安装 Miniconda

```
curl -sL https://repo.continuum.io/miniconda/Miniconda3-latest-Linux-x86_64.sh
    -o mconda-install.sh
bash -x mconda-install.sh -b -p miniconda
rm mconda-install.sh
```

通过 Miniconda 创建名为 sqlflow-dev 的虚拟环境，依赖 Python 3.6 版，如代码清单 10-7 所示。

代码清单 10-7 创建基于 Python3.6 版本的虚拟环境

```
/miniconda/bin/conda create -y -q -n sqlflow-dev python=3.6
echo ". /miniconda/etc/profile.d/conda.sh" >> ~/.bashrc
echo "source activate sqlflow-dev" >> ~/.bashrc
```

启动创建好的 sqlflow-dev 环境并安装相关模块，如代码清单 10-8 所示。

代码清单 10-8 启动虚拟环境并安装模块

```
source /miniconda/bin/activate sqlflow-dev
```

```
python -m pip install \
numpy==1.16.1 \
tensorflow==2.0.0b1 \
mysqlclient==1.4.4 \
impyla==0.16.0 \
pyodps==0.8.3 \
jupyter==1.0.0 \
notebook==6.0.0 \
sqlflow==0.7.0 \
pre-commit==1.18.3 \
dill==0.3.0 \
shap==0.30.1 \
xgboost==0.90 \
pytest==5.3.0
```

5. 配置 Go 环境

设置 GOPATH 环境变量，获取对应的 Go 安装包并解压至 /usr/local 路径下，如代码清单 10-9 所示。

代码清单 10-9　设置相关环境变量，下载并解压安装包

```
export GOPATH=/root/go
export PATH=/usr/local/go/bin:$GOPATH/bin:$PATH
curl --slient https://dl.google.com/go/go1.13.4.linux-amd64.tar.gz | tar -C /
    usr/local -xzf -
```

完成 Go 环境配置后，通过 go get 命令获取 golint 等模块，如代码清单 10-10 所示。

代码清单 10-10　安装相关模块

```
go get github.com/golang/protobuf/protoc-gen-go
go get golang.org/x/lint/golint
go get golang.org/x/tools/cmd/goyacc
go get golang.org/x/tools/cmd/cover
go get github.com/mattn/goveralls
cp $GOPATH/bin/* /usr/local/bin/
```

6. 安装 Jupyter Notebook

设置环境变量 IPYTHON_STARTUP，创建对应目录并加载 SQLFlow magic command。创建 /workspace 目录作为 Jupyter 启动根目录，用户也可以根据自己的情况选择合适的目录，如代码清单 10-11 所示。

代码清单 10-11　配置 Jupyter Notebook 相关设置

```
export IPYTHON_STARTUP=/root/.ipython/profile_default/startup/
sudo mkdir -p ${IPYTHON_STARTUP}
sudo mkdir -p /workspace
```

安装 SQLFlow magic command，如代码清单 10-12 所示。

代码清单 10-12　安装 magic command

```
sudo echo 'get_ipython().magic(u"%reload_ext sqlflow.magic")' >> ${IPYTHON_
    STARTUP}/00-first.py
sudo echo 'get_ipython().magic(u"%reload_ext autoreload")' >> ${IPYTHON_
    STARTUP}/00-first.py
sudo echo 'get_ipython().magic(u"%autoreload 2")' >> ${IPYTHON_STARTUP}/00-
    first.py
```

7. 配置 SQLFlow

在 $GOPATH/src 目录下创建子目录 sqlflow.org，从 GitHub 上复制代码仓库至本地，如代码清单 10-13 所示。

代码清单 10-13　拉取代码

```
mkdir -p ${GOPATH}/src/sqlflow.org/
git clone https://github.com/sql-machine-learning/sqlflow.git
```

如代码清单 10-14 所示，go generate 命令用于根据特殊注释执行代码，go install 命令用于编译包文件和生成可执行文件。

代码清单 10-14　编译安装

```
cd ${GOPATH}/src/sqlflow.org/sqlflow
go generate ./...
go install -v ./...
```

将编译生成的 sqlflowserver 和 repl 移动至 /usr/local/bin 目录下，将 sqlflow_submitter 复制到虚拟环境依赖路径下，如代码清单 10-15 所示。

代码清单 10-15　将 sqlflowserver 和 repl 移至 /usr/local/bin 目录下

```
sudo mv ${GOPATH}/bin/sqlflowserver /usr/local/bin
sudo mv ${GOPATH}/bin/repl /usr/local/bin
cp -r ${GOPATH}/src/sqlflow.org/sqlflow/python/sqlflow_submitter /miniconda/
    envs/sqlflow-dev/lib/python3.6/site-packages/
```

构建解析器 parser 并复制到 /opt/sqlflow/parser 目录下，如代码清单 10-16 所示。

代码清单 10-16　编译 parser 并复制到 /opt/sqlflow/parser/ 目录下

```
cd ${GOPATH}/src/sqlflow.org/sqlflow/java/parser
mvn -B clean compile assembly:single
mkdir -p /opt/sqlflow/parser
cp ${GOPATH}/src/sqlflow.org/sqlflow/java/parser/target/parser-1.0-SNAPSHOT-
    jar-with-dependencies.jar /opt/sqlflow/parser
```

8. 安装模型库

models 是 SQLFlow 中的预制模型库。执行训练任务时，用户可以从预制模型库中选择已有的模型，无须重新编写，开发者也可以贡献自己开发的模型供其他用户使用。

通过预制模型库可以提高使用者的开发速度，同时避免复杂的模型实现和效果验证等重复工作。

models 可以通过 pip install sqlflow 命令进行安装，也可以将 sql-machine-learning/models 仓库代码复制至本地进行安装，如代码清单 10-17 所示。

代码清单 10-17　安装 models 预制模型库

```
git clone https://github.com/sql-machine-learning/models.git
cd models
python setup.py install
rm -rf models
```

9. 配置数据引擎

有关安装 MySQL 的具体步骤读者可以检索相关资料进行了解。SQLFlow 支持多种数据引擎，在 SQLFlow 官网（sqlflow.org）给出了详细的配置步骤。

SQLFlow 在 Git 仓库 doc/datasets 目录下提供了本节案例对应的数据文件，方便用户快速导入相关数据。执行 create_model_db.sql 命令创建数据库 sqlflow_models，以 popularize 为前缀的其他 SQL 文件分别用于将对应的数据导入数据库。

完成配置后，通过 sqlflowserver 命令启动 SQLFlow 服务器，默认端口为 50051。

10.2.3　交互

完成 SQLFlow 的环境配置后，用户可以使用 Jupyter Notebook 和 REPL 方式与 SQLFlow 服务器进行交互。

10.2.4　Jupyter Notebook

Jupyter Notebook 是数据科学家和分析师喜爱的数据分析环境。在这里，用户不仅可以随意编写和执行代码，还可以进行高效的可视化文档编辑，非常适合进行数据清理和转换、统计建模、文档编写等一系列工作。

Jupyter Notebook 可以通过代码清单 10-18 所示的命令启动 --ip 和 --port 指定用户访问 Jupyter 的 IP 地址和端口。启动前需要配置 SQLFLOW_SERVER 环境变量声明待连接的 SQLFlow 服务器 IP 地址和端口。

代码清单 10-18　配置环境变量，开启 Jupyter Notebook

```
SQLFLOW_SERVER=localhost:50051
```

```
jupyter notebook --ip=0.0.0.0 --port=8888 --allow-root --NotebookApp.token=''
```

启动成功后，用户可以在浏览器中输入 http://localhost:8888 进行访问。

10.2.5　REPL

数据科学家和分析师在 Jupyter Notebook 中完成日常研究工作后，需要部署模型到工业环境执行预测任务，而工业环境需要简洁的交互方式以方便调用服务。为了方便配合任务调度系统，SQLFlow 提供了强大的命令行工具 REPL。

REPL 工具能够帮助用户在本地更轻松地进行环境调试和性能分析，不用额外启动 SQLFlow 服务器和 Jupyter Notebook。使用 SQLFlow 镜像的用户也可以在镜像中使用这一工具，如代码清单 10-19 所示。

代码清单 10-19　在 SQLFlow 容器中启动 REPL

```
docker run -it --run --net=host sqlflow/sqlflow repl --datasource="mysql://
    root:root@localhost:3306/?maxAllowedPacket=0"
```

执行完成后，在命令行中出现代码清单 10-20 所示的内容就可以使用 REPL 了。

代码清单 10-20　REPL 使用界面

```
Welcome to SQLFlow. Commands end with ;

sqlflow >
```

探查训练数据如代码清单 10-21 所示。

代码清单 10-21　在 REPL 中探查数据

```
sqlflow> SELECT * FROM iris.train LIMIT 1;
+--------------+-0-----------+--------------+--------------+-------+
| SEPAL LENGTH | SEPAL WIDTH | PETAL LENGTH | PETAL WIDTH  | CLASS |
+--------------+-0-----------+--------------+--------------+-------+
|          6.4 |         2.8 |          5.6 |          2.2 |     2 |
+--------------+-0-----------+--------------+--------------+-------+
```

10.3　向 SQLFlow 提交分析模型

本节详细介绍如何将本地实现的分析模型固化到 SQLFlow 中。

1. 创建分支

从 GitHub 上的 SQLFlow 官方仓库中创建自己的分支到个人仓库下，复制至本地开发环境，如代码清单 10-22 所示。

代码清单 10-22　拉取个人仓库中的代码

```
git clone https://github.com/<Your Github ID>/models.git
```

2. 编写模型

在 models 目录下，用户可以自定义模型的开发工作，这里以基于 keras 的 mydnn-classifier.py 为例，如代码清单 10-23 所示。

代码清单 10-23　sqlflow_models 目录结构

```
sqlflow_models
    |- dnnclassifier.py
    |- mydnnclassifier.py
```

mydnnclassifier.py 代码样例如代码清单 10-24 所示。

代码清单 10-24　mydnnclassifier.py 代码样例

```python
import tensorflow as tf

class MyDNNClassifier(tf.keras.Model):
    def __init__(self, feature_columns, hidden_units=[10,10], n_classes=2):
        ...
        ...
```

SQLFlow 将从数据引擎中传入的数据根据具体类型转换为对应的特征列，方便在模型中使用。

特征列是 TensorFlow 方便用户进行特征工程的数据概念封装。以分桶列为例，用户可以根据参数 boundaries 传入的 source_column 数据进行分桶，从而实现连续数据的离散化处理。

常用的特征列还包括数值列、分类词汇列、嵌入列等。

其他参数对应 TRAIN 语句中传入的参数，一般在这里定义一些模型相关的超参数和参数，例如模型的层数、具体每层的隐藏节点数等。也可以通过声明参数的默认值来减少 TRAIN 语句中的输入。

在使用自定义模型时，如果 TRAIN 语句中没有传入对应的参数值，而这里参数也没有默认值，则会抛出异常并终止训练。

具体的模型结构和构建过程需要根据用户需求决定，建议在第一次自定义模型时借鉴仓库中已有的模型，以免造成不必要的异常。

3. 加载模型

在 sqlflow_models/__init__.py 文件中导入自定义模型，如代码清单 10-25 所示。

代码清单 10-25　载入 MyDNNClassifier 类

```
from .mydnnclassifier import MyDNNClassifier
```

4. 单元测试

使用 unittest 进行自定义模型的单元测试，相关测试用例可以补充在 sqlflow_models/ tests 路径下，如代码清单 10-26 所示。

代码清单 10-26　单元测试

```
from sqlflow_models import MyDNNClassifier
from tests.base import BaseTestCases

import tensorflow as tf
import unittest

class TestMyDNNClassifier(BaseTestCases.BaseTest):
    def setUp(self):
        self.features = {...}
        self.label = [...]
        feature_columns = [...]
        self.model = MyDNNClassifier(feature_columns=feature_columns)

if __name__ == '__main__':
    unittest.main()
```

5. 集成测试

进入 models 路径后启动对应容器，利用参数 -v 将当前目录挂载至容器 /models 路径下，运行端口 8888，如代码清单 10-27 所示。

代码清单 10-27　启动容器

```
cd models/
docker run --rm -it -v $PWD:/models -p 8888:8888 sqlflow/sqlflow
```

利用 exec 命令在容器中更新 models 模块，如果是非镜像用户，可以通过 pip -install -U models 命令在环境中安装 models 模块，如代码清单 10-28 所示。

代码清单 10-28　在容器中安装 models 模块

```
docker exec -it <container-id> pip install -U models
```

测试过程需要在训练语句中指定模型为自定义模型。这里以 iris 数据集为例进行自定义模型 MyDNNClassifier 的测试，如代码清单 10-29 所示。

代码清单 10-29　使用 MyDNNClassifier 进行训练

```
SELECT * from iris.train
```

```
TRAIN sqlflow_models.MyDNNClassifier
WITH n_classes = 3, hidden_units = [10, 20]
COLUMN sepal_length, sepal_width, petal_length, petal_width
LABEL class
INTO sqlflow_models.my_dnn_model;
```

集成测试需要检查命令是否可以正常执行、模型效果是否符合预期以及是否正确写入和读取结果。如果以上目标皆达成，便完成了在 SQLFlow 上开发模型的工作。

6. 贡献模型

现在我们完成了自定义模型的构建，接下来创建一个拉取请求，邀请其他开发者进行审查。如果社区其他开发者通过了拉取请求，就可以将我们的模型提交至官方代码仓库的分支中（目前是 develop 分支）。

Travis CI 每晚会自动构建最新镜像并推送到 Docker Hub 中，第二天我们就可以在最新镜像中使用自己的模型了。

10.4　本章小结

通过本章的学习，我们了解了如何使用 SQLFlow 进行模型训练和预测，并尝试独立搭建 SQLFlow 的使用环境。SQLFlow 的能力远不止如此，目前 SQLFlow 已经支持通过 Kubernetes 实现更加高效的工业化部署，同时借助 Google 提供的 CloudSQL 服务和 Kubernetes Engine，用户可以在 Google Cloud 平台上部署和使用 SQLFlow。

如果想了解 SQLFlow 是如何解析请求以及提交任务等更多设计上的细节，请参考官网中的 Design 章节，地址为 https://sql-machine-learning.github.io/doc_index/sqlflow_designs。也欢迎各位在 GitHub 上提出自己的问题。

作为一个开源不到 2 年的新项目，SQLFlow 仍在继续发展，而整个社区的建设与每一个使用者、开发者和维护者的努力密不可分。希望阅读本书的你也能参与进来，为 SQLFlow 的茁壮成长贡献自己的一份力量！

第 11 章
机器学习模型可解释性

朱文静

数据分析师经常要从海量数据中找到各个变量之间的关系以及数据的潜在模式，基于实际的业务数据建立机器学习或者深度学习模型。在这种情境下，模型本身成为获取知识的来源。如何将模型给出的结果翻译成业务中能够理解并应用的信息是至关重要的。本章将对模型可解释性的意义进行解读，介绍常用的可解释机器学习模型以及黑盒模型的解释方法，并展示如何在 SQLFlow 这一功能强大的工具上解释黑盒模型产出的结果。

11.1 模型的可解释性

从海量的数据中进行建模分析、提炼知识用于提升生产力就是数据挖掘的作用和意义。在这一过程中，具有可解释性的模型往往备受青睐，究其原因，模型的可解释性在预测领域发挥着越来越重要的作用，是帮助使用者理解机器代替人类决策所得结果的重要方法。

11.1.1 模型可解释的重要性

不同于算法工程师，数据科学工作者关注的焦点通常不是理论层面，而是更倾向于应用层面，基于已有的机器学习算法模型产出的结果，结合实际的业务现象，回答业务中的问题，进而解决现实问题。

怎样才算建立了一个好的模型呢？对于算法工程师来说，从预测结果出发，往往更多关注的是模型的预测性能。他们通常会利用模型结果的一系列指标，如准确率、精准率、召回率、AUC、MSE、R 方等进行模型评估。因此，算法工程师更偏好具有较好精度、能够表征非线性关系的复杂深度学习神经网络模型。

对于数据科学领域中的建模工作者来说，作为业务驱动的实践者，在业务中的洞见是影响管理者做出业务决策的"导航仪"，甚至影响着企业整体战略的走向。因此，在多数任务场景中，仅有良好的预测结果是不够的。这导致模型在性能上需要做出一些牺牲，建模之前需要在精度和解释能力之间进行权衡和取舍，最终不得不使用更传统的机器学习模型，如线性回归、决策树，而不是复杂深度学习模型来解决实际问题。

11.1.2　模型可解释的必要性

对于数据分析师来说，作为公司内具体业务的支持方，往往需要解释业务背后的因果关系。而业务人员、管理者和数据科学工作者的知识背景不同，所以有效并高效地沟通至关重要。因此，需要通过有效的方式对已有的模型进行解读，并通俗明了地将模型的结果以双方都能理解的方式进行阐述。模型可解释的必要性在于模型的透明程度以及人们理解该模型预测能力的难易程度。海量数据之间的关系错综复杂，可解释性可以帮助数据分析师搭建模型提炼并捕获有效知识。

可解释模型有一个重要的作用就是纠错。纠错的对象可以分为两种：一种是自然人，即数据工作者；另一种是训练出的模型本身。对于前者而言，可解释性使得模型具备了挑战惯性思维下直觉决策的有力工具；对于后者而言，可解释性是一种检测机器学习模型中偏差的调试工具，对错误预测的解释有助于理解错误的原因，进而训练出正确的模型。

可解释模型通常具有以下 3 个特征。

- 公平性。模型会确保预测的过程是公平的，模型能够明确区分主次影响因素，并且客观解释不同个体的预测结果。
- 可靠性。模型能够解释决策缘由，并且确保在数据服从同一分布的情况下，对不同的输入数据产出相同的模型评估结果，数据分析师可以针对该结果给出明确的业务结论。
- 透明性。模型的透明性决定了使用者和决策者的信任度，使用者能够验证任何数据点的结果以及评估模型在该点的效果，以此判断模型的预测效果是否可信。

11.2　常见的可解释模型

11.1 节提到了，在多数场景下，数据分析师对模型可解释性的要求高于模型的准确性，因此更倾向于使用可解释的模型解决业务问题。本节将介绍机器学习中常见的具备可解释性的模型的优缺点及适用场景。

11.2.1　线性回归

1. 线性回归模型简介

线性回归模型的思想是通过对输入属性进行线性组合来描述目标预测变量的值，线性模型可用于建模回归目标 y 对某些特征 x 的依赖性。模型学习到的关系是线性的，给定包含 d 个属性的单个示例：$\boldsymbol{x} = (x_1; x_2; x_3; \cdots; x_d)$，$x_i$ 是 x 在第 i 个属性上的取值，则

$$f(x) = w_1 x_1 + w_2 x_2 + \cdots + w_d x_d + b$$

一般用向量形式写作

$$f(\boldsymbol{x}) = \boldsymbol{w}^{\mathrm{T}} \boldsymbol{x} + b$$

其中 $\boldsymbol{w} = (w_1; w_2; \cdots w_i; \cdots; w_d)$，预测结果是 d 个特征的加权和，w_i 表示学习到的第 i 个特征权重，b 表示预测值和真实值之间的差，即残差。可以通过很多方法进行权重的估计，通常使用最小二乘法可以得出权重，目标是实现真实值和预测结果之间的平方差。

线性回归模型最大的优点是各个特征的线性组合使得预估目标的过程变得简单。通过在线性回归模型中引入高维映射和层级结构，可以得到很多功能强大的非线性模型。

2. 线性回归的解释性

线性回归易于理解的解释性体现在模型的权重上，权重 $\boldsymbol{w}$ 直观地表达了各个属性在预测中的重要程度。例如在房价预测模型中，$f(x) = 0.7 x_{房屋面积} + 0.2 x_{房屋楼层} + 0.1 x_{距离市中心距离} + 1$，意味着可以综合房屋面积、楼层、距离市中心距离等因素来预测房价，其中房屋的面积是最重要的。

3. 线性回归建模的假设

顾名思义，线性回归主要刻画的是数据结构呈线性分布的模型，该模型往往对数据的要求较为严格，即线性回归模型能够正确刻画数据关系是需要具备一定前提假设的。

（1）特征和目标变量是线性关系

线性回归模型将目标值强制表示为特征之间的线性组合，这是线性回归最大的优势也是最大的局限。优势在于：一方面，线性的权重使我们能够方便地对特征的重要性进行量化和描述；另一方面，权重的可加性让我们能够对各个特征的贡献进行区分和累加。局限在于：模型使用者若要将特征之间的交互效果添加到模型中，通常是手动在模型中添加特征的交叉项，但是该操作具有一定的巧合和不可穷举性，并且每个非线性或相互作用都必须手工制作，然后明确地作为输入特征提供给模型，因此，预测效果不是最优的。

（2）预测结果服从正态分布

线性回归的权重估计过程是基于统计学计算的，因此具备可靠的统计理论基础。权重的估计具有一定的置信区间，置信区间展现的是参数的真实值落在测量结果周围的概率，代表测量值的可信度。线性回归模型假定目标变量遵循正态分布，若该假设不成立，特征权重估计的置信区间无效，因此，模型的准确性受到了一定的挑战。

（3）模型的残差服从正态分布

构建线性回归模型是假定残差服从正态分布的，否则预测变量的波动会影响模型预测的准确度，得到不准确的回归分析结果。多数情况下，为了实现这一假定，我们可以尝试以下处理方式：对预测变量进行一定的缩放（取对数）、剔除数据中预测变量的离群值或者增加样本量。

（4）实例之间需要互相独立

线性回归模型要求输入建模的每个数据实例独立于任何其他实例。若使用正常的线性回归模型对同一个体多次测量的数据建模，可能会得出错误的结论，这种情况需要使用特殊的线性回归模型，例如广义线性混合模型（Generalized Linear Mixed Model, GLMM）。

（5）特征之间不存在多重共线性

线性回归模型要求特征之间不存在多重共线性，强相关的特征会混淆模型最后的权重估计，例如两个特征高度相关的情况下，由于特征效果具备可加性，因此进行权重估计会很困难，并且不确定哪个属性关联了这些效果。通常在建模前，需要检查模型的多重共线性，如方差膨胀因子等。

4. 示例

下面通过 Python 代码演示基于线性回归预测波士顿房价，案例数据来自 UCI 数据集，地址为 https://archive.ics.uci.edu/ml/machine-learning-databases/housing/。

数据集字段介绍如表 11-1 所示，该数据集包含美国人口普查局收集的美国马萨诸塞州波士顿住房价格的有关信息，数据集很小，只有 506 个案例。

表 11-1　波士顿房价数据集字段介绍

变量名	变量描述	变量名	变量描述
CRIM	城镇人均犯罪率	DIS	与波士顿的 5 个就业中心加权距离
ZN	住宅用地所占比例	RAD	距离高速公路的便利指数
INDUS	城镇中非商业用地占比例	TAX	每 1 万美元的不动产税率
CHAS	Charles 0, 1 变量	PTRATIO	城镇中教师学生比例
NOX	环保指标：一氧化氮浓度	B	城镇中黑人比例
RM	每栋住宅房间数	LSTAT	房东属于低等收入阶层比例
AGE	1940 年以前建造的自住房的占比	MEDV	当前城市房价的中位数

建模代码如代码清单 11-1 所示。

代码清单 11-1　波士顿房价线性回归建模

```
import pandas as pd
from sklearn.datasets import load_boston
```

```python
from sklearn import linear_model
from sklearn.model_selection import train_test_split
boston = load_boston()
X = pd.DataFrame(boston.data, columns=boston.feature_names)
Y = boston.target
# 数据集划分，训练集：验证集 = 7:3
x_train, x_val, y_train, y_val = train_test_split(X, Y,
            test_size=0.3,  random_state=20)
linear = linear_model.LinearRegression() # 建立最小二乘法线性模型
linear.fit(x_train, y_train) # 拟合模型
print(linear.score(x_train, y_train) )# 返回线性拟合的 R 方
print(linear.coef_) # 获得各个变量的权重
print(linear.intercept_) # 获得各个变量的偏置项
```

通过参数权重条形图 11-1 可以看出，对房屋价格起正向影响的主要因素是 RM（每栋住宅房间数）。每栋住宅房间数增加 1 个单位，因变量 MEDV 房价中位数增加 4.6 个单位。NOX 环保指标：一氧化氮浓度是主要的负向影响因素，一氧化碳浓度每增加一个单位，因变量 MEDV 房价中位数减少 20.3 个单位。

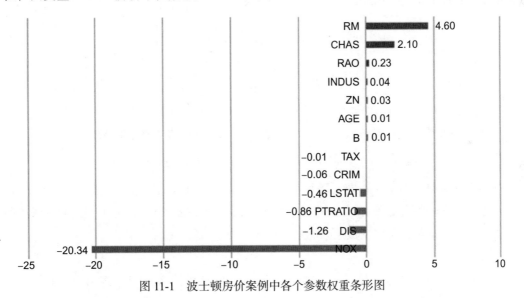

图 11-1　波士顿房价案例中各个参数权重条形图

11.2.2　逻辑回归

1. 逻辑回归模型简介

逻辑回归虽然名称中有"回归"二字，但是最常用的场景是二分类应用，它对分类问题的概率进行建模，是针对分类问题的线性回归模型的扩展。

逻辑回归使用激活函数将线性回归的预测值压缩到 0 ~ 1。对于二分类任务来说，其

输出标记为 $y \in \{0,1\}$，通常使用对数几率函数 $y = \dfrac{1}{1+e^{-z}}$ 作为激活函数。

首先我们使用线性方程对结果和要素之间的关系进行建模。

$$z = w_1x_1 + w_2x_2 + \cdots + w_dx_d + b$$

然后将等式右边放到激活函数中，可以得到：

$$P(y^i = 1) = \frac{1}{1 + e^{-(w_1x_1 + w_2x_2 + \cdots + w_dx_d + b)}}$$

2. 逻辑回归的解释性

逻辑回归中权重的解释性不同于线性回归中权重的解释性，逻辑回归中的结果是介于 0 和 1 之间的概率，权重不再线性影响概率，而是通过加权和激活函数转换为概率。因此，我们需要重新构造方程进行解释。

在统计学里，概率和几率（odds）都可以描述某件事情发生的可能性，这里构造几率进行模型解释，是指事件发生概率与事件不发生概率的比值。我们也可以粗略地把 odds 翻译成"胜率" it，对于胜率的对数有如下公式。

$$\log it = \log\left[\frac{P(y^i = 1)}{1 - P(y^i = 1)}\right]$$
$$= \log\left[\frac{P(y^i = 1)}{P(y^i = 0)}\right]$$
$$= w_1x_1 + \cdots + w_jx_j + \cdots + w_dx_d + b$$

若 x_j 为连续变量，其系数是 w_j，当 x_j 变化 1 个单位且其他变量保持不变时：

$$\log it' = w_1x_1 + \cdots + w_j(x_j + 1) + \cdots + w_dx_d + b = \log it + w_j \log it'$$

胜率的对数增加了 w_j，即 x_j 增加 1 个单位，使胜率增加为原来的 e^{w_j} 倍。

若 x_j 为分类变量，则系数 w_j 可以理解为其他变量保持不变时，分类变量的取值从参照类变化到当前类，胜率变成原来的 e^{w_j} 倍。

3. 示例

下面以一个经典数据集——泰坦尼克号生存数据为例，演示基于逻辑回归的模型解释。数据集来自 Kaggle，包含 891 条训练数据，目标变量取值有两种，1 为生存用户，0 为失联用户。对该数据集进行预处理，如代码清单 11-2 所示，经过清洗的数据包含 19 个字段，各字段的解释详见表 11-2。

代码清单 11-2　泰坦尼克号数据集数据处理

```
# coding: utf-8
from __future__ import division
```

```python
from __future__ import print_function
from __future__ import absolute_import

import pandas as pd
import numpy as np
import sklearn.preprocessing as preprocessing
from sklearn.ensemble import RandomForestRegressor


### 加载数据
train = pd.read_csv('train.csv')
test = pd.read_csv('test.csv')
### 连接训练集和测试集
alldata = pd.concat([train.ix[:, 'Pclass':'Embarked'], test.ix[:, 'Pclass':
    'Embarked']]).reset_index(drop=True)
### 数据清洗
# 对于变量 Fare 使用均值或中位数进行填充
alldata['Fare'] = alldata['Fare'].fillna(alldata['Fare'].mean()) # median()
# 对于变量 Embarked 使用众数进行填充
alldata['Embarked'] = alldata['Embarked'].fillna(alldata['Embarked'].mode()[0])
# 对于变量 Age 使用随机森林进行填充
def set_missing_ages(df):
    age_df = df[['Age','Fare', 'Parch', 'SibSp', 'Pclass']]
    known_age = age_df[age_df.Age.notnull()].as_matrix()
    unknown_age = age_df[age_df.Age.isnull()].as_matrix()
    y = known_age[:, 0]
    X = known_age[:, 1:]
    rfr = RandomForestRegressor(random_state=10, n_estimators=2000, n_jobs=-1)
    rfr.fit(X, y)
    predictedAges = rfr.predict(unknown_age[:, 1::])
    df.loc[ (df.Age.isnull()),'Age' ] = predictedAges
    return df, rfr
alldata, rfr = set_missing_ages(alldata)
### 特征构建
alldata['CabinHead'] = alldata['Cabin'].str[0]
alldata['CabinHead'] = alldata['CabinHead'].fillna('None')
alldata['CabinAlpha'] = (alldata['CabinHead'].isin(['B','D','E'])) * 1
alldata['NullCabin'] = (alldata['Cabin'].notnull()==True) * 1
alldata['NullCabin'] = alldata['NullCabin'].fillna(0)
alldata['NoSibSp'] = (alldata['SibSp']<=0) * 1
alldata['NoParch'] = (alldata['Parch']<=0) * 1
alldata['Family'] = alldata['SibSp'] + alldata['Parch'] + 1
alldata['isAlone'] = (alldata['Family']==1) * 1
# 构建一个用于计算每个人真实票价的特征
Ticket = pd.DataFrame(alldata['Ticket'].value_counts())
Ticket.columns = ['PN']
Ticket.head()
alldata1 = pd.merge(alldata, Ticket, left_on ='Ticket',right_index = True)
alldata['realFare'] = alldata['Fare']/alldata1['PN']
# 用称呼构造衡量乘客等级的特征
```

```
alldata['Title'] = alldata['Name'].str.split(", |\.", expand=True)[1]
alldata.ix[alldata['Title'].isin(['Ms','Mlle']),'Title'] = 'Miss'
alldata.ix[alldata['Title'].isin(['Mme']),'Title' ] ='Mrs'
stat_min = 10
title_names = (alldata['Title'].value_counts() < stat_min)
alldata['Title'] = alldata['Title'].apply(lambda x: 'Misc' if title_names.
    loc[x] == True else x)
alldata['ismother'] = ((alldata['Sex']=='female') & (alldata['Parch'] > 0) \
                     & (alldata['Age']>=16) & (alldata['Title']=='Mrs')) *1

alldata = alldata.drop(['Name','SibSp', 'Parch','Ticket', 'Fare','Cabin',
    'CabinHead'], axis=1)
### 将预处理后的数据集分割成训练集和测试集
train_ = pd.concat([alldata.iloc[:train.shape[0],:], train[['Survived']]],
    axis=1)
test_ = alldata.iloc[train.shape[0]:,:]
### 对类别型数据进行哑变量处理
objList = ['Pclass','Sex','Embarked','Title']
temp_obj = pd.concat([pd.get_dummies(train_[i], prefix = i) for i in objList],
    axis=1)
temp_num = train_[['NoSibSp', 'NoParch', 'NullCabin', 'CabinAlpha', 'Family',
    'isAlone','ismother','Age','realFare','Survived']]
trainSet = pd.concat([temp_obj,temp_num], axis = 1)
temp_obj = pd.concat([pd.get_dummies(test_[i], prefix = i) for i in objList],
    axis=1)
temp_num = test_[['NoSibSp', 'NoParch', 'NullCabin', 'CabinAlpha', 'Family',
    'isAlone','ismother','Age','realFare']]
testSet = pd.concat([temp_obj,temp_num], axis = 1)
### 特征缩放
scaler = preprocessing.StandardScaler()
age_scale_param = scaler.fit(trainSet[['Age']])
trainSet['Age'] = scaler.fit_transform(trainSet[['Age']], age_scale_param)
testSet['Age'] = scaler.fit_transform(testSet[['Age']], age_scale_param)
fare_scale_param = scaler.fit(trainSet[['realFare']])
trainSet['realFare'] = scaler.fit_transform(trainSet[['realFare']], fare_
    scale_param)
testSet['realFare'] = scaler.fit_transform(testSet[['realFare']], age_scale_
    param)
trainSet.columns = [i.lower() for i in trainSet.columns]
testSet.columns = [i.lower() for i in testSet.columns]
trainSet.to_csv('train_dp.csv', index=False)
testSet.to_csv('test_dp.csv', index=False)
```

表 11-2　泰坦尼克号生存数据集字段介绍

变量名	变量描述
pclass_*	原始数据中 pclass 字段的 one-hot 值，例如 pclass_2=1 表示乘客等级为 2，pclass_2=0 表示等级不为 2，对照类别是 pclass=1

（续）

变量名	变量描述
sex_*	原始数据中 sex 列的 one-hot 值，例如 sex_male=1 表示乘客性别为男性，为 0 表示性别为女性，对照类别是 sex_female
embarked_*	原始数据中 Embarked 列的 one-hot 值，Embarked_q=1 表示出发站台是 q 站台，为 0 则表示不是 q 站台，对照类别是 embarked_c
title_*	从原始数据 name 中规约得到的乘客称呼类别的 one-hot 值，title_mr=1 表示该乘客的称呼是"先生"，为 0 表示称呼不是"先生"，对照类别是 title_master
nosibsp	从原始字段 sibsp 构造乘客是否无兄弟姐妹，若 nosibsp=1，则该乘客没有兄弟姐妹，否则是有兄弟姐妹
noparch	从原始字段 parch 构造乘客是否无父母在船上，若 noparch=1，则船上没有该乘客的父母，否则是有
nullcabin	确定"机舱"字段是否为空（1 是，0 否）
family	从 parch 和 sibsp 字段构建而成，表示所有家庭的亲戚人数，包括本人、兄弟姐妹、配偶、父母子女
isalone	乘客是否是独自一人（无任何亲戚）（1 是，0 否）
ismother	乘客是否是母亲（1 是，0 否）
realfare	乘客所持船票的实际价格

将训练集按照 7：3 的比例划分为训练集和验证集，得到 623 条训练集和 268 条验证集，训练集建模如代码清单 11-3 所示。

代码清单 11-3　泰坦尼克号数据集建模

```
    import pandas
from sklearn import linear_model
# 数据加载
data = pd.read_csv('train_dp.csv')
Y = data['survived']
X = data.drop (columns=['survived'])
# 数据集划分
x_train, x_val, y_train, y_val = train_test_split(X, Y,
    test_size=0.3, random_state=20)
lr = linear_model.LogisticRegression(penalty='l2') # 建立最小二乘法线性模型
lr.fit(x_train, y_train) # 拟合模型
print(lr.score(x_train, y_train)) # 返回线性拟合的 R 方
print(lr.coef_)# 获得各个变量的权重
print(lr.intercept_) # 获得各个变量的偏置项
```

通过参数权重条形图 11-2 可以看出，姓名称呼中包含 mrs（对已婚女士的称呼）的乘客模型更有可能被预测为存活。从模型解释的角度看，变量 title_mrs 是分类变量，其他变量保持不变，当分类变量的取值从参照类（titile_master）变化到当前类（title_mrs）时，胜率变成原来的 $e^{0.94}$=2.56 倍，即该乘客最终存活的概率是失联的 2.56 倍。

对于连续型变量 age 来说，其参数取值是 −0.53，表示其他变量保持不变，当年龄变

化 1 个单位（注意，此处因为在预处理中对数据进行了归一化处理，因此，1 单位变化指年龄增加一个单位年龄的标准差）时，该乘客最终存活的概率是失联的 $e^{-0.53}=0.58$ 倍，总体规律是乘客年龄越大，模型越倾向于预测为失联人群。

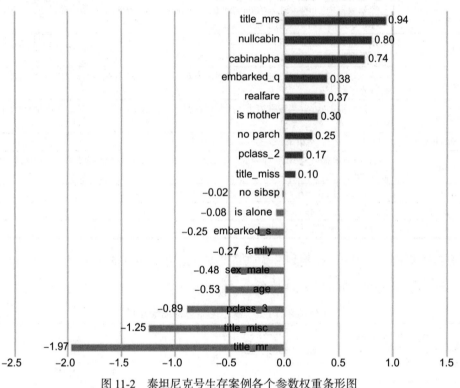

图 11-2　泰坦尼克号生存案例各个参数权重条形图

11.2.3　决策树

1. 决策树模型简介

当特征与预测变量之间的关系为非线性等不满足模型的假设条件时，不适用线性回归和逻辑回归模型。在这种情况下，决策树算法是一个较好的选择。决策树是基于树结构进行决策的，这恰恰是人类在面临决策问题时的一个自然处理机制。

决策树学习的关键是选择最优的划分属性。一般而言，随着划分过程的推进，我们希望决策树分支节点包含的样本尽可能属于同一类别，即节点的纯度尽可能高。常用的划分树纯度的衡量指标有信息增益（经典代表算法为 ID3）、信息增益比率（经典代表算法为 C4.5）和基尼指数（经典代表算法是 CART）。

2. 决策树的解释性

决策树模型的解释性体现在模型简单、直观、易于理解，非常适合捕获数据中要素之间的交互。从根节点开始遍历数结构中各个节点的划分属性，直至叶子节点，这一过程通过多个"和"条件连接。解释结构：如果"特征 x_i 的取值满足条件"1"且"特征 x_j的取值满足条件"2"，则该节点中的预测变量的均值为 y。数据最终分成不同的组，通常比线性回归中多维超平面上的点更容易理解，且树模型非常容易进行可视化。除此之外，决策树无须变换特征，无须考虑量纲一致性或者数据分布的问题。

3. 示例

接下来仍以泰坦尼克号生存分析为例，演示基于决策树的分类模型的建模过程及其解释性。通过 Python 构建一个 cart 分类树，如代码清单 11-4 所示。

代码清单 11-4　泰坦尼克号数据集决策树建模

```
    import pandas as pd
from sklearn import tree
# 数据加载
data = pd.read_csv('train_dp.csv')
Y = data['survived']
X = data.drop(columns=['survived'])
# 数据集划分
x_train, x_val, y_train, y_val = train_test_split(X, Y,
                                            test_size=0.3,
                                            random_state=20)
clf = tree.DecisionTreeClassifier(max_depth=3)
clf = clf.fit(x_train, y_train) # 模型训练
```

通过图 11-3 所示的可视化模型树结构可知：当决策树深度设置为 3 时，第一个划分的节点属性是"title_mr"（对男士的称呼）；当 title_mr ≤ 0.5 时（因为 title_mr 取值仅仅是 0 和 1，等价于 title_mr=0），更可能被判定为存活。随着树深度不断加深，title_mr ≤ 0.5 & pclass_3>0.5 & family>0.5 的人群，更可能被判定为失联。

11.2.4　KNN 算法

1. KNN 模型简介

KNN（k-NearestNeighbor，k 近邻）是数据挖掘中最简单且常用的算法之一。所谓 k 近邻，字面意思就是 k 个最近的邻居，是指每个样本都可以用它最接近的 k 个邻居来代表。

KNN 算法通过测量不同样本特征值之间的距离进行迭代，其算法思路是在训练集数据和标签已知的情况下输入测试数据，将测试数据的特征与训练集中对应的特征进行比较，找到训练集中与之最为相似的前 k 个数据，则该测试数据对应的类别就是 k 个数据中出现次数最多的分类。KNN 可用于回归和分类任务，对于分类任务，KNN 分配测试集最近 k 个邻居的最常见类；对于回归模型，则采用了最近 k 个邻居的平均值。

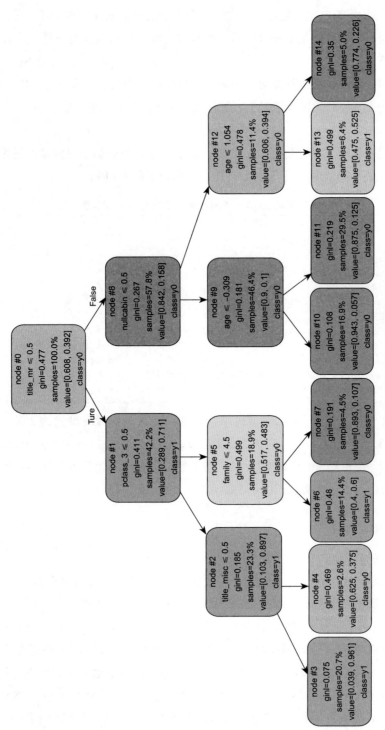

图 11-3   泰坦尼克号生存特征决策树划分图

　　KNN 算法的结果在很大程度上取决于 k 的选择，因此最棘手的问题是如何找到合适的 k 及如何测量实例之间的距离，从而最终确定邻域。对于 k 值的选择，没有一个固定的方法，一般是根据样本的分布，选择一个较小的值，再通过交叉验证选择一个合适的 k 值。若 k 值过小，模型训练的误差虽然会小，但模型的鲁棒性会较弱，容易导致过拟合；反之，若 k 值过大，泛化误差减小，会导致模型欠拟合。

　　在 KNN 中，把计算对象之间的距离作为各个对象之间的非相似性指标，避免了对象之间的匹配问题，在 KNN 中常用的距离计算方法有欧氏距离、曼哈顿距离及闵可夫斯基距离，前两者是后者在取不同 p 值的特殊情况。闵可夫斯基距离公式如下：

$$\text{dist}(X,Y) = \left(\sum_{i=1}^{n} |x_i - y_i|^P \right)^{\frac{1}{P}}$$

　　这里的 P 是一个变量，当 $P=1$ 时就得到了曼哈顿距离；当 $P=2$ 时就得到了欧氏距离。

2. KNN 的解释性

　　KNN 是基于实例的学习算法，也可以称之为懒散学习，可以先不经过任何训练，等到收到预测任务时，再在训练集的基础上进行预测，因此 KNN 模型的可解释性不强。那么如何解释 k 近邻呢？因为模型并没有通过训练学习到相关参数，所以 KNN 模型的解释性只能从固有的局部数据点做解释，无法从全局角度进行解释。

3. 示例

　　继续以泰坦尼克号生存分析为例，演示 KNN 模型的建模过程。通过 Python 构建 KNN 模型，该模型中距离计算方法可通过 metric 参数设定，默认取欧氏距离，在训练集建模如代码清单 11-5 所示。

代码清单 11-5　泰坦尼克号数据集 KNN 建模

```
import pandas as pd
from sklearn import neighbors
# 数据加载
data = pd.read_csv('train_dp.csv')
Y = data['survived']
X = data.drop(columns=['survived'])
# 数据集划分
x_train, x_val, y_train, y_val = train_test_split(X, Y,
    test_size=0.3, random_state=20)
n_neighbors = 15
knn = neighbors.KNeighborsClassifier(n_neighbors, weights=weights)
knn.fit(x_train, y_train)
```

　　设置不同的 k 值在训练集上进行训练，并在验证集上测试各个评价指标，对比结果如图 11-4 所示，若用户希望获得一个精准率高的模型，建议 k 取值 15；如果更倾向于得到一个召回率更高的模型，则建议 k 取值 45 ；若从准确度和 F1 值的角度考虑，也建议 k 取值 15。

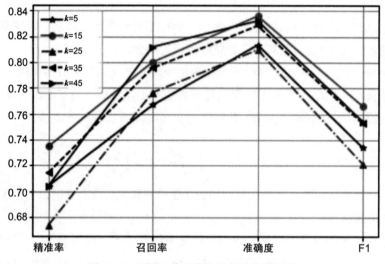

图 11-4   不同 k 值下各个指标的评估结果

11.2.5   朴素贝叶斯分类器

1. 朴素贝叶斯分类器模型简介

朴素贝叶斯方法是应用最为广泛的分类算法之一，它是基于贝叶斯定理的条件概率统计知识实现分类的，之所以被称为"朴素"，是因为在贝叶斯算法的基础上进行了一定的简化，即假定各个特征之间是相互独立的，一个属性对给定类的影响独立于其他属性。该算法的核心思想是根据以往经验和分析得到的概率（称为先验概率），计算当前特征的样本属于某个分类的概率，选择具有最大后验概率的类别作为确定类别的指标。朴素贝叶斯条件概率模型中计算某样例属于类别 c_i 的方式如下：

$$P(c_i|\mathbf{x}) = \frac{P(c_i)P(\mathbf{x}|c_i)}{P(\mathbf{x})} = \frac{P(c_i)}{P(\mathbf{x})}\prod_{j=1}^{d} P(x_j|c_i)$$

相比于大多数分类算法，如决策树、KNN、逻辑回归等，朴素贝叶斯有一个较明显的不同，前者都是判别模型，也就是直接学习特征输出 Y 和特征 X 之间的关系，但是朴素贝叶斯却是生成模型，也就是直接找出特征输出 Y 和特征 X 的联合分布，然后求出条件概率分布 $P(Y|X)$ 作为预测的模型。

2. 朴素贝叶斯模型的解释性

由于具备"朴素"独立性假设这个条件，使得朴素贝叶斯成为一个可解释的模型。

我们可以对各个类的条件概率进行解释，因此对于每个特征而言，可以很方便地计算出它们对特定类别预测的贡献。

3. 示例

接下来以泰坦尼克号生存分析为例，演示基于贝叶斯分类模型的建模过程。通过 Python 构建朴素贝叶斯分类模型，如代码清单 11-6 所示。因为该案例具有连续型属性，所以需要构建一个高斯贝叶斯分类器，先验概率的计算方式如下，其中 miu 和 sigma 使用极大似然估计方法计算。

代码清单 11-6 构建朴素贝叶斯分类模型

```python
import pandas as pd
from sklearn.naive_bayes import GaussianNB
# 数据加载
data = pd.read_csv('train_dp.csv')
Y = data['survived']
X = data.drop(columns=['survived'])
# 数据集划分
x_train, x_val, y_train, y_val = train_test_split(X, Y,
    test_size=0.3, random_state=20)
n_neighbors = 15
bayes = GaussianNB(var_smoothing=0)
bayes.fit(x_train, y_train)
print(bayes.theta_) # 获得各个属性属于该类的均值
print(bayes.sigma_) # 获得各个属性属于该类的方差
```

11.2.6 模型比较

在实际使用中，数据科学工作者需要对模型的适用场景有一定的了解，这样才能选择合适的模型。

首先，我们需要明确当前面对的任务类型是什么，然后进行数据探索，在对数据有一定了解的情况下选择合适的模型。比如我们需要考虑数据是否存在空值？空值是否一定要填充？数据属性之间是否独立？是否存在多重共线性？等问题。

表 11-3 是各个模型不同维度的对比，数据工作者参照该表可以根据任务特征以及数据特点选择合适的模型。

表 11-3 常见机器学习解释性模型比较

模型类型	优点	缺点	适用任务类型
线性回归	计算简单，结果易于理解	缺少非线性表达，有很多数据假设条件	回归
逻辑回归	提供了预测为各个类型的概率，使用者可以手动设置阈值	缺少非线性表达，有很多数据假设条件，解释比较困难	分类

（续）

模型类型	优点	缺点	适用任务类型
决策树	计算量简单，可解释性强，对数据分布无要求，可处理有缺失属性的样本	模型结构不稳定，细小扰动可能导致树结构大幅改变	分类、回归
KNN	对异常点不敏感，对数据分布无要求	计算量大，难以确定 k 值，可解释性不强	分类、回归
贝叶斯	基于统计学理论，有稳定的分类效率	对异常点敏感，常见数据有可能不满足"朴素"假设，模型效果可能不佳	回归

11.3   黑盒模型的解释性

对于数据工作者而言，往往需要在准确性与可解释性之间做取舍，这涉及两类模型，即白盒模型和黑盒模型，前者就是我们在 11.2 节讨论过的可解释性模型，包括线性模型和树模型等。这类模型的解释性往往高度依赖模型本身的功能或特性，例如权重系数、p 值、决策树的划分规则，通常具备很好的解释性。但这类模型的不足在于预测能力较弱，并且难以发掘数据集中交互特征的影响。

黑盒模型因为加入了复杂的非线性表达结构，所以能提供很高的预测准确性，但同时难以对模型的预测结果进行解释。黑盒模型的内部工作原理难以理解，不能直接在模型的层面估计每个特征对预测的重要性，也不容易表达不同特征之间的相互作用。本节将重点介绍几种常见的黑盒模型解释方法，并基于 SQLFlow 构建黑盒可解释模型。

11.3.1   黑盒模型解释方法

对于黑盒模型，我们无法基于模型本身来解释，因此，与模型无关的解释方法诞生了。这类技术可以应用于任何机器学习算法，在模型训练以后，应用一些可解释的方法实现模型可解释性。目前主流的方法有代理模型、Shapley Value 方法、PDP 图（Partial Dependence Plot）、ICE（Individual Conditional Expectation）等。接下来主要介绍代理模型和 Shapley 值方法。

1. 代理模型

（1）代理模型简介

代理模型是一种近似模拟原始模型的过程，代理模型的目的是近似描述或解释任意复杂的、不可解释的黑盒模型，通过对代理模型的训练和分析，增加对原始模型的可解释性。应用代理模型最关键的一点是必须使用可解释的模型，一般是线性模型或决策树。代理模型可分为全局代理模型和局部代理模型，假设我们使用 f 和 g 分别表示原始模型和代理模型，那么 f 和 g 的关系可以表示为

$$g \approx f$$

上述关系式表明代理模型 g 在满足可解释性约束的条件下，最大限度地逼近对原始模型 f 的表示。

（2）全局代理模型

全局代理模型在原始模型使用的全部数据集上预测、训练和解释代理模型，构建全局代理模型的步骤如下。

- 使用数据集 X 训练原始的黑盒模型。
- 使用黑盒模型对数据集 X 中的样本进行评估，得到预测值。
- 选择一个可解释的代理模型，比如线性模型或者决策树，用来训练数据集 X 和对应的预测标签。
- 确定代理模型的错误度量方法并解释代理模型，获取特征的权重及重要性。

代理模型的特点非常直观，且不关注黑盒模型具体的内在关系，只是通过数据样本以及预测这种简单的可解释模型进行模型解释。所谓全局代理模型是在数据集的采样上使用原始黑盒模型的数据集进行建模的，也存在一定的不足：得到的永远是有关模型而非有关数据的结论。

（3）局部代理模型

对于单个数据样本的解释，可以通过局部代理模型进行训练，下面介绍一种局部代理模型 LIME（Local Interpretable Model-agnostic Explanations）。

LIME 旨在解释模型在预测样本上的行为，这种解释是可被理解的，并且这种解释是模型无关的，不需要考虑模型内部具体的细节。但是，LIME 是一种局部代理模型，非全局代理模型，即不使用全部的数据集，而是在每个预测样本附近随机采样进行预测。LIME 专注于训练局部代理模型，以解释单个预测。

LIME 的主要思想是通过数据的变化生成一个新的数据集，此数据集由采样样本以及该样本在黑盒模型上对应的预测结果组成。在此数据集上训练一个简单的可解释模型，通过采样后的样本与实际样本之间的近似程度进行加权。

训练局部代理模型 LIME 的步骤如下。

- 选择想要解释的样本，通过特征置换等采样方法获取 N 个新样本。
- 使用黑盒模型对新样本进行预测，将得到的预测值作为新的标签。
- 根据新样本与真实样本之间的相似度（相似度可以使用计算距离的方式得出，如 cosine 值）进行加权。
- 使用新样本和预测值构建的新数据集，训练加权的可解释模型（一般为线性模型或者决策树）。

- 通过解释局部代理模型解释预测结果。

LIME 的优点是简单易用，不需要对全部数据进行解释，且能够同时关注模型和数据的可解释性。LIME 的缺点是不能正确定义邻域，其次由于不同采样结果有一定的变化，导致模型对同一数据集的多次解释结果也有一定的影响，即解释结果存在不稳定性。

2. Shapley

（1）Shapley 简介

Shapley 用于解决合作博弈的贡献和收益分配问题，即 n 个玩家参与合作项目，创造了 $v(n)$ 的合作价值，结合每个个体所做的贡献，对创造的价值进行公平的收益分配，第 i 个个体的 Shapley 值是个体 i 对于合作项目期望的贡献量的平均值，这个分配方式避免了分配上的平均主义。

举例说明 Shapley 的计算方法：全集 $N = \{x_1, x_2, \cdots, x_n\}$ 有 n 个元素 x_i，对于任意多个人形成的子集 $S \subseteq N$，用 $v(S)$ 表示 S 子集包含的元素合作产生的价值。最终 x_i 分配的价值（Shapley 值）就是累加边际贡献的均值，例如 A 单独工作产生价值 $v(A)$，B 加入之后共同产生价值 $v(A,B)$，那么 B 的累加贡献为 $v(A,B) - v(A)$。对于所有能够形成全集 N 的序列，求其中关于元素 x_i 的累加贡献，然后取均值即可得到 x_i 的 Shapley 值。

（2）Shapley 值的特性

Shapley 值有如下特性。

- 对称性：合作获利的分配不因个人在合作中的记号或次序而变化。
- 有效性：合作各方获利总和等于合作总获利。
- 冗员性：如果一个成员对于任何其参与的合作都没有贡献，则他不应当从全体合作中获利。
- 可加性：有多种合作时，每种合作的利益分配方式与其他合作结果无关。因为 Shapley 值计算的是边际贡献值，所以具备一个重要的优点，即不仅考虑了单个变量的影响，还考虑了变量之间的协同对预测结果的影响。但是它有一个明显的不足，就是计算效率较低。

（3）Shapley 值的模型解释性

Shapley 值与机器学习预测和可解释性有什么关系呢？我们将 Shapley 值对应到机器学习的模型解释中，可以假设实例中每个特征是游戏中的"玩家"，以此来解释模型预测的结果，即衡量每个特征对于预测结果的贡献程度。一个特征的 Shapley 值是该特征在所有特征序列中的平均边际贡献。

伦德伯格于 2016 年基于 Shapley 值提出了可用于解释个体预测的 SHAP 方法。该方法有效解决了 Shapley 值计算效率低的问题，提出了基于核及基于树模型的替代方法，可对 Shapley 值进行有效估算。

　　SHAP 的目标是通过计算每个特征在预测过程中的贡献量，解释该特征在此次预测中重要程度。它的创新之处在于将 Shapley 值表示为一种附加特征归因方法，即线性模型，特征重要性和模型预测值可以用特征贡献的线性组合表示。

　　举例来说，设第 i 个样本为 x_i，第 i 个样本的第 j 个特征为 x_{ij}，模型对该样本的预测值为 y_i，整个模型的基线为 y_{base}（这里通常取所有样本目标变量的均值），则 SHAP 值满足以下公式：

$$y_i = y_{base} + f(x_{i1}) + f(x_{i2}) + \cdots + f(x_{ij})$$

　　其中，$f(x_{ij})$ 为 x_{ij} 的 SHAP 值，表示第 i 个样本的第 j 个特征对最终预测值 y_i 的贡献。当 $f(x_{ij}) > 0$ 时，说明该特征提升了预测值，起到正向作用；当 $f(x_{ij}) < 0$ 时，说明该特征降低了预测值，起到反向作用。我们可以将 Shapley 值类比为物理概念中的"力"，每个特征值都可能增加或减少预测的力。预测从基线开始，Shapley 值的基线是所有预测的平均值。这些力在数据实例的实际预测中彼此平衡。

11.3.2　SQLFlow 中的黑盒模型解释应用

　　为了尽可能实现精确度和解释性的双赢，黑盒模型成为数据科学领域应用广泛的模型之一。XGBoost 是典型的黑盒机器学习模型，而业内解释 XGBoost 最常用一个方法就是 Shapley 值。

　　SQLFlow 是一个集成 SQL 引擎和 AI 引擎的强大工具，能够帮助业务人员实现独立建模。SQLFlow 中集成了 XGBoost 模型库，并集成了基于树模型的 XGBoost 解释性功能。树模型是 SHAP 的一种变体，运行速度快，可以较为精确地计算 Shapley 值。

　　下面以 Kaggle 中的汽车价格预测为例，介绍基于 SQLFlow 构建黑盒可解释模型的方法。

1. 案例背景

　　我们模拟汽车销售公司的需求，根据车辆品牌、出厂年份、内部空间、功能、定位等影响价格的因素，完成汽车价格的预测任务。

　　在 SQLFlow 中，我们使用 SQL 语言提取数据库中庞大的汽车参数，通过扩展的 SQL 语句调用 XGBoost 黑盒模型，构建一个拟合效果较好的模型。基于 SHAP 解读模型洞悉汽车价格影响因素并量化影响力，从而定制合理的销售价格，实现利润最大化。有了 SQLFlow，使用简单的 SQL 语句就可以实现以往资深 AI 算法工程师才能处理的复杂建模任务，大大提升了运营效率。

拉取 Docker 镜像 sqlflowuser/ds_book:latest 可以查看本节案例代码,具体步骤如下。

- 下载并安装 Docker。
- 在控制台输入 docker pull sqlflowuser/ds_book:latest 命令拉取镜像,稍等片刻。
- 在控制台输入 docker run -it -p 8888:8888 sqlflowuser/ds_book:latest。
- 在浏览器输入 localhost:8888 并访问。
- 运行 notebook 文件 carprice.ipynb。

2. 搭建 XGBoost 模型

通常一个完整的数据分析建模流程包括 SQL 数据收集、数据清洗并预处理、模型训练及评估、模型解释等多个步骤,除了第一步使用 SQL 就能完成外,其他步骤均需要分析人员具备一定的编程基础以及相关的建模知识。而基于 SQLFlow 的建模全程可以仅基于 SQL 指令完成,大大降低了建模的门槛。

模型训练

SQLFlow 中模型训练的 SQL 代码如代码清单 11-7 所示。

代码清单 11-7   训练 XGBoost 回归模型

```
%%sqlflow
SELECT *
FROM carprice.train
TO TRAIN xgboost.gbtree
WITH
    objective="reg:squarederror",
    train.num_boost_round = 30,
    eta = 0.1,
    max_depth=6,
    validation.select = "select * from carprice.train;"
LABEL msrp
INTO carprice.demo_xgb_reg;
```

首先进行模型训练。由于 SQLFlow 可以直接连接 SQL 引擎和 AI 引擎,我们可以在 SELECT 语句中指定用于训练的训练集数据和参与建模的字段。

然后使用 TO TRAIN 关键词指定训练的模型类型。在 WITH 语句中指定模型训练的各项参数,其中可选参数是指定的 booster 中的参数。除此之外,在 WITH 语句中通过设置 validation.select 参数指定验证集,该验证集将参与模型的每次迭代。若不设置验证集,则默认选择所有的训练集作为验证集。模型验证集的作用主要是观测模型训练效果,即是否会出现过拟合或者欠拟合的情况。

接着在 LABEL 中指定模型训练的目标列的字段名称。

最后在 INTO 中指定模型保存的位置和名称,格式是"数据库名.训练的模型名称"。

3. 基于 SHAP 的模型解释

特征的 SHAP 值用于表征该特征在模型预测时的贡献，摘要图用于解释造成特征的 output 和 base 值之间产生差异的因素，图中纵轴从上到下按照特征重要性递减排序，横轴是 SHAP 值，每一行代表对应特征对所有样本计算出的 SHAP 值，通过对所有特征进行同样的操作，将所有样本上 SHAP 值幅度的总和对特征的重要性进行排序，并使用 SHAP 值显示每个特征对模型输出的影响分布，通过摘要图可以看到哪些特征对模型的预测有推动作用，哪些特征对模型预测的影响很小。

SQLFlow 中进行模型解释的代码如代码清单 11-8 所示。

代码清单 11-8　绘制 SHAP 点图

```
%%sqlflow
SELECT * FROM carprice.train
TO EXPLAIN carprice.demo_xgb_reg
WITH
    shap_summary.plot_type="dot",
    shap_summary.alpha=1,
    shap_summary.sort=True,
    shap_summary.max_display=15
USING TreeExplainer;
```

首先通过 SELECT 语句选择要进行模型解释的数据集，该语句是一个标准的 SQL 语句。需要注意的是，由于我们是基于 carprice.train 表建模的，因此训练好的模型仅能解释这部分样本。

然后使用 TO EXPLAIN 关键词指定当前要解释的模型。在 WITH 语句中，使用 shap_summary 参数指定 SHAP 中 summary_plot 的参数，这里的参数设置与官方文档保持一致。

最后在 USING 语句中指定当前使用的 SHAP 解释器是树模型解释器（TreeExplainer）。SQLFlow 仅支持树模型解释器，后续会将其他类型的解释器加入进来。

我们可以设置 shap_summary 的 plot_type 参数为 dot 指定绘制点图，输出的控制台信息如图 11-5 所示。

图 11-5 展示了每个样本里特征的 SHAP 值，并按照从上到下的顺序显示了特征重要性。可以看到，对汽车价格影响最大的特征是 year（出厂年份）。图中横坐标是 SHAP 值，原点表示特征的 SHAP 基础值，SHAP 值为正表示该特征在当前模型中对预测结果有正向推动作用。颜色深浅表示特征本身取值的高低，例如图中 year 的取值越大，即出厂时间越近，模型预测的价格越高。

我们也可以设置 shap_summary 的 plot_type 参数为 bar 指定绘制条形图。SHAP 条形图展示了每个特征 SHAP 值的平均绝对值，能表示模型中各个特征的重要性，并按照重要性从高到底排序，如代码清单 11-9 所示。

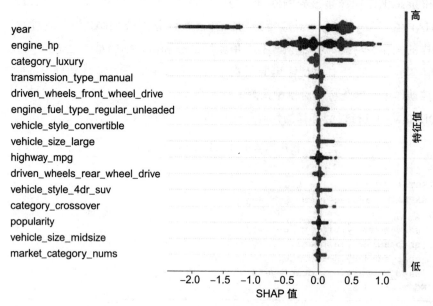

图 11-5　汽车价格预测模型的 SHAP 解释图

代码清单 11-9　SQLFlow 绘制 SHAP 条形图

```
%%sqlflow
SELECT * FROM carprice.train
TO EXPLAIN carprice.demo_xgb_reg
WITH
    shap_summary.plot_type="bar",
    shap_summary.alpha=1,
    shap_summary.max_display=15,
    shap_summary.sort=True
USING TreeExplainer;
```

输出的控制台信息如图 11-6 所示。

通过图 11-6 可以看出，对汽车价格预测影响最大的特征依然是出厂年份。

4. XGBoost 模型预测

我们可以使用训练好的模型进行预测任务，如代码清单 11-10 所示。

代码清单 11-10　模型预测

```
%%sqlflow
SELECT *
FROM carprice.test
```

```
TO PREDICT carprice.predict.msrp
USING carprice.demo_xgb_reg;
```

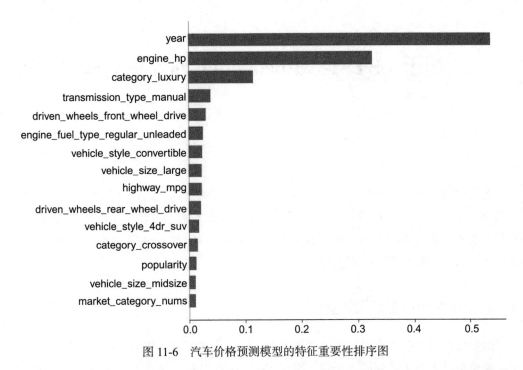

图 11-6　汽车价格预测模型的特征重要性排序图

　　首先通过 SELECT 关键字指定要预测的数据集。然后使用 TO PREDICT 关键字指定将模型预测结果保存到哪个表以及待预测字段的名称。在 USING 语句中指定进行预测的模型。最后查看模型预测的结果，如代码清单 11-11 所示。

代码清单 11-11　查看输出结果

```
%%sqlflow
SELECT * FROM carprice.predict limit 5;
```

11.4　本章小结

　　本章首先阐述了模型可解释的重要性和必要性，论述了可解释模型具备的特性，然后介绍了一些常用的、较为简单的可解释性模型，数据工作者在应用过程中应该结合实际的任务特征以及数据特点选择合适的可解释性模型。此外，本章重点介绍了具备非线性表达结构的黑盒模型的解释性，并对模型无关的解释方法进行了讲解，最后介绍了基于 SQLFlow 搭建黑盒模型的过程。

第 12 章
基于 LSTM-Autoencoder 的无监督聚类模型

高梓尧

聚类学习是机器学习中"无监督学习"任务重要的分支，其目标是通过一些方法学习缺乏样本标记数据的规律。本章首先介绍聚类分析方法，接着从几个聚类案例入手，介绍工业界聚类分析的应用，最后详细介绍如何基于 SQLFlow 中的 LSTM-Autoencoder 模块构建无监督聚类模型并进行预测。

12.1 聚类分析的广泛应用

聚类分析是探索性数据挖掘的主要方法之一，也是统计数据分析的常用技术。近年来，聚类分析逐渐扩展到机器学习、模式识别、图像分析、信息检索、生物信息学、数据压缩和计算机图形学等领域。

1. 什么是聚类分析

聚类分析是非常强大的分析方法，是一种不需要标记数据的无监督机器学习技术。简单来说，聚类分析是将一组对象进行分组，同一组中（一个聚类别）的对象在某种意义上比其他组中的对象更相似。那么怎么定义相似呢？什么是正确的距离指标呢？虽然已有大量算法对此进行了探索，但这些算法的表现却有很大不同。一般群集是根据成员之间的距离、数据空间的密集区域、间隔或特定统计分布而形成的组。在这些聚类算法中，距离和差异性是至关重要的。常见的距离测量公式有以下 3 种。

1）闵可夫斯基距离，用于连续型数据，公式如下：

$$\text{dist}(x,y) = \left(\sum_{i=1}^{n} | x_i - y_i |^p \right)^{\frac{1}{p}}$$

当 $p=2$ 时，为欧氏距离。目前聚类分析的很多实际分析问题使用的都是欧氏距离，当变量中的分类变量较少时，数据科学家也会将分类变量进行哑变量转化，再计算欧氏距离。

2）杰卡德系数，用于分类数据。设 A、B 为各个变量分类水平的集合，公式如下：

$$J(A,B) = \frac{A \cap B}{A \cup B} = \frac{A \cap B}{|A| + |B| - |A \cap B|}$$

3）余弦相似度，一般用于测量两个向量夹脚的余弦值，以此度量向量之间的相似性，公式如下：

$$similarity = \cos(\theta) = \frac{A \cdot B}{\|A\| \, \|B\|} = \frac{\sum_{i=1}^{n} A_i B_i}{\sqrt{\sum_{i=1}^{n} A_i^2} \sqrt{\sum_{i=1}^{n} B_i^2}}$$

数据集和聚类的目的决定了我们对于距离函数、预期簇类个数以及聚类算法的选择，因此聚类分析不是一个自动化的任务，而是知识的发现、尝试和交互的过程，是多目标优化的迭代过程。好的聚类算法可以产生群集内对象相似度高且群集之间区分度也高的高质量群集。

2. 聚类算法的应用场景

聚类算法在很多商业场景均有不错的表现：电商网站的推荐系统通过聚类模型学习用户的购买历史，按照购买物品的相似性对用户进行分组，为组内用户找到志趣相投的用户并给他们推荐共同喜好的产品；互联网金融公司基于用户特征、社会经济特征、交易行为特征对用户群体进行细分，为各个群组的用户定制符合他们需求的金融产品或理财计划；游戏公司也会根据玩家的娱乐习惯和历史购买行为进行聚类并定制相应的激励机制，从而提升用户黏性。

12.2　聚类模型的应用案例

数据科学家对聚类分析的研究有着非常强烈的兴趣，我们能在工业领域的很多业务场景中找到聚类分析的影子。下面详细介绍基于距离划分的 K 均值聚类和层次聚类在工业领域的实际应用。

12.2.1　K 均值聚类

1. K 均值聚类简介

想必大家对 K 均值聚类并不陌生，它可能是目前最为流行和最易实现的聚类算法。K 均值问题可以看作将数据分组为 K 个聚类，其中对聚类的分配是基于与质心的某种相似性或距离度量的，具体运算过程如下。

1）随机初始化 K 个起始质心。

2）每个数据点都分配给距离它最近的质心，并形成 K 个簇类。

3）通过欧氏距离计算每个簇类新的中心点，把数据点重新分配给距离最近的群集。

4）重复步骤 2 和 3，当各个群集重心稳定或达到定义的迭代次数，将停止创建和优化群集。K 均值聚类算法的持续优化可以实现更精确的欧氏距离或平方欧氏距离。数据点被反复分配给最接近它们的群集，使得该群集的平方距离最小，可用以下公式表示：

$$J = \sum_{n=1}^{N} \sum_{k=1}^{K} r_{nk} \| x_n - \mu_k \|^2$$

J 是每个数据点距其分配簇的距离的平方和，如果数据点（x_n）被分配给群集（k），则 r 等于 1，否则 r 取值为 0。

K 均值聚类的运算效率很高，适用于各种问题，运算结果也便于理解。但是 K 均值聚类也有明显的缺点，它需要提前指定 K 值作为群集个数，如果 K 值选得不好，会导致聚类效果不佳。通常我们可以通过手肘法和轮廓图选出最优 K 值并评估聚类效果。K 均值算法中距离指标仅限于原始数据空间，当指定簇类较多时，计算相对低效。此外，K 均值对于数据异常点比较敏感，因此往往需要通过对数据进行标准化和去除异常点进行降噪。

2. 司机服务站点选址规划案例

纽约是全世界交通最繁忙、道路情况最复杂的城市之一，出租车司机在工作时很难找到地方上厕所或是简短地休息一下，这个问题一直困扰着市政府。为了解决这个难题，市政府计划在纽约市不同地理区域设置司机服务站。那么在什么位置设置服务站才能最大限度地覆盖出租车司机的活动半径呢？怎样才能使司机方便地找到最近的站点呢？我们提取 2014 年 4 ～ 9 月出租车接送乘客的位置进行探索，如代码清单 12-1 所示。

代码清单 12-1　纽约市出行数据读取和整理

```python
# 原始数据按月存放于多个文件中，此处循环读取数据
months = ['apr','may','jun','jul','aug','sep']
pieces = []
columns = ['dt','lat','lon','base']
for month in months:
    path = 'uber-raw-data-%s14.csv' % month
    frame = pd.read_csv(path,names=columns,header=None,skiprows=1)
    frame['month'] = month
    pieces.append(frame)

df = pd.concat(pieces,ignore_index=True)
df.head()
```

图 12-1 展示了部分出租车的出行记录。

	dt	lat	lon	base	month
0	4/1/2014 0:11:00	40.7690	-73.9549	B02512	apr
1	4/1/2014 0:17:00	40.7267	-74.0345	B02512	apr
2	4/1/2014 0:21:00	40.7316	-73.9873	B02512	apr
3	4/1/2014 0:28:00	40.7588	-73.9776	B02512	apr
4	4/1/2014 0:33:00	40.7594	-73.9722	B02512	apr

图 12-1　纽约市部分出租车行程记录示例

我们首先对数据进行清洗，如代码清单 12-2 所示，去除纽约地区之外的行程，然后把所有行程的起始点的经纬度投放到平面图上，如图 12-2 所示。

代码清单 12-2　清洗出行数据并绘制平面图

```
df = df.query('lat>=40.5 & lat<=41.1')
df = df.query('lon<=-73.4 & lon>=-74.2')

clus = df[['lat','lon']]
plt.figure(figsize=(10,10))
plt.plot(clus['lat'],clus['lon'],'.',alpha=0.3,markersize=.15)
plt.show()
```

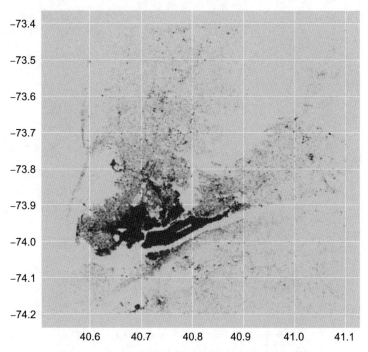

图 12-2　纽约市出租车行程起始点经纬度平面图

考虑财政预算，此次计划建立 20 个服务站，我们指定 20 个类，对所有行程终点的经纬度进行 K 均值聚类，如代码清单 12-3 所示，图 12-3 所示是 K 均值聚类的结果。可以看出，具有类似目的地的行程被很好地聚在了一次，这些聚类对整个纽约地区进行了切分，整体地理分布与每个聚类覆盖的区域都非常符合我们对纽约地理区域的认知，包括了大家熟知的曼哈顿岛（上城、中城、下城）、皇后区、布鲁克林区等。

代码清单 12-3　K 均值聚类模型训练

```
# 训练模型
from sklearn.cluster import KMeans, MiniBatchKMeans
kmeans = KMeans(n_clusters=20, max_iter = 300, random_state=12345)
kmeans.fit(clus)
# 将聚类结果投放到平面图上
clus['label'] = kmeans.labels_
plt.figure(figsize=(10,10))
for label in clus.label.unique():
        plt.plot(clus.lat[clus.label==label],
                clus.lon[clus.label==label],'.',alpha=0.4,markersize=0.15)
plt.title('Clusters of Uber NYC')
plt.show()
```

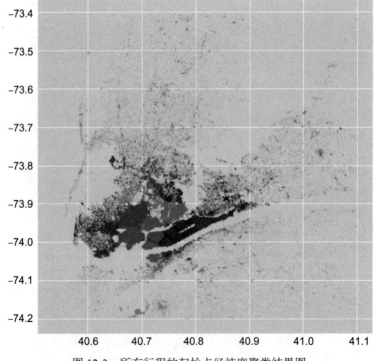

图 12-3　所有行程的起始点经纬度聚类结果图

接下来，我们看一看每一个聚类区域出租车半年的出行总次数，如代码清单 12-4 所示。由图 12-4 可以看出，纽约市出租车行程数量在不同聚类区域的分布有非常大的差异。

代码清单 12-4　K 均值聚类结果可视化

```
# 将聚类结果匹配原数据并进行可视化
df['geo_cluster'] = kmeans.labels_
sns.factorplot(data=df,x='geo_cluster',kind='count',size=7,aspect=2) # 查看每个
    聚类的行程量
```

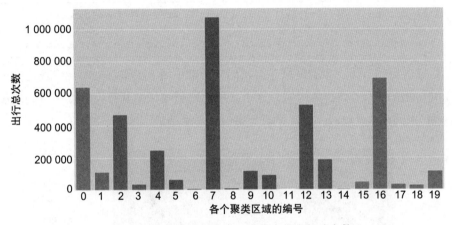

图 12-4　各个聚类区域中心半年内的出行总次数

在聚类完成后，我们可以参考聚类的中心点位置设置服务站，如代码清单 12-5 所示。其中，曼哈顿岛是中央商务区和金融区，皇后区和布鲁克林区是生活居住区，肯尼迪机场、纽瓦克机场和宾夕法尼亚车站则是交通枢纽。经纬度坐标间的欧氏距离可近似认为和路面距离成正比，当每个下车点到聚类的中心点距离总和最小时，意味着所有司机在结束服务后到服务站的直线距离是最小的，也就是我们通常所说的全局最优解。根据这些聚类中心点位置，政府可以结合实际的路况规划行车线路，以便司机找到服务站点。

代码清单 12-5　获取聚类中心点地理位置并可视化

```
# 提取聚类中心点并投放在纽约市地图上
clusters = pd.DataFrame()
clusters['lat'] = kmeans.cluster_centers_[:,0]
clusters['lon'] = kmeans.cluster_centers_[:,1]
clusters['label'] = range(len(clusters))

import folium
map = folium.Map(location=[40.79658011772687, -73.87341741832425],zoom_
```

```
        start=25)
for i,j in clusters.iterrows():
        folium.Marker(location=[j.lat,j.lon],popup=str(j.label)).add_to(map)
```

　　如代码清单 12-6 所示，由于订单通常不是均匀分布的，每个聚类区域中司机和行程密度在不同时段是不同的，因此，针对这些聚类订单时空分布的特点，政府可以在不同时段合理规划司机服务站的运营时间，包括工作人员数目和排班时间，甚至可以决定是否设置为自助式服务站，便于以更低的成本更加高效地运营司机服务站。

代码清单 12-6　不同聚类区域分时段订单统计

```
cluster_by_hour = df.groupby(['hour','geo_cluster'])['base'].count()
plt.figure(figsize=(10,10))
sns.heatmap(cluster_by_hour.unstack().fillna(0),square=True,robust=True)
```

　　从图 12-5 可以看出，聚类区域 7 是纽约曼哈顿中城，由于靠近时代广场、宾夕法尼亚车站和中央公园等人群密集区域，这个区域的出租车订单从早上 7 点一直到凌晨 1 点都非常多，因此在这个时段，服务站需更多的人力来维护。

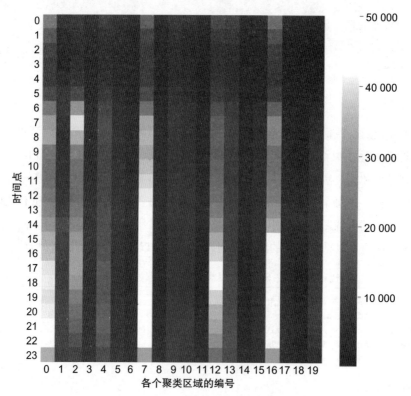

图 12-5　各个聚类区域在不同时段的司机 / 行程密度分布

12.2.2　层次聚类

1. 层次聚类简介

层次聚类是基于组相似性的数据层次分解，它依赖聚类技术找到聚类的层次，这种层次类似树状结构，也称为树状图。树状图的各个叶结点表示单一的簇类，树的高度表示不同簇类之间的距离。相较于 K 均值聚类，层次聚类的优势在于无须事先指定簇数量，且这种基于二叉层次聚类的可视化有助于我们解释聚类的结果。

通常来说，有两种查找层次聚类的方法：凝聚层次聚类和分裂层次聚类。这两种方法都依赖于在所有数据点之间构建相似度矩阵。相似度矩阵通常由余弦或杰卡德距离来计算。凝聚层次聚类中的每个数据点起初都被视为一个单独的群集，在每次迭代中，相似的群集与其他群集合并，直到形成一个群集或 K 个群集。分裂层次法与凝聚层次法相反，首先将所有点看作一个簇，然后逐步分裂，直到每一个点单独分为一簇。

由于我们日常工作中较为常用的是凝聚层次聚类，所以本书主要介绍凝聚层次聚类，具体迭代过程如下。

- 计算单个点的接近度，将 6 个数据点视为单个簇，如图 12-6 所示。

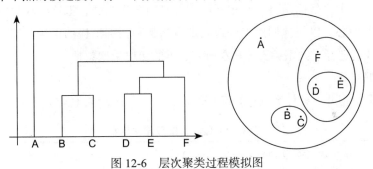

图 12-6　层次聚类过程模拟图

- 将相似的群合并。图 12-6 中，B、C 和 D、E 就是合并的相似群集。现在剩下 4 个群集，分别是 A、BC、DE、F。
- 计算新群集的接近度，合并相似的群集，形成新群集 A、BC 和 DEF。
- 计算新群集的接近度，群集 DEF 和 BC 相似，合并在一起形成一个新群集。现在剩下两个群集 A 和 BCDEF。
- 所有群集合并在一起，形成一个群集，如图 12-7 所示。

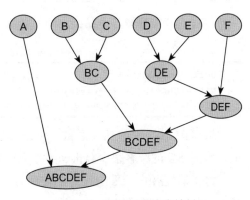

图 12-7　凝聚层次聚类结果

在凝聚层次聚类中，判定簇间距离的方法有单连接和全连接两种。我们可以使用单连接方法计算每一对群集中最相似的两个样本的距离（可以用 12.1 节提到的闵可夫斯基距离），然后合并距离最近的两个样本所属的群集。全连接方法是通过比较，找到分布在两个簇中最不相似或距离最远的样本，进而完成簇类的合并。聚类完成后，使用树状图记录合并或拆分的序列。

2. 超市采购分组案例

某超市为了更好地为存量客户制定市场营销和销售渠道策略，需要量化研究客户的历史采购行为。由于存量客户数目众多，该超市无法为每一个客户设计个性化营销方案，因此超市计划根据客户的购买偏好先将客户归为不同类别，再针对每个类别的共性设计营销策略。

原始数据包含三部分信息：客户基础信息、销售渠道信息和品类采购信息。这些信息有多项具体数据指标，包括客户 ID、客户名称、客户所处地区、会员状态、首次购买日期、渠道种类、渠道来源、过去 3 个月分品类（生鲜食品、牛奶、冷冻食品、熟食、杂货和洗涤剂）的采购数量等。

此次聚类的主要目标是将具有相同购买偏好的客户归类，把这些客户的购买偏好提供给超市品类中心，以便他们能更好地制定跨品类和捆绑销售的市场营销和销售渠道策略。因此，我们选择了大宗销售客户在所有品类的历史采购数据。

（1）数据探查

首先读取数据并对整体数据进行简要的探查，如代码清单 12-7 所示。

代码清单 12-7　读取超市数据

```
df = pd.read_csv('wholesale_data.csv')
df = df.iloc[:,1:]
df.describe()
```

接着，着重查看各个品类之间销量的相关性，如代码清单 12-8 所示。

代码清单 12-8　查看品类销量相关性

```
corr = df.corr()
plt.figure(figsize=(10,10))
sns.heatmap(corr,square=True,robust=True)
```

根据图 12-8 中的相关系数，可以发现购买牛奶的顾客通常也会购买杂货和洗涤剂纸，购买熟食的顾客很少会再购买冷冻食品。

为了确定客户的采购行为是否真的有区分度，我们仔细查看他们在各个品类销售总量上的分布，如代码清单 12-9 和图 12-9 所示。

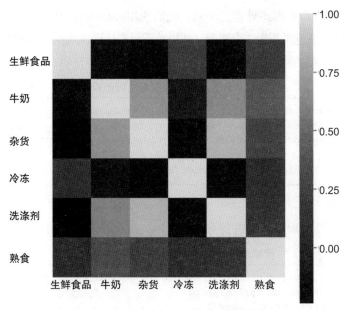

图 12-8　各个品类之间销量的相关性热力图

代码清单 12-9　各品类销售分布可视化

```
sns.set_style('whitegrid')
plt.figure(figsize=(15,8))
g = sns.violinplot(data=df,inner=None,color='.8')
g = sns.stripplot(data=df,jitter=True)
```

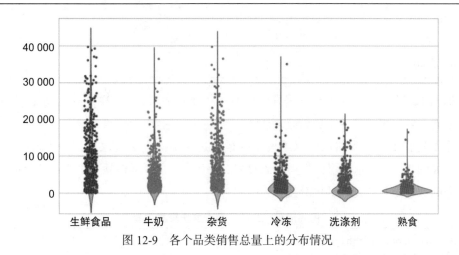

图 12-9　各个品类销售总量上的分布情况

（2）数据处理

因为每个指标数据量级差异较大，且客户在每个指标的分布不均匀，所以为了保证选取的指标对于距离计算具有相同权重的影响，我们对这些指标进行 MinMax 归一化处理，把原始

数据缩放到 [0,1] 之间。数据预处理完毕后，我们使用 scikit-learn 中的 AgglomerativeClustering 模块进行模型训练。在这里指定 3 个簇类，使用欧氏距离计算两两样本间的距离矩阵，再使用沃尔德方法计算类与类之间合并的最优方式，如代码清单 12-10 所示。

代码清单 12-10　训练层次聚类模型

```
    from sklearn.cluster import AgglomerativeClustering
x_train = df.values
hi_cluster = AgglomerativeClustering(n_clusters=3,affinity='euclidean',linkage
    ='ward')
hi_clusters = hi_cluster.fit_predict(x_train)
```

（3）聚类结果

我们采用树状图对聚类结果进行可视化展示，如代码清单 12-11 所示。

代码清单 12-11　层次聚类结果可视化

```
    from scipy.cluster.hierarchy import dendrogram, linkage
from matplotlib import pyplot as plt
linked = linkage(x_train,'ward')
plt.figure(figsize=(10,7))
dendrogram(linked,
        orientation='top',
        truncate_mode='lastp',
        p=12,
        distance_sort='descending',
        show_leaf_counts=True,
        leaf_rotation=90.,
        leaf_font_size=12.,
        #show_contracted=True,
    )
plt.show()
```

如图 12-10 所示，横轴代表采购客户数，纵轴代表群集之间的距离。从图中显示的层次来看，客户聚成三类是比较合理的。

除了树状图外，我们也可以通过多变量图进一步检查聚类效果，如代码清单 12-12 所示。如图 12-11 所示，层次聚类效果良好，3 个簇类在生鲜食品、牛奶、杂货以及洗涤剂的采购数量上具有良好的区分度。

代码清单 12-12　探查层次聚类效果

```
df['hi_group'] = hi_clusters
plt.figure(figsize=(16,10))
sns.set(style='white')
sns.pairplot(df,vars=['Fresh','Milk','Grocery','Frozen','Detergents_Paper',
    'Delicassen'],
        hue='hi_group',
```

```
        palette=sns.color_palette("hls",4))
plt.show()
```

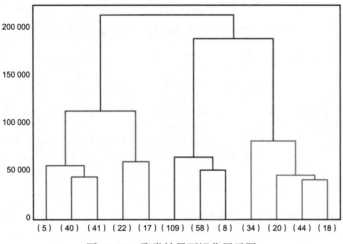

图 12-10　聚类结果可视化展示图

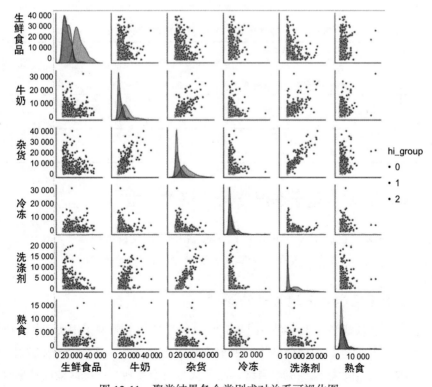

图 12-11　聚类结果各个类别成对关系可视化图

根据聚类结果，我们可以采用代码清单 12-13 所示的方式统计客户的历史品类采购数据，并进一步将客户群体特点抽象出来进行总结，以便给品类中心制定更好的市场营销策略提供支持，如表 12-1 所示。

代码清单 12-13　分品类的客户历史采购数据统计

```
data_group = df.copy()
data_group = data_group.reset_index()
data_group = data_group.rename(columns={'index':'Customer_Id'})
data_agg = data_group.groupby('hi_group').agg({'Customer_Id':'count',
        'Fresh':'mean', 'Milk':'mean', 'Grocery':'mean', 'Frozen':'mean',
'Detergents_Paper':'mean', 'Delicassen':'mean'})
data_agg['ratio'] = data_agg['Customer_Id']/data_agg['Customer_Id'].sum()
data_agg = data_agg.rename(columns={'Customer_Id':'num_of_customers'})
data_agg = data_agg[['num_of_customers','ratio','Fresh','Milk','Grocery','Froz
    en','Detergents_Paper','Delicassen']]

data_agg = data_agg.reset_index()
group_mapping = {0:'A',1:'B',2:'C'}
data_agg['hi_group'] = data_agg['hi_group'].map(group_mapping)
data_agg['average_spend'] = data_agg.iloc[:,3:].mean(axis=1)
```

表 12-1　各类型客户特点及相应的营销策略

客户类别	客户特点	营销策略
A 类	生活用品购买力高，偏爱杂货、牛奶、洗涤剂；对于生鲜和冷冻食品需求较低	列为生活用品部门重点发展客户，可将牛奶和生鲜 / 冷冻食品捆绑销售
B 类	食品类购买力高，偏爱生鲜和冷冻食品	列为食品部门重点发展客户，可以将牛奶和食品类产品捆绑销售
C 类	中等购买力，在每个品类都有一定的消费，没有明显的偏好	列为待发展客户，向其发放优惠券，有针对性地完善商品品类

12.3　SQLFlow 中基于深度学习的聚类模型

目前 SQLFlow 中已搭载基于长短期记忆模型 LSTM 及自编码器（autoencoder，AE）的无监控聚类算法。本节将着重介绍这类基于深度学习的聚类算法。

12.3.1　基于深度学习的聚类算法原理

与数据空间和浅线性嵌入空间不同，SQLFlow 中的聚类模型采用反向传播随机梯度下降学习映射，并通过深度神经网络对映射进行参数化操作。不同于有监督学习模型，SQLFlow 不使用标记数据训练深度网络，而是从当前聚类划分中提取辅助目标分布，然后同步优化聚类和特征表示，因此这种基于深度神经网络的聚类在完成聚类分配的同时能够很好地完成特征表示。图 12-12 是 SQLFlow 聚类模型的整体架构，该模型主要包括 4 个部分：预训练层、聚类层定义、初始化聚类层和训练聚类层。

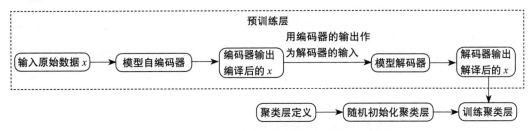

图 12-12 基于深度学习的聚类模型原理示意图

1. 预训练阶段

首先，我们了解一下提前训练好的自编码器。自编码器本质上也是一种无监督学习算法，因为在训练过程中，它仅读取和解构图像本身，无须定义标签。自编码器在原理上是一种数据压缩算法，由两个部分构成：编码器和解码器。编码器用于将输入数据压缩到较低维度特征。例如一个 28 像素 ×28 像素的 MNIST 图像样本共有 784 个像素，我们构建的编码器可以将其压缩为只有 10 个浮点数的数组，也称为图像特征。另一方面，解码器将压缩特征作为输入，尽可能地重建与原始图像接近的图像，如图 12-13 所示。当我们使用自编码器进行聚类任务时，不需要重构图像，只需要把编码器中的压缩特征提取出来，这些压缩特征等同于传统聚类方法的簇类。

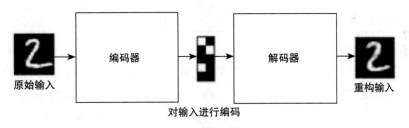

图 12-13 自编码器示意图

通常来说，我们构建的自编码器（构建代码如代码清单 12-14 所示）是一个完全连接的对称模型，以完全相反的方式压缩和解压缩图像，神经网络结构如图 12-14 所示。

代码清单 12-14 构建自编码器

```
def autoencoder(dims, act='relu', init='glorot_uniform'):
    n_stacks = len(dims) - 1
    # 模型输入
    input_img = Input(shape=(dims[0],), name='input')
    x = input_img
```

```
# 编码器的内层
for i in range(n_stacks-1):
    x = Dense(dims[i + 1], activation=act, kernel_initializer=init, name=
        'encoder_%d' % i)(x)

# 隐藏层，特征通常从此处提取
encoded = Dense(dims[-1], kernel_initializer=init, name='encoder_%d' % (n_
    stacks - 1))(x)

x = encoded
# 解码器的内层
for i in range(n_stacks-1, 0, -1):
    x = Dense(dims[i], activation=act, kernel_initializer=init,
        name='decoder_%d' % i)(x)

# 模型输出
x = Dense(dims[0], kernel_initializer=init, name='decoder_0')(x)
decoded = x
return Model(inputs=input_img, outputs=decoded, name='AE'),
    Model(inputs=input_img, outputs=encoded, name='encoder')
```

```
# 搭建完成后，开始预训练自编码器
dims = [x.shape[-1], 100, 10]
init = VarianceScaling(scale=1. / 3., mode='fan_in',
                            distribution='uniform')
pretrain_optimizer = SGD(lr=1, momentum=0.9)
pretrain_epochs = 20
batch_size = 512
save_dir = './results'
autoencoder, encoder = autoencoder(dims, init=init)
```

2. 构建神经网络聚类模型

自编码器中的编码器把图像压缩为 10 个特征表示，如果我们使用 K 均值聚类，是否可以从这里开始聚类？是的，我们可以使用 K 均值生成聚类质心，这时 10 个聚类的质心在 10 维特征空间中。但是，我们还要构建自定义聚类层，将输入要素转换为聚类标签概率。在这里，概率是根据 T 分布计算的。与 t-SNE 算法中使用的 T 分布相同，聚类算法中的 T 分布也是用来测量嵌入点和质心之间相似度的。聚类层的行为类似于聚类的 K 均值，权重表示可以通过训练 K 均值初始化的聚类质心。

在 Keras 中搭建一个自定义层主要有 3 个步骤，如代码清单 12-15 所示。
- 在 build(input_shape) 函数中定义图层权重，本例是 10 维要素空间中的 10 个簇，即 10×10 权重变量。
- 在 call(x) 层逻辑所在的位置实现从要素到聚类标签的映射。
- 在 compute_output_shape(input_shape) 中，指定从输入到输出的数据形状转换逻辑。

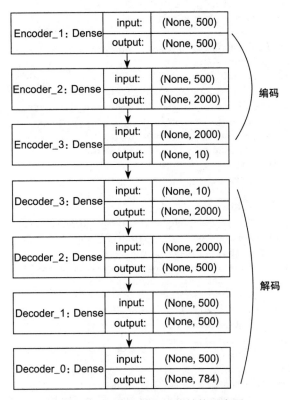

图 12-14　自编码器的网络结构示意图

代码清单 12-15　构建基于神经网络的聚类模型

```python
class ClusteringLayer(Layer):
    """
# 参数定义
        n_clusters: 聚类个数
        weights: 初始聚类中心的权重数组
        alpha: T 分布中的自由度参数，默认为 1.0
# 输入层结构
        二维张量结构: (n_samples, n_features)
# 输出层结构
        二维张量结构: (n_samples, n_clusters)
    """

    def __init__(self, n_clusters, weights=None, alpha=1.0, **kwargs):
        if 'input_shape' not in kwargs and 'input_dim' in kwargs:
            kwargs['input_shape'] = (kwargs.pop('input_dim'),)
        super(ClusteringLayer, self).__init__(**kwargs)
        self.n_clusters = n_clusters
        self.alpha = alpha
        self.initial_weights = weights
```

```
        self.input_spec = InputSpec(ndim=2)

    def build(self, input_shape):
        assert len(input_shape) == 2
        input_dim = input_shape[1]
        self.input_spec = InputSpec(dtype=K.floatx(), shape=(None, input_dim))
        self.clusters = self.add_weight((self.n_clusters, input_dim),
            initializer='glorot_uniform', name='clusters')
        if self.initial_weights is not None:
            self.set_weights(self.initial_weights)
            del self.initial_weights
        self.built = True

    def call(self, inputs, **kwargs):
        q = 1.0 / (1.0 + (K.sum(K.square(K.expand_dims(inputs, axis=1) - self.
            clusters), axis=2) / self.alpha))
        q **= (self.alpha + 1.0) / 2.0
        q = K.transpose(K.transpose(q) / K.sum(q, axis=1))
        return q

    def compute_output_shape(self, input_shape):
        assert input_shape and len(input_shape) == 2
        return input_shape[0], self.n_clusters

    def get_config(self):
        config = {'n_clusters': self.n_clusters}
        base_config = super(ClusteringLayer, self).get_config()
        return dict(list(base_config.items()) + list(config.items()))
```

3. 初始化神经网络聚类模型聚类中心

接下来，我们在经过预训练的编码器之后堆叠一个聚类层，形成聚类模型。对于聚类层，初始化权重，如代码清单 12-16 所示。

代码清单 12-16　初始化聚类模型

```
n_clusters = 5
clustering_layer = ClusteringLayer(n_clusters, name='clustering')(encoder.
    output)
model = Model(inputs=encoder.input, outputs=clustering_layer)
# 使用 K 均值聚类初始化群集中心
kmeans = MiniBatchKMeans(n_clusters=n_clusters, n_init=20)
y_pred = kmeans.fit_predict(encoder.predict(x))
model.get_layer(name='clustering').set_weights([kmeans.cluster_centers_])
```

4. 训练神经网络聚类模型

下一步是同时改善聚类分配和特征表示，如代码清单 12-17 所示。为此，我们定义基于质心的目标概率分布，并针对模型聚类的结果最小化 KL 离散度。我们希望目标分布能够加强预测性能,即提高簇纯度,更加注重以高可信度分配的数据点,防止大型群集扭曲隐藏的特征空间。

代码清单 12-17 聚类分配和调权

```python
# 计算辅助目标分布
def target_distribution(q):
    weight = q ** 2 / q.sum(0)
    return (weight.T / weight.sum(1)).T
```

在辅助目标分布的帮助下,模型可以从高可信度分配中学习迭代优化聚类。迭代达到特定数量后,模型会更新目标分布,并输出目标分布和簇类之间的 KL 离散度。训练策略可以看作自我训练的一种形式,它采用初始分类器和未标记的数据集,同时通过分类器训练并完成高可信度预测,如代码清单 12-18 所示。

代码清单 12-18 聚类模型训练和预测

```python
loss = 0
index = 0
maxiter = 8000#8000
update_interval = 100
index_array = np.arange(x.shape[0])
tol = 0.001
# start = time.clock()
for ite in range(int(maxiter)):
    print('ite {} time is {}'.format(ite, time.time() - start))
    if ite % update_interval == 0:
        print('-----ite%100==0 {} time is {}-----'.format(ite, time.time() -
            start))
        q = model.predict(x, verbose=0)
        print("********* q *********", q, q.shape)
        p = target_distribution(q)  # 更新辅助目标分布
        y_pred = q.argmax(1)
        delta_label = np.sum(y_pred != y_pred_last).astype(np.float32) / y_
            pred.shape[0]
        y_pred_last = np.copy(y_pred)
#         print('batchtime is {}'.format(end1-start1))
        if ite > 0 and delta_label < tol:
            print('delta_label ', delta_label, '< tol ', tol)
            print('Reached tolerance threshold. Stopping training.')
            break
    idx = index_array[index * batch_size: min((index+1) * batch_size,
        x.shape[0])]
    model.compile(optimizer=SGD(0.01, 0.9), loss='kld')
    loss = model.train_on_batch(x=x[idx], y=p[idx])
    index = index + 1 if (index + 1) * batch_size <= x.shape[0] else 0
```

至此，我们已经学习了 SQLFlow 中基于深度学习的聚类模型算法原理。预训练的自编码器在数据压缩和特征表征方面发挥了重要作用，能够还原和初始化模型参数，并针对目标分布对定制的聚类层进行训练，进一步提高了模型精度。尽管算法看起来很复杂，但在 SQLFlow 中的使用却是极为简单的，我们甚至不需要了解任何自编码器的概念，就可以通过常用的 SQL 语句轻松地实现一个基于深度学习的聚类任务。下一节我们会具体介绍如何利用 SQLFlow 对城市道路的交通状况进行模式识别。

12.3.2　城市道路交通状况的模式识别与聚类

为了打造城市智慧交通大脑，互联网出行公司一直致力于对城市各条道路的交通情况进行精细化研究。但是城市道路千万条，如何根据车辆时空分布和潮汐流动进行合理的分类，一直是困扰技术人员的难题。

以前研究人员通常根据交通部门的城市规划和交通数据对城市道路进行分类。这个做法看似合理，实际上基于主观认知和经验教条的分类存在着很多缺陷。为了更准确地反映城市实时拥堵情况以及交通的潮汐效应，需要在不同时段对道路的交通情况进行更细颗粒度的刻画。

我们选取美国旧金山 13775 条道路过去一段时间内车辆平均通过速度，如代码清单 12-19 所示。如图 12-15 所示，横轴表示一天 24 个小时，纵轴是随机分布的道路编号，每一条横线代表一条道路在 24 小时内的平均车速变化。此图的光谱比较杂乱，我们很难识别和归纳各条道路的繁忙程度。

代码清单 12-19　读取旧金山道路数据

```
df = pd.read_csv('traffic_speed.csv')
df = df.set_index('osm_way_id')
x = df.values
plt.figure(figsize=(12,10))
plt.imshow(x[:,:],aspect='auto',cmap='RdYlGn')
plt.xlim(0,23)
plt.colorbar()
plt.show()
```

为了解决这个难题，我们可以利用 SQLFlow 中的无监督聚类模型对城市道路的车辆通过速度进行聚类分析。我们先用 SQL 标准语句从数据库 Hive 表取出所有道路一天内每个小时的车辆通过速度，在指定道路分群数后，调用模型库存储的 DeepEmbeddingClusterModel，将训练完成的模型存储为 my_customized_model。之后，再将待预测的车辆通过速度数据取出（此处我们采用训练数据进行预测），并通过刚才存储的 my_customized_model 对所有道路进行无监督聚类分层。最后，输出并保留分层结果。

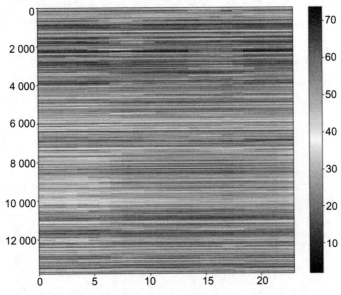

图 12-15　美国旧金山道路拥挤繁忙程度示意图

读者可以拉取 Docker 镜像 sqlflowuser/ds_book:latest 查看本节案例。

代码清单 12-20 展示了如何利用 SQLFlow 执行聚类任务。

代码清单 12-20　通过 SQLFlow 执行聚类任务

```
    %%sqlflow
SELECT m0,m1,m2,m3,m4,m5,m6,m7,m8,m9,m10,m11,m12,m13,m14,m15,m16,m17,m18,m19,m
    20,m21,m22,m23
FROM trafficspeed.train
TO TRAIN sqlflow_models.DeepEmbeddingClusterModel
WITH
  model.n_clusters=6,
  model.pretrain_epochs=10,
  model.train_max_iters=8000,
  model.train_lr=0.001,
  model.pretrain_lr=0.01,
  model.pretrain_dims=[100, 10],
  train.batch_size=256
INTO sqlflow_models.my_customized_model;
    %%sqlflow
SELECT *
FROM trafficspeed.train
TO PREDICT trafficspeed.predict.class
USING sqlflow_models.my_customized_model;
```

在此次分类任务中，我们根据行驶速度把旧金山 13775 条道路的车辆分为 6 个模式。从图 12-16 可以看出，经过聚类后，交通繁忙的道路被划分在了同一组，每个组内的道路都具有类似的潮汐规律，但组与组之间的交通状况在时空分布上具有非常明显的区别。

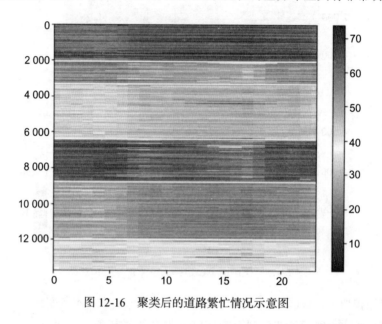

图 12-16　聚类后的道路繁忙情况示意图

为了便于大家更为直观地理解，我们把这些城市道路的分类结果进行统计，并用图 12-17 展示车辆通过时的平均速度。

图 12-17 中，第 4 组道路群组在早高峰时段比较繁忙，车速在这个时段有比较明显的下降，随后逐渐恢复到正常水平，由此我们可以推测这组道路可能是居民区通往商务办公区。与之相反，第 5 组道路群组只在晚高峰时段比较繁忙，由此推测可能是从商务办公区到居民区的道路很可能是第 4 组道路对面的车道。第 1 组、第 6 组全天平均车速都较为平稳，可能为连接非繁忙区域的大道。第 2 组、第 3 组代表中央商务区或金融区的支线和大道，平均通过车速从早高峰开始前有明显的下降，并在整个白天都维持较低水平，直至夜晚 9 点以后才开始逐渐上升，这非常符合城市中央区域繁忙的时空特点。

智慧交通技术人员平时最重要的工作，就是研究不同城市道路的交通流动状况和潮汐效应，量化挖掘路线特点，设计合理的线路运营策略，实现运力的有效部署或调整，满足乘客需求。以前实施这样的建模和分析过程是非常烦琐的，既需要有大量的跨团队配合，又需要不同领域专家的参与，整个建模全流程走完后，道路的交通状况、区域的运力和乘客需求又可能因为城市管控或季节、天气、市场等因素变化而受到影响。有了 SQLFlow，区域规划策略专家通过简单的 SQL 代码就能高效地把城市道路特征和全天运

力结构进行分解，这种及时性和易用性大大提高了规划运营策略的成功率和业务人员的
工作效率。

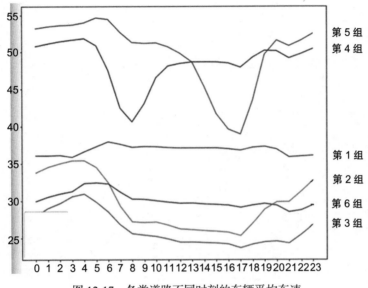

图 12-17　各类道路不同时刻的车辆平均车速

12.4　本章小结

本章主要介绍了无监督学习的一项重要任务——聚类学习——在诸多领域内的广泛
使用，通过业务实例说明了常见的机器学习聚类模型 K 均值和层次聚类的应用方法，然
后介绍了 SQLFlow 如何进行无监督学习，其中重点介绍了深度学习无监督网络的原理及
搭建流程。最后，通过案例展示了如何在 SQLFlow 中使用无监督聚类模型。

推荐阅读

程序化广告实战

广告领域的畅销书。

本书从业务和技术双重视角系统讲解了程序化广告的理论知识、实践方法和关键要点,不仅能帮助从业者对程序化广告建立全面的、体系化的认知,而且还会告诉他们实践中的各种注意事项,以及如何有效地规避和处理业务中的各种"坑"。

作者是中国程序化广告领域的领袖级专家,是国内PDB(私有化程序购买)领域的布道者,推动落实了国内首个大型的PDB项目,曾帮助数百广告主运用程序化手段管理数十亿人民币广告预算。

本书以实战为宗旨,从业务和技术两个维度,由浅入深地讲清了程序化广告的流程、产业上下游,以及各种广告交易模式、技术手段、程序化购买的运用场景,以及广告主、代理公司、媒体、DSP等各方的核心诉求。书中包含大量案例,素材都来自于作者近5年来的亲身实践。

Python3智能数据分析快速入门

本书以Python相关技术为工具,讲解了如何基于机器学习等AI技术进行智能数据分析。

作者在Python数据挖掘与分析领域有10余年的工作经验,对AI技术驱动的智能数据分析有非常深入的研究。本书面向没有Python编程基础和AI技术基础的读者,由浅入深地提供了系统的Python智能数据分析的技术和方法。

Python数据分析与数据化运营(第2版)

这是一本将数据分析技术与数据使用场景深度结合的著作,从实战角度讲解了如何利用Python进行数据分析和数据化运营。

畅销书全新、大幅升级,第1版近乎100%的好评,第2版不仅将Python升级到了最新的版本,而且对具体内容进行了大幅度的补充和优化。作者是有10余年数据分析与数据化运营的资深大数据专家,书中对50余个数据工作流知识点、14个数据分析与挖掘主题、4个数据化运营主题、8个综合性案例进行了全面的讲解,能让数据化运营结合数据使用场景360°落地。

推荐阅读

《Python数据分析与挖掘实战（第2版）》

本书是Python数据分析与挖掘领域的公认的事实标准，第1版销售超过10万册，销售势头依然强劲，被国内100余所高等院校采用为教材，同时也被广大数据科学工作者奉为经典。

作者在大数据挖掘与分析等领域有10余年的工程实践、教学和创办企业的经验，不仅掌握行业的最新技术和实践方法，而且洞悉学生和老师的需求与痛点，这为本书的内容和形式提供了强有力的保障，这是本书第1版能大获成功的关键因素。

全书共13章，分为三个部分，从技术理论、工程实践和进阶提升三个维度对数据分析与挖掘进行了详细的讲解。

《Python数据分析与数据化运营（第2版）》

这是一本将数据分析技术与数据使用场景深度结合的著作，从实战角度讲解了如何利用Python进行数据分析和数据化运营。

畅销书全新、大幅升级，第1版近乎100%的好评，第2版不仅将Python升级到了最新的版本，而且对具体内容进行了大幅度的补充和优化。作者是有10余年数据分析与数据化运营的资深大数据专家，书中对50余个数据工作流知识点、14个数据分析与挖掘主题、4个数据化运营主题、8个综合性案例进行了全面的讲解，能让数据化运营结合数据使用场景360°落地。